“十三五”国家科技重大专项(2016ZX05067)资助
山西省科技重大专项(20191102002)资助

# 晋城矿区瓦斯治理技术

主　编　王德璋
副主编　李海贵　贺光会　都海龙



中国矿业大学出版社
·徐州·

## 内 容 简 介

晋城矿区煤与瓦斯(煤层气)储量丰富，面对瓦斯给矿井安全生产带来的威胁和制约，矿区企业积极转变企业发展战略，变“被动防御瓦斯灾害”为“主动开发清洁能源”，创新性地开创了瓦斯抽采利用一系列重大举措，不断探索煤与瓦斯(煤层气)协调开发利用的有效途径，攻克了无烟煤不利于地面井开采煤层气(瓦斯)的国际公认禁区等一系列技术难题，坚持“先采气、后采煤”的瓦斯治理原则，实现了瓦斯(煤层气)地面抽采、井下长钻孔区域性预抽采、井上井下联合立体抽采等关键技术和配套工艺的全面突破，形成了“三区联动、采煤采气一体化”瓦斯综合治理新模式、新方法及新技术体系，创建了独具特色的瓦斯综合治理“晋城模式”，为我国煤层瓦斯抽采、煤层气开发提供了新的技术方案。

本书适合高等院校相关专业的教师、本科生和研究生参考使用，也可为煤炭开采、瓦斯治理领域的管理者和技术人员提供参考。

**图书在版编目(CIP)数据**

晋城矿区瓦斯治理技术 / 王德璋主编. — 徐州 ：中国矿业大学出版社，2021.12

ISBN 978-7-5646-5295-1

Ⅰ. ①晋… Ⅱ. ①王… Ⅲ. ①矿区—瓦斯治理—研究—晋城 Ⅳ. ①TD712

中国版本图书馆 CIP 数据核字(2021)第 275368 号

**书　　名**　晋城矿区瓦斯治理技术
**主　　编**　王德璋
**责任编辑**　潘俊成　王美柱
**出版发行**　中国矿业大学出版社有限责任公司
　　　　　　(江苏省徐州市解放南路　邮编 221008)
**营销热线**　(0516)83884103　83885105
**出版服务**　(0516)83995789　83884920
**网　　址**　http://www.cumtp.com　**E-mail:** cumtpvip@cumtp.com
**印　　刷**　苏州市古得堡数码印刷有限公司
**开　　本**　787 mm×1092 mm　1/16　**印张** 13　**字数** 324 千字
**版次印次**　2021 年 12 月第 1 版　2021 年 12 月第 1 次印刷
**定　　价**　68.00 元
(图书出现印装质量问题，本社负责调换)

# 《晋城矿区瓦斯治理技术》
# 编 写 委 员 会

| | | | | | |
|---|---|---|---|---|---|
| **主　　编** | 王德璋 | | | | |
| **副 主 编** | 李海贵 | 贺光会 | 都海龙 | | |
| **编写人员** | 辛宪耀 | 赵学良 | 韩德虎 | 尚玮炜 | 张国亮 |
| | 冯　强 | 王俊红 | 司瑞江 | 刘　毅 | 李亚超 |
| | 赵志军 | 朱鹏飞 | 郭朝伟 | 吴晋军 | 芦　伟 |
| | 郑　飞 | 罗华贵 | 张　飞 | 张雪雷 | 梁　谦 |
| | 姚盼盼 | 吕高磊 | 栗海涛 | 刘晋隆 | 刘发义 |
| | 吕高磊 | 栗海涛 | 茹忠亮 | 冯睿智 | 简　阔 |
| | 王观宏 | 许小凯 | | | |

# 前　言

晋城矿区所在的晋东亿吨级无烟煤生产基地是国家重点建设的14个煤炭基地之一，位于山西省东南部，沁水煤田南端，是中国大型无烟煤产区，煤炭储量占全国无烟煤储量的四分之一。1958年，矿区第一座煤矿——古书院矿建成投产，随后王台铺矿、成庄煤矿、寺河煤矿、赵庄煤业、长平煤业相继建成投产；2003年，蓝焰煤层气有限责任公司成立，专门从事煤层气地面开发；2008年，寺河瓦斯发电厂并网发电成功。晋城矿区已经建成集煤炭开采、煤层气开发利用、煤化工、瓦斯发电为一体的煤—气—电—化循环经济产业链，开拓了煤炭资源绿色、低碳、循环综合利用之路，在全国能源革命大潮中起到了示范引领作用。

晋城矿区煤与瓦斯(煤层气)储量丰富，是国家重要的能源基地。瓦斯是重要的清洁能源，也是制约区域矿井安全生产的关键因素。多年来，面对瓦斯给矿井安全生产带来的威胁和制约，晋城矿区各煤炭企业坚决贯彻执行党中央、山西省委省政府、行业主管部门等上级单位的安排部署，积极探索瓦斯治理新途径、新技术，在地面煤层气排采、井下瓦斯抽采、瓦斯加工利用方面取得了显著效果，积累了丰富经验。

晋城矿区老三矿(古书院矿、凤凰山矿、王台铺矿)位于矿区东南边缘，属低瓦斯矿井，但资源枯竭，已经陆续关闭。后续新建的成庄煤矿、寺河煤矿、赵庄煤业、长平煤业深入晋城矿区腹地，为高瓦斯及瓦斯突出矿井。面对瓦斯对矿井安全生产的威胁和制约，矿区企业积极转变企业发展战略，变“被动防御瓦斯灾害”为“主动开发清洁能源”，创新性地开创了瓦斯抽采利用一系列重大举措，不断探索煤与瓦斯(煤层气)协调开发利用的有效途径，攻克了无烟煤不利于地面井开采煤层气(瓦斯)的国际公认禁区等一系列技术难题，坚持“先采气、后采煤”的瓦斯治理原则，实现了瓦斯(煤层气)地面抽采、井下长钻孔区域性预抽采、井上井下联合立体抽采和厚煤层水力掏煤、松软煤层水力冲孔增透卸压、超高压水力割缝等关键技术与配套工艺的全面突破，形成了“三区联动、采煤采气一体化”瓦斯综合治理新模式、新方法及新技术体系，创建了独具特色的瓦斯综合治理“晋城模式”，为我国煤层瓦斯抽采、煤层气开发提供了新的技术方案。

科技是第一生产力，创新是引领企业发展的第一动力。矿区企业始终将瓦斯治理技术攻关与现场实际应用相结合，通过国家重大专项、省部级重大专项及自主科技立项，将自主创新与合作创新有机结合，充分发挥企业技术创新主体作用，融合理论研究和技术工艺优化，配套工程示范，实施相关卡脖子技术攻关，取得了一系列重大技术突破。晋城矿区瓦斯抽采方面的先进成果累计获得国家科学技术奖 9 项，牵头起草制定国家标准 5 项、行业标准 4 项，拥有技术专利 150 余项，瓦斯抽采和治理技术水平稳居行业前列。晋城矿区走过近 30 年的瓦斯治理及抽采历程，瓦斯抽采和利用的量呈逐年递增趋势，井上井下瓦斯抽采量从 2008 年的 7.71 亿 $m^3$ 增加到 2019 年的 30.07 亿 $m^3$，占全国瓦斯总抽采量的 16%；瓦斯利用量从 2008 年的 3.17 亿 $m^3$ 增加到 2019 年的 20.63 亿 $m^3$，占全国瓦斯总利用量的 20%。2008 年至 2019 年，累计抽采煤层气（瓦斯）270 亿 $m^3$，利用瓦斯（煤层气）175 亿 $m^3$，相当于减排二氧化碳 2.7 亿 t，安全环保社会效益明显，切实用实际行动贯彻落实绿色发展理念，勇争能源革命排头兵。

本书在充分吸收和参考行业先进瓦斯治理理论和技术及工程经验的基础上，总结了晋城矿区各特定阶段不同矿井、不同瓦斯地质、不同煤层等条件下具有代表性的瓦斯治理先进成果，凝结了历代瓦斯治理工程技术人员的先进经验和工程智慧，内容涵盖矿井通风、井下瓦斯抽采、地面煤层气开采等方面。本书在一定程度上代表了晋城矿区典型瓦斯治理技术，可为晋城矿区瓦斯治理技术人员提供专业指导，同时，也为行业同仁了解晋城矿区瓦斯治理技术提供借鉴。

本书内容涉及的参考资料范围广、应用矿井多，以矿区企业与中煤科工集团及下属的重庆研究院、西安研究院、沈阳研究院和中国矿业大学、太原理工大学、河南理工大学、太原科技大学等科研院校合作产生的系列瓦斯治理成果和现场技术实践成果为基础进行编撰，得到了众多科研院所、专家学者的理论和技术支持，也得到了矿区广大科研技术人员的全力配合，在此一并致谢！书中工程实践技术内容较多，理论基础研究相对较少，不足之处，恳请广大读者批评指正，促使我们不断丰富完善晋城矿区瓦斯治理技术体系，不断为行业相关技术发展提供瓦斯治理方案。

**作　者**

2021 年 10 月

# 目　录

# 第一篇　晋城矿区瓦斯治理及矿井通风概况

晋城矿区处于国家规划的晋东煤炭基地，位于山西省东南部太行山西侧，沁水煤田南端。东部和南部为太行山脉，中部为河谷平原、山间盆地和丘陵。矿区赋存优质无烟煤，主要可采煤层为二叠系下统山西组3$^{\#}$煤层、石炭系上统太原组9$^{\#}$、15$^{\#}$煤层。

独特的地质构造形成一个密闭储气环境，有利于封闭有机质在煤化变质成煤过程中产生的瓦斯气体。晋城矿区煤层瓦斯含量高，储量大，开采条件好，瓦斯赋存和涌出呈东部低、西部和北部高的趋势。为了开发利用煤层气(瓦斯)资源，保障煤炭安全开采，经过多年的研究和探索，晋城矿区各企业开创了适合自身特点的“三区联动、采煤采气一体化”的瓦斯治理模式和方法及配套抽采技术。

“三区联动、采煤采气一体化”即根据矿井开采规划及煤层地质资料，对井田进行分区抽采治理：瓦斯含量高于16 $m^3/t$的生产规划区，提前5～8 a实施地面钻井预抽；瓦斯含量在8～16 $m^3/t$的开拓准备区，提前3～5 a采用地面钻井结合井下千米钻机钻孔联合抽采；瓦斯含量低于8 $m^3/t$的煤炭生产区，采用边抽边采掘、采空区抽采、加强通风、监测监控等综合措施治理。

经过20多年的探索发展，晋城矿区煤层气地面开发已经形成勘探、开采、集输及利用产业链，累计施工完成5 500口地面井。开发了煤层气地面垂直井、U形井、径向井、丛式井、多分支水平井等钻井技术；结合井下煤炭开采情况，提出了采动区L形井、采空区垂直井等钻井技术，开创了煤层气地面井压裂、井上压裂井下定向水平钻孔抽采、井上布井井下钻孔压裂等煤层气(瓦斯)增产新技术。

针对矿区软硬复合煤层、破碎煤层、松软煤层，各矿井因地制宜、积极开展科技攻关，开发了适合不同煤层的定向长钻孔、定向长钻孔水力掏煤、区域递进式抽采、松软煤层水力卸压增透、大直径定向长钻孔成孔等技术、装备及工艺。

先进的瓦斯治理技术在晋城矿区各个矿井得到了广泛的推广与应用，大大降低了煤层瓦斯含量，大幅度减少瓦斯涌出量。2019年，企业煤层气地面抽采量总量为15.25亿$m^3$，井下瓦斯抽采量为15.25亿$m^3$，瓦斯发电量22.46 kW·h。

“三区联动、采煤采气一体化”瓦斯综合治理新模式、新方法及新技术体系，创建了独具特色的瓦斯综合治理“晋城模式”，为我国煤层瓦斯抽采、煤层气开发提供了新的方案。

# 第一章　概　　况

## 第一节　国内外瓦斯治理概况

煤层瓦斯(煤层气)是赋存在煤层及围岩中以甲烷为主要成分的天然气体资源,是腐植型有机物在煤化作用过程中产生的伴生气体。由于瓦斯的易燃、易爆及窒息性,在早期的煤炭开采中,将其视为井下五大自然灾害之首、煤矿安全的“第一杀手”。最初的瓦斯治理主要通过设计合理的矿井通风方式,降低矿井风流中瓦斯的浓度,保证矿井安全生产;随后,人们认识到可以把管子插入煤层,将煤层中的瓦斯气体用管道引至地面排放,从而降低煤层瓦斯含量,减少采掘工作面瓦斯涌出量,减小通风系统压力。随着煤炭绿色开采理念的推进,煤与煤层瓦斯都是可供人类使用的天然资源,而且煤层瓦斯具有热值高、零污染的特点,是一种优质的清洁能源。瓦斯治理理念也从“被动抽放”到“主动抽采”转变,不断开发出本煤层抽采、邻近层抽采、采空区抽采、巷道抽采、钻孔抽采等瓦斯治理技术,抽采出来的瓦斯通过专用管路引至地面,用以发电、采暖及化工利用。参照石油天然气的开采方式,从地面钻井至煤层,将煤层中的甲烷气体引至地面,是煤矿瓦斯治理的第三个阶段。这种采用地面钻井方式开采出的气体资源,俗称煤层气。晋城矿区能源企业根据自身资源特点和地质条件,开创了“三区(煤炭生产规划区、煤炭开拓准备区与煤炭生产区)联动、采煤采气一体化”煤矿瓦斯综合治理新模式、方法及配套抽采技术,并在全国推广应用,取得了良好的经济利益和社会效益。

关于瓦斯治理,在我国早期的科技文献《天工开物·中篇·燔石》中就有记载:“凡取煤经历久者,从土面能辨有无之色,然后掘挖,深至五丈许方始得煤。初见煤端时,毒气灼人。有将巨竹凿去中节,尖锐其末,插入炭中,其毒烟从竹中透上,人从其下施镢拾取者。或一井而下,炭纵横广有,则随其左右阔取。其上支板,以防压崩耳。”文中的所谓“毒气”即指瓦斯,“巨竹插入炭中,毒烟从竹中透上”即是我们现代瓦斯抽放技术的雏形。

1733 年,英国工程师 James Lowther 通过管道将 Haig 矿井中产生的气体引入地面实验室进行研究,这是近代最早进行煤矿瓦斯抽放和管道输送的记录。现代煤炭工业中,瓦斯抽放技术最早在欧洲大陆开始发展。德国鲁尔矿区 Mansfield 煤矿和 Hanse 煤矿分别于 1943 年和 1944 年开始瓦斯抽采的实验及商业化开采;1952 年,英国 60 多个煤矿已经安装瓦斯抽采设备;到 1970 年,欧洲 15 个国家的 518 个煤矿瓦斯抽采量达到 30 亿 $m^3/a$(Venter, et al., 1953)。当时对煤层瓦斯进行抽放,主要目的是减小通风系统压力,提高煤矿安全系数,而对瓦斯进行利用则是次要因素。

1952 年,美国在阿巴拉契亚盆地进行地面开采煤层气的实验,从地面施工两口竖井至埋深 113 m 的 Sewickley 煤层和 140 m 的 Pittsburgh 煤层，井下安装水泵，井口安装真空泵，通过排水降压，Pittsburgh 煤层产气量达到 $1.1\times10^3\ m^3/d$，开创了地面钻井开采煤层气的先河。1959 年，在此地点又进行了水力压裂增产实验，压裂前煤层气最大产量仅为 $28\ m^3/d$，压裂后煤层气最大产量达到 $4.2\times10^3\ m^3/d$(Diamond，1994)。20 世纪 70 年代，原油价格高涨，美国政府鼓励开发非常规天然气资源，美国煤层气工业开始兴起，煤层气井数及产量迅猛增加。与此同时，澳大利亚在 Queensland 开始煤层气的勘探、开采实验。

我国煤炭资源丰富，煤炭储藏地域广阔，不同地域地质地貌差异较大，煤炭资源赋存特征各异、地质条件复杂多变，使得我国煤矿瓦斯治理技术具有分区域、分煤层、分地质等方面的特征。矿井通风、井下瓦斯抽采及地面煤层气开采是煤炭企业治理瓦斯灾害的三种主要技术手段。2015 年，山西省政府下发了《山西省煤矿瓦斯抽采全覆盖工程实施方案》，利用三年时间，分阶段、分步骤对煤炭规划区、准备区和生产区达到瓦斯抽采条件的煤层全部开展瓦斯抽采，做到采前、采中、采后和井上、井下全覆盖立体化抽采，实现应抽尽抽、以用促抽、抽采达标，保障煤矿安全生产。煤炭生产企业要根据煤层地质条件、开采方式，开发新的技术装备，对煤层瓦斯开展综合治理，将煤层瓦斯含量、瓦斯压力降低至煤炭安全开采范围，从根本上杜绝采掘过程中瓦斯灾害的发生。

矿井通风是煤矿治理瓦斯、煤尘和火灾的基本技术，是将新鲜空气输入矿井，增加矿井的氧气浓度，稀释并排除矿井中有毒、有害气体和粉尘。自 20 世纪 50 年代，我国煤矿都建立了中央式和分区式的通风系统。随着煤炭开采深度的增加和采煤方法、巷道布置及支护方式的变革，开采机械化程度不断提高，工作面产量也迅速提高，而工作面瓦斯涌出量大、上隅角瓦斯积聚成为瓦斯治理的主要问题，在传统的 U 形通风方式基础上，相继出现了 Z 形、Y 形、W 形及 U+L 形等多种采煤工作面通风方式。

瓦斯抽采(放)是煤矿瓦斯治理的另一种有效技术。1938 年，抚顺龙凤矿开始利用机械设备进行瓦斯抽放，并于 1940 年在地面建立了 $100\ m^3$ 的瓦斯罐，用瓦斯泵将采空区积存的瓦斯经过专门的管道输送至地面作为民用燃气；1952 年，该矿采用巷道法预抽本煤层瓦斯获得成功，1954 年试验成功钻孔法预抽本煤层瓦斯。1957 年，阳泉四矿采用穿层钻孔法抽放上邻近层卸压瓦斯取得良好效果。随后，经过多年的探索改进，开采层瓦斯抽放、邻近层瓦斯抽放、采空区瓦斯抽放、围岩瓦斯抽放、卸压(未卸压)煤层瓦斯抽放、人工卸压瓦斯抽放、穿层钻孔、交叉钻孔、定向长钻孔等多种瓦斯抽放方法和抽放工艺相继涌现，各矿根据自身煤层赋存条件、煤炭开采方法和瓦斯涌出特点，综合选择合适的方法进行瓦斯抽采。

我国煤田主要经受了多期次、多方向、强度较大的地质运动，煤田地质条件复杂，煤体结构混杂，煤层渗透率不均，原始煤层瓦斯抽采难度大。随着我国煤炭工业的技术进步，瓦斯抽放理论及技术得到了不断的提高和发展，大致经历了以下四个发展阶段(袁亮，2008)。

一是高透气性煤层抽放瓦斯阶段。20 世纪 50 年代初期，在抚顺高透气性特厚煤层中首次采用井下钻孔抽放瓦斯获得成功，解决了抚顺矿区高瓦斯特厚煤层开采的关键技术问题。但在煤层透气性远远小于抚顺煤田的其他矿区采用类似方法抽放瓦斯时，未能取得明显的抽放效果。

二是邻近层抽放瓦斯阶段。20 世纪 50 年代末，阳泉矿区采用井下穿层钻孔抽放上邻近层瓦斯获得成功，解决了煤层群开采首采煤层工作面瓦斯涌出量大的问题，而且认识到利用采动卸压作用对未开采的邻近煤层实施边采边抽，可以有效地抽出瓦斯，减少邻近层瓦斯向开采工作面的涌出。该技术随后在具有邻近层抽放条件的矿区得到了广泛应用，取得了较好的抽放效果。

三是低透气性煤层强化抽放瓦斯阶段。我国70%以上的高瓦斯矿井为低透气性煤层，煤层渗透率小于$1\times10^{-3}$mD。在低透气性、高瓦斯含量的突出煤层，采用常规钻孔抽放瓦斯的技术效果不理想。从20世纪70年代开始，我国科技工作人员开始试验研究煤层中高压注水、水力压裂、水力割缝、松动爆破、大直径钻孔多种强化抽放技术；90年代又试验研究了网格式密集布孔、预裂控制爆破、交叉布孔等抽放瓦斯新技术。

四是综合抽放瓦斯阶段。从20世纪80年代开始，随着机采、综采尤其是放顶煤采煤技术的应用，采掘速度加快，开采强度增大，工作面瓦斯涌出量大幅度增加。为了解决高产、高效工作面瓦斯涌出问题，部分矿井开始实施综合抽放瓦斯，即在时间上将预抽、边采边抽及采空区抽放相结合，在空间上将开采层、邻近层和围岩抽放相结合，在工艺方式上将钻孔抽放与巷道抽放相结合、井下抽放与地面钻孔抽放相结合、常规抽放与强化抽放相结合，实施综合抽放瓦斯方法，最大限度提高瓦斯抽放效果。

随着矿井瓦斯抽放技术的发展，煤的吸附性能和煤层气含量测定工作也在逐步进行，为我国煤层气资源预测和有利区块选择积累了重要的实际资料。1989年11月，我国历史上第一次煤层气会议"能源部开发煤层气研讨会"在沈阳市召开。随后，国家"八五"科技攻关项目组、一些地方企业、全球环境基金会等单位资助设立了多个煤层气研究项目，并在河北大城县、山西柳林县进行了煤层气的勘探试验。在此期间，我国引进了煤层气专用测试设备和应用软件，设备引进和人员交流使我国在煤层气资源评价、储层测试技术、开采技术等方面取得了较大的发展。为了加快我国煤层气开发，国务院于1996年初批准成立了中联煤层气有限责任公司，主要从事煤层气的勘探、开发、生产、输送、销售及利用。

沁水盆地蕴藏着世界上最优质的无烟煤和我国探明储量最多的煤层气，但由于储层透气性差、地面抽采难度大，在沁水盆地开采煤层气被国内外专家称为不可能完成的事，是世界公认的煤层气抽采"禁区"。1990年，地面钻孔释压抽排瓦斯技术被引入沁水盆地，先后施工了7口煤层气井，组成了全国第一个煤层气开发先导性试验井组(潘庄井组)。这是我国最先成功进行的煤层气井群排采试验，开创了我国煤层气地面开发利用的先河，有力地推动了整个沁水煤田煤层气的勘探开发工作。2003年，我国成立了专门从事煤层气地面开发和煤田地质勘探的蓝焰煤层气有限责任公司，进一步推进了地面煤层气抽采进程。晋城矿区经过20余年的探索和努力，形成了"先采气后采煤、采煤采气一体化"的煤层气(瓦斯)开发模式，建成了全国最大的地面煤层气抽采井群、全国最大的瓦斯发电集群和煤层气全产业链运营网络，组建了全国唯一的煤与煤层气共采国家重点实验室，打造了A股煤层气上市企业——蓝焰控股，成为全国最大的煤层气(瓦斯)开发利用企业。

## 第二节　瓦斯抽采理论及技术发展概述

### 一、煤层瓦斯流动理论

煤层既是瓦斯产生的源岩，又是瓦斯赖以储存的载体。煤层中大量的孔隙和足够大的比表面积构成了瓦斯的储集场所。目前研究认为，煤层是由裂隙、孔隙组成的双重结构系统，或由宏观裂隙、显微裂隙和孔隙组成的三元结构系统（傅雪海等，2007）。煤中瓦斯主要以吸附状态和游离状态存储在煤层中，吸附瓦斯量占80%～90%，游离瓦斯量占10%～20%。在外界控制条件不变的情况下，吸附瓦斯和游离瓦斯处于动态平衡状态。当进行煤炭开采、煤层钻孔或地面钻井等工程时，煤层原始应力平衡状态被打破，煤储层压力降低，更多的瓦斯从煤基质颗粒表面解吸出来，瓦斯在孔隙压力梯度和浓度梯度的作用下发生运移。经典的瓦斯抽采和煤层气开发理论认为，瓦斯（煤层气）运移产出可以概括为一个连续的解吸（吸附态转变为游离态）→扩散（甲烷在浓度梯度作用下的分子迁移）→渗流（甲烷气体在压力梯度作用下从裂隙系统向钻孔或井筒流动）过程。瓦斯从煤屑中涌出，实质是瓦斯在煤屑中的扩散问题，可用Fick线性扩散定律描述（杨其銮，1986）。煤体的瓦斯扩散系数与吸附平衡压力或吸附瓦斯量之间存在一定的关联，煤样的吸附平衡压力越大，初始有效扩散系数越大，瓦斯解吸率越大；温度越高，初始有效扩散系数和扩散动力学参数也越大（郭勇义等，1997）。周世宁（1996）将孔裂隙结构的煤层看成一种大尺度上均匀分布的拟连续介质，认为煤层瓦斯流动符合多孔介质线性渗流定律——达西定律，奠定了我国瓦斯流动研究的理论基础。煤矿中广泛使用的煤层透气性系数测定方法——"钻孔瓦斯流量法"即基于此理论。孙培德（1993）修正和完善了均质煤层的瓦斯流动数学模型，发展了非均质煤层的瓦斯流动数学模型；潘一山（2008）测定了不同围压下煤样的渗透率，证明低渗储层会呈现出不同程度的滑脱效应，即煤样气测渗透率随孔隙水压力的倒数的增大而增大，通过控制储层围岩压力，可以利用滑脱效应增加储层渗透性能，使低渗储层的煤层气开采成为可能；郭红玉等（2010）通过对煤储层启动压力梯度的测定，建立了启动压力梯度与渗透率之间的模型，并将煤储层瓦斯流动流态划分为线性渗流、低速非线性渗流和扩散3种类型。

煤层一般都含有一定的水分，煤炭开采、钻孔施工会造成煤层中含水量的变化。在高瓦斯压力、低渗透率及具有突出危险性的煤层，为了增加煤层透气性，降低瓦斯压力，消除煤层突出危险性，工程实践中广泛采用了煤层注水、水力冲孔、水力割缝、水力掏煤及水力压裂等水力化技术措施。水力化措施的应用会使外界水侵入煤层，增加煤层的含水量，改变煤层的渗透率及水-气两相流的流场，因此，在煤层瓦斯抽采过程中必须考虑水的影响作用。饱和含水煤层瓦斯抽采一般经历四个阶段（Moore，2012）：① 单相水渗流阶段；② 非饱和水渗流阶段；③ 瓦斯-水两相流动阶段；④ 瓦斯单相流动阶段。

煤层中的水可分为裂隙中可流动的自由水和裂隙与煤基质表面的吸附水。水对瓦斯的流动具有多重影响，裂隙中的自由水通过影响煤层瓦斯-水两相渗流过程从而影响瓦斯流动。煤裂隙和煤基质表面的吸附水分通过堵塞煤体孔裂隙结构，占据瓦斯的吸附位，抑制瓦斯扩散以及产生吸附膨胀效应、改变煤体力学特性等作用对煤层瓦斯单相渗流过程产生影响（Durucan et al.，2014；Xu et al.，2014；Xu，2017）。

## 二、煤岩采动渗流理论

煤层开采以后，根据上覆岩层移动破坏程度及应力分布特点，上覆煤岩体可划分为垮落带、裂隙带和弯曲下沉带。煤岩体变形破坏产生大量的采动裂隙，煤层应力释放卸压，透气性增大，为瓦斯的解吸和流动创造了条件。渗透率是影响瓦斯煤岩运移规律及抽采效果的重要参数。20世纪80年代以来，我国学者对含瓦斯煤体的变形、透气率与围压或孔隙压力之间的变化关系以及含瓦斯煤体的力学性质等开展了大量的研究。林柏泉(1988)研究了围压、孔隙压力对煤样渗透性影响的定性规律。许江等(1993)研究了有效应力、孔隙压力、温度和电场强度等对煤样渗透率的影响,并给出了经验关系式。赵阳升(1994)建立了三轴条件下煤样渗透率与有效应力间的经验关系式,并通过渗透特性实验研究了煤体渗透率与瓦斯压力的关系,将瓦斯吸附效应、三维应力和孔隙压力加入煤体渗透性的研究,完善了煤层瓦斯流动规律的表达式。傅雪海等(2003)探讨了煤基质收缩和有效应力对煤储层渗透率的影响,推导了有效应力、煤基质收缩与煤储层渗透性的关系式。

保护层开采技术就是利用采场围岩应力重新分布,上覆和下伏被保护层产生一定的卸压效果,促进瓦斯解吸,增加煤层透气性,降低煤层瓦斯压力,减小煤层瓦斯含量,提高煤体机械强度,增加煤体抗破坏能力,消除或降低煤与瓦斯突出的危险。保护层开采技术最早出现于20世纪30年代的法国,此后苏联、德国、波兰等各主要产煤国纷纷将保护层开采技术运用于防突控制,得到了大力推广。20世纪中期,我国在北票、天府矿区开始初步进行了相关研究。通过远距离上保护层的开采,使得距离上保护层下方约80 m的被保护煤层产生明显的卸压增透,煤层中瓦斯压力下降,煤层产生膨胀变形,相对膨胀变形量可达0.6%,被保护煤层透气性系数大大增加,相较于初始状态增加了300多倍,受卸压增透效果的影响,钻孔的瓦斯流量增加了约80倍(俞启香,2005)。试验结果为保护层开采技术的理论研究和应用推广奠定了重要的理论基础和数据支撑。

卸压瓦斯抽采技术是伴随着保护层开采技术的发展而形成的。煤层开采后,顶板破碎垮落,在垮落带内岩体破断后松散堆积,形成大量块隙空间,断裂带内岩体在应力作用下断裂破坏,产生新的裂隙通道,为煤层卸压瓦斯提供了很好的导流和储存空间,在裂隙带内施工钻孔即可对该部位瓦斯进行有效抽采。

## 三、井下瓦斯抽采技术

井下瓦斯抽采,是降低煤炭开采过程中的瓦斯涌出量,防止瓦斯超限和积聚,预防瓦斯爆炸和煤与瓦斯突出事故的重要措施,抽采出来的瓦斯通过管道汇集、输送至地面加以利用,实现变害为利。在长期的瓦斯治理实践中,工程技术人员创造了多种瓦斯抽采方法。按瓦斯源可分为开采层瓦斯抽采、邻近煤层(包括不可采煤层)瓦斯抽采、采空区瓦斯抽采;按抽采瓦斯工艺可分为钻孔(井下、地面等)抽采、巷道(顶底抽巷、煤巷等)抽采、钻孔+巷道抽采、埋(插)管抽采瓦斯等;按与煤层开采的时间关系可分为开采层预抽、边采(掘)边抽、采后抽采;按抽采瓦斯原理可分为未卸压抽采、卸压抽采、强化抽采等。

钻孔法抽采瓦斯是利用钻机在煤岩层中钻孔,成孔后,在孔中下入筛管,收集从孔壁释放的瓦斯,封孔后,将所有管路连接在一起,收集瓦斯至地面加以利用。钻孔法由于施工简单、灵活、钻场易于布置,对采掘工程影响小,在井下瓦斯抽采工程中得到了广泛应用。在工程实践中,针对不同的地质条件、煤炭采掘方式,矿山科技人员对钻孔的布置方位、布置方式进行试验优化,提出了很多新的瓦斯抽采技术。同时,大功率、强扭矩钻机以及超硬耐磨钻头、无线定向钻进等先进的科技装备和技术也不断应用于瓦斯抽采工程。

卸压瓦斯抽采技术在保护层开采中发挥着很大的作用,但对于单一煤层,特别是煤层回采后，在垮落带和裂隙带中裂隙充分发育，形成释放卸压瓦斯的流动空间，瓦斯气体聚集在采空区，对采煤工作面的安全生产构成威胁。为解决这个问题，工程技术人员发明了顶板走向高位钻孔瓦斯抽采方法。针对煤层瓦斯含量大、压力大、揭煤有突出危险，工程技术人员又发明了底板巷道网格式上向穿层钻孔卸压瓦斯抽采方法等一系列新方法新工艺，并取得了良好的应用效果。

钻孔抽采瓦斯技术中，增加钻孔深度，增大孔壁暴露面积，有利于促进瓦斯涌出，可大幅度提高瓦斯的抽采量和抽采效率，降低瓦斯抽采成本。近年来，千米钻机在我国煤矿井下瓦斯抽采工程中得到了广泛使用，超长钻孔瓦斯抽采已经成为当前我国煤炭企业瓦斯治理的重要手段，是当今我国煤矿井下瓦斯抽采的主要发展方向和关键技术。2003年，山西亚美大宁能源公司引进澳大利亚的VLD深孔千米钻机，完成了1 002 m的定向瓦斯抽采钻孔。寺河煤矿、成庄煤矿在井下瓦斯抽采中成功应用千米钻机，提出软硬复合煤层区域递进钻孔成孔技术、条带迈步抽采技术、千米长钻孔定向钻进技术，钻孔总进尺1 073万m，其中，千米钻孔进尺382万m，占比35.6%，千米单孔主孔最深达1 881 m，吨煤抽采进尺达到0.25 m。

赵庄煤业、胡底煤业等矿井煤层瓦斯含量高，煤层透气性低，煤质松软，有发生煤与瓦斯突出的倾向。矿区技术人员将长钻孔技术与水力化技术相结合，研究出了松软低透气性煤层水力冲孔、水力掏煤及水力割缝等技术，一方面，通过水力冲刷作用对煤层卸压，释放煤层应力，降低瓦斯压力，提高煤体强度，起到消突作用；另一方面，水力松动煤体在煤层中构造新的裂隙网络，可有效提高煤层透气性。

## 四、井上井下联合抽采技术

保护层开采技术作为最为有效、安全和经济的煤与瓦斯突出防治技术，在淮南集团、淮北集团等煤层群开采的矿井中被大量应用，为矿井的安全生产、瓦斯治理作出了突出贡献。但保护层开采技术局限于煤层群开采，且煤层中要有适合作为保护层的煤层，我国有很多井田为单一煤层或者没有合适的煤层作为保护层，这些煤层无法使用保护层开采技术，其应用受到限制。

地面钻井是新兴的矿井瓦斯抽采技术，具有抽采能力大、抽采周期长、可穿过煤层的特点。地面钻井技术从地面向下部煤层打井，在地面安装设备对井下瓦斯进行抽采，不需要井下掘进专用巷道，不影响井下正常生产，提高了人员的安全性，同时由于煤层瓦斯被抽出，风排瓦斯的数量也大大降低，矿井的通风状况也得到了改善。晋城矿区主采3#煤层，煤层埋深浅，含气量大，煤层结构单一。从20世纪90年代开始，在国家政策的支持下，首先在晋城矿区进行煤层气开发，目前已经在矿区建成了全国最大的煤层气地面抽采产业集群。2019年，地面煤层气产量达15.25亿 $m^3$。地面布置有垂直井、多分支水平井、丛式井组等多种井型。

如何充分发挥煤矿瓦斯井下抽采和煤层气地面抽采技术的优势，有机协调煤矿安全高效生产与煤层气资源开发利用，矿区能源企业率先进行了积极探索，创新了多种井上井下联合瓦斯抽采技术，实现了煤层气产业安全、能源、环保三重效益协同发展。基于煤炭开发时空接替规律，将煤矿区划分为煤炭生产规划区、煤炭开拓准备区与煤炭生产区三个区间。在煤炭生产规划区，采用地面钻井、定压排采的方式进行预抽采煤层气。在煤炭开拓准备区，采用地面与井下联合抽采工艺进行瓦斯抽采。例如，寺河煤矿、成庄煤矿首创了地面井压裂、井下长钻孔抽采以及条带式井上井下联合抽采技术，应用井下定向钻机实现煤矿井下钻孔与地面钻井压裂带的贯通，取得了非常好的抽采效果。在煤炭生产区，对本煤层瓦斯实施密集钻孔抽采，降低煤层瓦斯含量；地面钻井或对地面预抽井进行技术改造，抽采采空区瓦斯；施工大孔径定向长钻孔，实现以抽代巷。经过多年的探索与实践，晋城矿区开创并形成了井上井下多种技术手段相结合对煤层瓦斯进行全方位立体式综合治理的新模式，并取得了良好的经济效益和社会效益。

## 五、瓦斯治理理念

煤矿瓦斯曾是煤矿安全的“第一杀手”，国内外煤炭工业发展史上的几次重大瓦斯爆炸事故使人谈之色变。最初的瓦斯治理方式主要是改进矿井通风系统，降低矿井风流中瓦斯的浓度，对煤层瓦斯进行初步抽采，经过管路汇集后引至地面排空或加以利用。此时的瓦斯治理主要是被动地对其进行“抽放”，以保证煤炭开采的安全。钱鸣高院士率先提出了煤炭资源绿色开采的理念，继而逐步建立并不断完善煤矿绿色开采基础理论和技术框架。从广义资源的角度论，在矿区范围内的煤炭、地下水、煤层气（瓦斯）、土地、煤矸石以及在煤层附近的其他矿床，都是这个矿区的开发和保护对象。实现煤炭资源的绿色开采是一项巨大的系统工程，在技术开发层面重点体现在煤与瓦斯共采、保水采煤和矸石直接充填采煤三个方面。煤与瓦斯共采是绿色开采主要内容之一，该技术的进步不仅有利于矿井安全生产，而且还能得到洁净能源，是我国煤矿安全开采的一个重要途径。

随着瓦斯流动理论、煤岩采动渗流理论、瓦斯流-固耦合理论、煤岩水力压裂理论等研究的不断深入，地面钻井技术、井下长钻孔施工技术、钻孔成孔工艺及装备的不断提升，煤层气（瓦斯）作为一种高热值、零污染的优质清洁能源，日益受到青睐。对于瓦斯的治理，由早期的被动“抽放”转变为把其看作一种新型的非常规能源，运用各种先进技术和手段进行主动“抽采”，可以获得经济利益，同时还可以根除矿井的瓦斯隐患，实现煤与瓦斯的“绿色开采”。

为了规范煤层气（瓦斯）的勘探、开发及利用，进一步调动企业的积极性，国家及地方政府相继出台了一系列的法规和政策，对煤层气（瓦斯）的开发利用，提高财政补贴标准，加大税费优惠力度，促进煤层气（瓦斯）这一绿色产业的健康可持续发展。

2005 年 6 月，国家发展改革委印发了《煤矿瓦斯治理与利用总体方案》，确立了“可保尽保、应抽尽抽、先抽后采、煤气共采”的瓦斯综合治理战略，提出了瓦斯综合利用的总体方案。

2006 年 6 月，国务院办公厅印发了《关于加快煤层气（煤矿瓦斯）抽采利用的若干意见》，明确了先抽后采、治理与利用并举的指导方针，提出了 16 条措施。随后，有关部门和地方政府陆续制定出台了一系列促进瓦斯抽采利用的政策措施，初步形成了煤矿瓦斯治理和利用的政策体系。

2007 年 4 月，国家发展改革委发布了《关于利用煤层气（煤矿瓦斯）发电工作实施意见》，鼓励各类企业利用各种方式开发利用煤层气（煤矿瓦斯）。

2007 年 4 月，财政部印发了《关于煤层气（瓦斯）开发利用补贴的实施意见》，确定对开发煤层气资源的企业进行财政补贴，进一步推动了煤层气资源的开发利用。

2012 年 3 月，国家发展改革委发布了《煤炭工业发展“十二五”规划》，指出要新增煤层气探明储量 10 000 亿 $m^3$，煤层气（煤矿瓦斯）产量 300 亿 $m^3$。

2015 年 2 月，国家能源局发布了《煤层气勘探开发行动计划》，要求“十三五”期间，煤层气勘探开发步伐进一步加快，产业布局更趋优化，关键技术取得突破，产量大幅提升，重点煤矿区采煤采气一体化、煤层气与煤矿瓦斯共采格局基本形成，煤层气（煤矿瓦斯）利用率普遍提高，煤层气产业发展成为重要的新兴能源产业。到 2020 年，建成 3～4 个煤层气产业化基地，新增探明煤层气地质储量 1 万亿 $m^3$；抽采量力争达到 400 亿 $m^3$，其中地面开发 200 亿 $m^3$。

2013 年 8 月，山西省人民政府出台了《山西省人民政府关于加快推进煤层气产业发展的若干意见》，要着力打造“11265”煤层气产业开发布局——组建一个具有国际水平的煤层气综合研发机构，设立一个煤层气矿权改革试点区，建设太原、晋城两个煤层气装备制造业基地，形成河曲-保德等六大煤层气勘探开发基地，构建晋城矿区等五大瓦斯抽采利用园区。

2015 年 7 月，山西省人民政府发布了《山西省煤矿瓦斯抽采全覆盖工程实施方案》，明确了瓦斯抽采全覆盖工程的主要任务，对煤炭规划区、准备区和生产区达到瓦斯抽采条件的煤层全部开展瓦斯抽采，做到采前、采中、采后和井上井下全覆盖立体化抽采，实现应抽尽抽、以用促抽、抽采达标，保障煤矿安全生产。

2019 年 4 月，山西省制定了《打造全国能源革命排头兵行动方案》，要求优化能源生产消费结构，发展清洁能源，大力发展煤层气产业，保障煤矿安全生产。到 2030 年，煤层气产能达到 450 亿～500 亿 $m^3$，产量达到 350 亿 $m^3$。

煤层气（煤矿瓦斯）产业发展对山西省优化能源生产消费结构，保障煤矿安全生产具有重要的意义，是国家、地方重点支持的新兴产业。企业是政策的具体执行者，煤层气（煤矿瓦斯）抽采是一项风险与收益并存的产业，瓦斯治理各项措施是否能够落实到位，必须加强企业管理。管理不到位，再完善的系统、再先进的装备也难以发挥应有作用。以寺河煤矿、成庄煤矿为代表的晋城矿区能源企业始终坚信瓦斯抽采是瓦斯防治的治本之策，确立了“以抽采时间换安全生产空间，以技术创新换安全生产空间，以加大工作量换安全生产空间”的瓦斯防治理念，制定了“先抽后采、监测监控、以风定产”的十二字方针，坚定不移推进瓦斯治理工程优先，坚定不移推进瓦斯治理体系，坚定不移推进技术创新，坚定不移推进瓦斯治理规划，坚定不移推进目标考核。树立了“通风零事故、瓦斯零超限”的工作目标，在实际工作中形成了“治理了瓦斯，解放了生产力”“不是干部消灭事故，就是事故消灭干部”等瓦斯防治观念，提升了全员瓦斯防治意识。将“强抽采、优技术、细管理、严问责、提质量”的瓦斯防治工作思路贯穿工作全过程，瓦斯治理实现了由风排为主向抽采为主的根本性转变，采掘作业地点瓦斯浓度保持在 0.5%以下，2008 年瓦斯超限 141 次，2019 年瓦斯超限 0 次，实现了高瓦斯矿井低瓦斯回采。

## 第三节　晋城矿区瓦斯综合治理技术概述

### 一、典型瓦斯治理技术

晋城矿区是我国最大的无烟煤生产基地，自 1958 年第一座矿井投产以来，随着煤炭开采由矿区边缘向腹地深入，矿区瓦斯治理经历了低瓦斯矿井向高瓦斯、煤与瓦斯突出矿井三个演变阶段：1958—1997 年以古书院矿、凤凰山矿、王台铺矿为代表的三个低瓦斯矿井开采阶段；1997—2007 年成庄煤矿等矿井陆续投产，标志着矿井进入高瓦斯矿井管理阶段；2007 年至今，随着矿井采深的增大，以寺河煤矿东、西井和赵庄煤业、长平煤业为代表，瓦斯治理进入有煤与瓦斯突出危险性矿井管理阶段。

晋城矿区主采煤层由上至下依次为 3#、9#、15# 煤，平均厚度分别为 6 m、1.6 m、2.5 m，三个煤层均属于无烟煤。矿区南部寺河井田煤岩类型以光亮型煤为主，半亮型煤次之，呈黑色，似金属光泽，煤体结构主要为原生结构。矿区北部赵庄井田煤岩类型以亮煤为主，暗煤次之，夹镜煤条带，属半亮-光亮型煤，煤体结构主要为碎裂结构，在部分低应力区发育低破裂程度的块状结构煤和原生结构煤。矿区瓦斯赋存有四大特点：一是瓦斯含量和煤层埋藏深度成正比，高突矿井吨煤瓦斯含量普遍在 7～16 $m^3/t$，最高达 28 $m^3/t$；二是瓦斯生成和赋存条件较好，储量大，煤层瓦斯压力最高达到 3.83 MPa，地面抽采井有自喷现象发生；三是煤层可抽采性分布不均，西部区域具有较好的可抽采性，北部区域属于软硬复合型低透气性煤层，抽采难度较大；四是矿井瓦斯涌出量大，单井瓦斯涌出量(抽采＋风排)最大可超过 1 000 $m^3/min$。

(1) 矿井通风方式

矿井通风是煤矿治理瓦斯的基本手段，将新鲜空气输入矿井下，稀释并排除矿井中有毒、有害的气体和粉尘。随着矿井煤炭产量的增加，工作面瓦斯涌出量急剧增大；同时开采水平的延伸，矿井通风路线逐渐变长，矿井通风阻力增大。矿区各企业基于原有通风系统，通过提高风机能力，降低通风阻力，优化通风系统等技术革新，创造了“一进一回”“二进一回”“三进一回”“三进两回”以及双巷布置 U 形、大 U 套小 U、并列双 U 形、Y 形等多种通风方式，为煤炭开采提产增效提供了技术保障。

(2) 井下瓦斯抽采

井下瓦斯抽采是瓦斯治理的最直接手段。2005 年，寺河煤矿从澳大利亚引进 VLD-1000 型千米钻机，经过技术吸收转化和自主创新，针对矿区软硬复合煤层、破碎煤层、松软煤层，开发了适合于晋城矿区不同煤层的定向钻孔成孔技术装备及工艺和定向长钻孔水力掏煤、区域递进式抽采、松软煤层水力卸压增透、大直径定向长钻孔成孔等技术。这些先进的瓦斯治理技术在晋城矿区各个矿井得到了广泛的推广与应用，大大降低了煤层瓦斯含量，大幅度减少瓦斯涌出量。2019 年，晋城矿区全年瓦斯抽采总量为 30.08 亿 $m^3$，其中井下瓦斯抽采量为 15.25 亿 $m^3$。抽采的瓦斯用于发电，瓦斯发电量达到 22.46 亿 kW·h，连续 11 年保持瓦斯发电量全国第一。

(3) 煤层气地面排采

经过 20 多年的探索发展，沁水煤田晋城矿区煤层气地面开发已经形成勘探、开采、集输及利用产业链，累计施工完成 5 500 口地面井。在实践中逐步积累并开发了煤层气地面垂直井、U 形井、径向井、丛式井、多分支水平井等钻井技术，同时结合井下煤炭开采情况，提出了采动区 L 形井、采空区垂直井等钻井技术，开创了煤层气地面井压裂、井上压裂井下定向水平钻孔抽采技术、井上布井井下钻孔压裂等煤层气(瓦斯)增产新技术(见表 1-1)。

表 1-1 晋城矿区典型瓦斯抽采技术

| 抽采分类 | 抽采方法 | 适用条件 |
| --- | --- | --- |
| 地面抽采 | 地面垂直预抽井<br>U形井<br>径向井<br>丛式井<br>多分支水平井 | 有突出危险、煤层瓦斯含量大、矿井规划区域等 |
| | 地面采动井<br>地面采动L形井 | 受采动影响的卸压煤层、采空区等 |
| 井上下联合抽采 | 地面井压裂井下钻孔抽采 | 准备区煤层 |
| 井下抽采 | 区域递进式抽采、模块化钻孔、穿层钻孔 | 井下本煤层瓦斯提前预抽煤层 |
| | 千米定向或普通钻机施工的高-中-低位钻孔闭墙埋管大流量抽采 | 采空区高效立体抽采 |

## 二、"三区联动、采煤采气一体化"瓦斯治理模式

本着煤矿绿色开采的理念，遵循"采煤采气一体化"的煤矿瓦斯治理模式和思路，根据煤炭开发时空接替规律，将矿区划分为煤炭生产规划区（简称规划区）、煤炭开拓准备区（简称准备区）与煤炭生产区（简称生产区）3个区段，综合利用地面钻井、井下顺层长钻孔预抽、边采掘边抽、采空区抽放等瓦斯治理技术。经过多年探索，晋城矿区逐步构建了"三区联动、采煤采气一体化"的井上下立体抽采瓦斯综合治理模式。

① 规划区开采模式：规划区的煤炭资源一般在5～8 a甚至更长时间以后方进行采煤作业，该区内回采煤层区域不存在采煤活动，主要为地面采气工程，重点考虑煤层气开采经济效益，采用地面直井、丛式井、水平井等多种方式进行最大限度的超前预抽。

② 准备区开采模式：准备区是指在3～5 a内将进行煤炭回采的区域，该区内掘进工程与井下采气工程同时存在，重点考虑井下安全效益和煤层气开采经济效益，为准备区加速转化为生产区创造条件。

③ 生产区开采模式：生产区即煤炭生产矿井现有生产区域。生产区经过规划区、准备区提前抽采瓦斯，已经达到区域抽采达标，但为保障煤炭安全高效生产，仍需要进行本煤层钻孔抽采瓦斯以及治理采空区瓦斯，解决上隅角瓦斯超限问题，确保工作面回采安全。

图1-1为根据煤层瓦斯含量及煤层气（瓦斯）抽采时间对规划区、准备区及生产区的划分。图中，$W$为煤层瓦斯含量，$C_j$、$C_p$为阈值。在规划区，瓦斯含量超过16 $m^3/t$时，提前5～8 a或更长的时间实施地面钻井预抽采；在准备区，瓦斯含量在8～16 $m^3/t$时，提前3～5 a实施井上井下联合抽采；在生产区，瓦斯含量低于8 $m^3/t$，采取边抽边采、采空区抽采。

三区联动立体化瓦斯治理模式的内涵体现在以下3个方面：

① 采煤采气统筹规划，先抽气后采煤，实现了瓦斯抽采、矿井建设、煤矿生产的有序衔接。

② 按照矿井衔接规划，按区域选择瓦斯抽采方式，实现各区域之间的有序递进。

③ 地面预抽与井下抽采相结合，实现煤层气（瓦斯）的高效快速抽采。

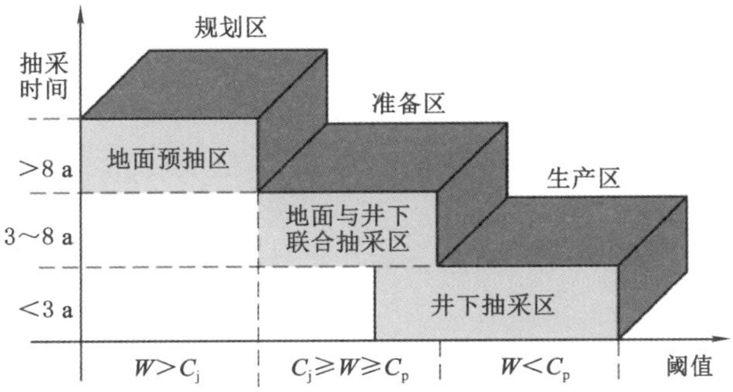


图 1-1 三区联动瓦斯治理模式

煤矿区瓦斯三区立体联动抽采模式及技术体系是晋城矿区各能源企业在单一煤层条件下治理瓦斯多年探索和实践的结果，是实现煤层开采前的高瓦斯向开采时的低瓦斯转化的有效措施，较好地解决了瓦斯何时抽、用何种方法抽、抽多长时间、如何与煤炭开采接续等问题。瓦斯地面预抽的优势是不受空间约束，不受时间限制，可以提前 8～10 a 或更长时间在地面布置大规模井群，进行大面积抽采，既可提高瓦斯抽采效果，又可形成产业规模，而且钻孔还可替代地质勘探钻孔，实现一井多用。井上下联动抽采充分利用了地面抽采井在煤层中所形成的裂隙和井下施工的长钻孔，实现了井上下联合抽采，可快速降低煤层瓦斯含量。边抽边采、采矿区抽采主要解决采煤工作面瓦斯涌出量大、上隅角瓦斯积聚问题，该抽采模式在阳泉、潞安、西山、华晋焦煤等矿区获得了推广应用，为这些矿区煤矿瓦斯隐患的根除奠定了基础，取得了良好的经济效益和社会效益。

## 三、瓦斯治理成果

面对复杂多变的地质环境，寺河煤矿、成庄煤矿、赵庄煤业、长平煤业等大型矿井联合蓝焰煤层气公司长期开展瓦斯综合治理科技攻关，并与国内科研院所不断合作，在生产实践中不断创新，逐步积累了矿井瓦斯开发利用的成功经验，特别是在采煤采气一体化、地面井下煤层气抽采一体化、煤炭与煤层气协调开发利用技术方面在国内处于领先水平。

（1）打破无烟煤煤层气开采技术壁垒

1993 年，晋煤集团引进美国地面煤层气开发技术，施工 7 口煤层气试验井并取得成功，打破了无烟煤煤层气无法地面规模化开采的技术壁垒，填补了国内煤层气开发利用技术空白。目前，这 7 口抽采井仍在产气，日产气量稳定在 10 000 $m^3$ 以上。

（2）从根本上保障矿井安全生产

在矿区实行采煤采气一体化、三区联动井上下立体抽采瓦斯治理模式后，瓦斯治理实现了由风排为主向抽采为主的根本性转变，采掘作业地点瓦斯浓度保持在 0.5%以下，瓦斯超限次数从 2008 年的 141 次下降至 2019 年的 0 次，实现了高瓦斯矿井低瓦斯回采。

（3）矿井产能得到大幅释放

从根本上解决瓦斯超限问题后，矿井综采工作面日产量由 1 万 t 提高到 3 万 t 以上，掘进工作面的掘进效率提高了 200%。煤炭产量从 2008 年的 3 743 万 t 增加到 2019 年的 7 092万 t，增幅达到 89%，有效地促进了矿井抽、掘、采衔接，实现了“三量”平衡。

（4）节能减排效果明显

晋煤集团坚持“以抽促用、以用保抽”的发展思路，不断拓展瓦斯利用途径，形成以抽采促安全，以安全促效益，以效益促利用，以利用促抽采的良性循环，培育了国内最大规模的煤层气利用市场，研发瓦斯提浓、瓦斯提纯技术，实现对不同浓度瓦斯最大限度地分类分梯级利用，最大程度回收清洁资源，减排二氧化碳。

(5) 科技创新成果显著

近年来，矿区各能源企业围绕瓦斯综合治理难题，在煤层气资源勘探、低渗煤层增透、水平定向长钻孔技术装备研制、工作面通风系统优化等方面获得国家科学技术进步奖、山西省科学技术进步奖及中国煤炭工业科学技术奖等(表 1-2)，并牵头制定了矿井瓦斯(煤层气)国家标准(表 1-3)。

**表 1-2 瓦斯综合治理获奖成果**

| 序号 | 成果名称 | 奖励级别 | 获奖年度 |
|---|---|---|---|
| 1 | 煤层气规模开发与安全高效采煤一体化研究 | 国家科学技术进步奖二等奖 | 2007 |
| 2 | 煤矿区煤层气立体抽采关键技术与产业化示范 | 国家科学技术进步奖二等奖 | 2011 |
| 3 | 煤层气储层开发地质动态评价关键技术与探测装备 | 国家科学技术进步奖二等奖 | 2017 |
| 4 | 长平井田 3 号煤层瓦斯主控因素及瓦斯治理技术研究 | 山西省科学技术进步奖三等奖 | 2015 |
| 5 | 采动区煤层气地面抽采井优化设计技术及应用 | 山西省科学技术进步奖一等奖 | 2016 |
| 6 | 低透气性煤层穿层钻孔高效抽采瓦斯治理技术研究 | 山西省科学技术进步奖二等奖 | 2016 |
| 7 | 升降旋转一体式抽放钻车的研制 | 山西省科学技术进步奖三等奖 | 2016 |
| 8 | 采空区顶板定向长钻孔高效抽采瓦斯技术研究 | 山西省科学技术进步奖三等奖 | 2016 |
| 9 | 煤矿区地面压裂井下高效抽采技术 | 山西省科学技术进步奖二等奖 | 2017 |
| 10 | 高效开采综放工作面 Y 形通风沿空留巷技术研究 | 山西省科学技术进步奖三等奖 | 2017 |
| 11 | 立井快速揭煤中径向井压裂增透技术研究 | 山西省科学技术进步奖三等奖 | 2018 |
| 12 | 常规钻进装备无线随钻测量定向钻进关键技术研究与应用 | 山西省科学技术进步奖三等奖 | 2019 |
| 13 | 基于通风监测大数据的智能分析及预警系统研究与应用 | 山西省科学技术进步奖三等奖 | 2019 |
| 14 | 煤矿区煤层气开发精确对接井钻进技术与装备 | 中国煤炭工业科学技术奖特等奖 | 2015 |
| 15 | 采空区顶板定向长钻孔高效抽采瓦斯技术研究 | 中国煤炭工业科学技术奖三等奖 | 2015 |
| 16 | 升降旋转一体式抽放钻车 | 中国煤炭工业科学技术奖三等奖 | 2015 |
| 17 | 低透气性煤层穿层钻孔高效抽采瓦斯治理技术研究 | 中国煤炭工业科学技术奖三等奖 | 2015 |
| 18 | 中硬煤层 1 800 m 定向钻进技术与装备 | 中国煤炭工业科学技术奖一等奖 | 2016 |
| 19 | 煤矿井下电磁波无线随钻测量技术与装备 | 中国煤炭工业科学技术奖二等奖 | 2016 |
| 20 | 煤矿采动区地面 L 形井抽采技术 | 中国煤炭工业科学技术奖二等奖 | 2016 |
| 21 | 低透气性单一厚煤层综采工作面“U+3”布置瓦斯治理及通风系统优化 | 中国煤炭工业科学技术奖二等奖 | 2017 |
| 22 | 煤矿瓦斯抽采系统评估与优化技术研究 | 中国煤炭工业科学技术奖三等奖 | 2017 |
| 23 | 复杂顶板岩层大直径高位定向钻孔成孔技术与配套机具 | 中国煤炭工业科学技术奖一等奖 | 2018 |
| 24 | 复杂风网通风系统优化关键技术研究 | 中国煤炭工业科学技术奖二等奖 | 2018 |
| 25 | 多源混合瓦斯来源定量识别技术研究 | 中国煤炭工业科学技术奖二等奖 | 2018 |
| 26 | 常规钻进装备定向化改造及钻进技术研究 | 中国煤炭工业科学技术奖三等奖 | 2018 |

表 1-2(续)

| 序号 | 成果名称 | 奖励级别 | 获奖年度 |
| --- | --- | --- | --- |
| 27 | 晋城矿区低透性软煤水射流增透瓦斯抽采技术研究 | 中国煤炭工业科学技术奖三等奖 | 2018 |
| 28 | 煤矿井下顶板裂隙带瓦斯高效抽采技术及装备 | 中国职业安全健康协会科学技术奖一等奖 | 2018 |
| 29 | 高瓦斯高产U形通风工作面采空区全时段多层位瓦斯抽采关键技术 | 中国煤炭工业科学技术奖二等奖 | 2019 |
| 30 | 瓦斯爆炸事件致创伤性应激障碍的多模态功能磁共振成像研究 | 中国煤炭工业科学技术奖二等奖 | 2019 |
| 31 | 软硬复合煤层空气辅助螺旋排渣高效钻进技术 | 中国煤炭工业科学技术奖三等奖 | 2019 |

表 1-3　矿井瓦斯(煤层气)国家标准

| 序号 | 标准名称 | 编号 | 实施日期 |
| --- | --- | --- | --- |
| 1 | 民用煤层气(煤矿瓦斯) | GB 26569—2011 | 2011-11-01 |
| 2 | 车用压缩煤层气 | GB/T 26127—2010 | 2011-11-01 |
| 3 | 煤层气(煤矿瓦斯)利用导则 | GB/T 28754—2012 | 2013-01-01 |
| 4 | 煤层气(煤矿瓦斯)术语 | GB/T 31537—2015 | 2015-09-01 |

# 第二章 晋城矿区瓦斯地质概况

## 第一节 晋城矿区概况

晋城矿区处于国家规划的晋东煤炭基地，位于山西省东南部太行山西侧，沁水煤田南端，行政区划包括晋城市及其泽州县、高平市、阳城县、沁水县和长治市长子县、长治县、壶关县以及临汾地区翼城县、安泽县、浮山县。矿区东、南、西南以煤层露头线为界；北、西北与潞安矿区和安泽矿区相接，面积 7 401 km$^2$。晋城矿区煤层瓦斯含量大，长平煤业、赵庄煤业为高瓦斯矿井，寺河煤矿、成庄煤矿、胡底煤业及坪上煤业为煤与瓦斯突出矿井，部分矿井具体信息见表 2-1，矿井分布如图 2-1 所示。

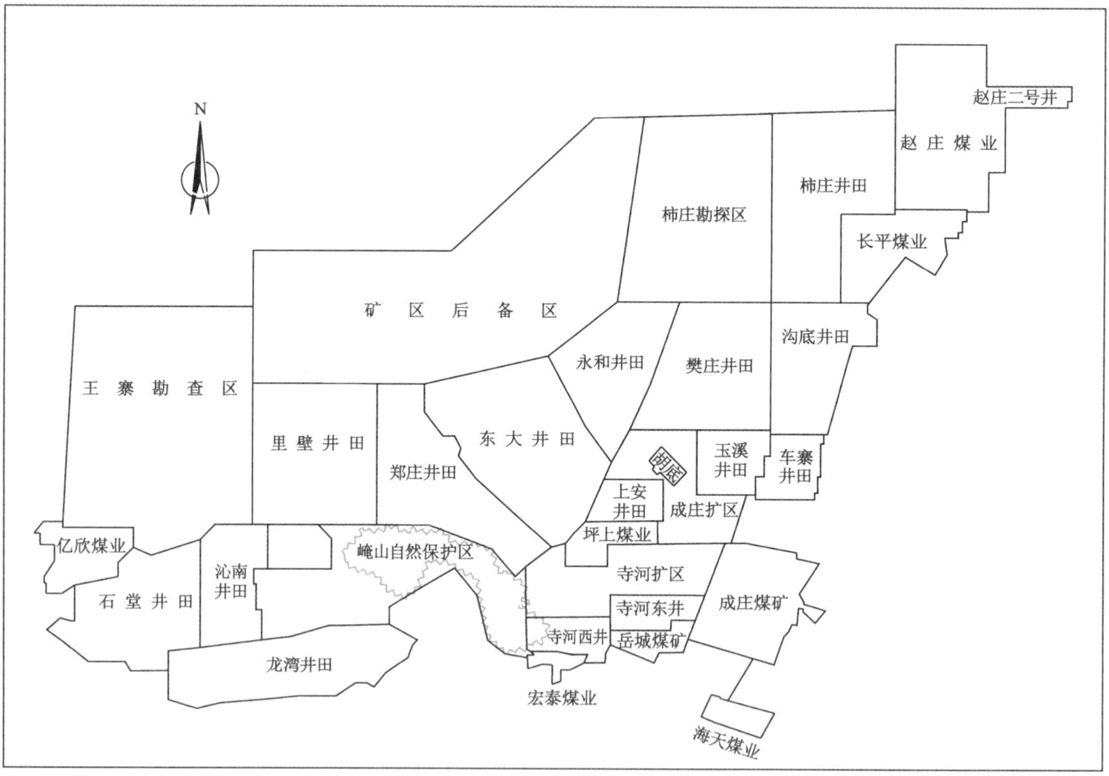


图 2-1 晋城矿区主要矿井、井田分布图

**表 2-1　晋城矿区主要矿井信息表**

| 矿井 | 井田面积/$km^2$ | 设计生产能力/万 t | 开采煤层 | 矿井类型 |
|---|---|---|---|---|
| 寺河煤矿 | 114.5 | 900 | 3 号 | 煤与瓦斯突出矿井 |
| 成庄煤矿 | 74.3 | 830 | 3 号 | 煤与瓦斯突出矿井 |
| 赵庄煤业 | 144.01 | 800 | 3 号 | 高瓦斯矿井 |
| 长平煤业 | 45.05 | 500 | 3 号 | 高瓦斯矿井 |
| 胡底煤业 | 5.125 3 | 60 | 3 号 | 煤与瓦斯突出矿井 |
| 坪上煤业 | 9.42 | 90 | 3 号 | 煤与瓦斯突出矿井 |

矿区煤炭资源丰富，煤层瓦斯含量高，瓦斯治理一直是煤炭安全生产的头等大事。晋城矿区各矿井结合自身地质条件，积极开展瓦斯综合治理科技创新，综合利用矿井通风、井下瓦斯抽采及地面煤层气抽采各种先进技术，在采煤采气一体化、井上井下瓦斯联合立体抽采、煤炭与煤层气协调开发利用方面处于国内领先水平。

## 第二节　晋城矿区地质概况

### 一、地层

沁水盆地内从老到新依次发育前寒武系、寒武系、奥陶系、石炭系、二叠系、三叠系、侏罗系和新生界地层，地层倾角在南北两端相对较小，地层较平缓；中部倾角较大，地层较陡。

(1) 前寒武系

前寒武系包括太古宇和元古宇，为华北地台沉积的基底，厚度巨大，主要出露于太岳山隆起区古县至洪山一带，呈 NNE 向长条状展布，在南部边缘也有零星出露。

(2) 寒武系

寒武系与前寒武系呈不整合接触，主要出露于吕梁山地区，地层厚度为 217～540 m，下部以紫色泥页岩发育为特征，中上部以灰岩和白云岩为主。

(3) 奥陶系

奥陶系主要出露于吕梁山地区，自下而上为下奥陶统冶里组、亮甲山组、下马家沟组、上马家沟组和中统峰峰组，地层厚度为 509～670 m，与下伏寒武系呈整合接触。下部主要为白云岩、含燧石白云岩，上部主要由灰岩、含蠕虫状和豹皮状白云质细条痕灰岩及泥灰岩组成。

(4) 石炭系

石炭系发育上统本溪组和太原组，与下伏地层呈平行不整合接触，为一套海陆交互相含煤地层。本溪组厚度为 10～30 m，下部为含铁铝土岩、铝土岩和铝土质页岩，夹 1～2 层铁矿；上部为页岩、碳质页岩夹煤线和 1～2 层灰岩。太原组为矿区主要含煤地层，连续沉积于本溪组之上，主要岩性为砂岩、灰岩、泥岩、砂质泥岩、碳质页岩、铝土质页岩或黏土夹煤线、煤层；沉积环境以海陆交互的三角洲-碳酸盐岩台地为特征，发育多个海侵海退旋回结构；底界位于 $K_1$ 砂岩底部，顶界位于 $K_7$ 砂岩底部，地层厚度为 50～135 m，盆地南部一般不超过 80 m，中北部多超过 100 m，以盆地腹地的沁源地区厚度最大。

(5) 二叠系

二叠系发育下统山西组、下石盒子组和上统上石盒子组、石千峰组，地层厚度为 470～1 065 m。山西组自 $K_7$ 砂岩底部至 $K_8$ 砂岩底部，以砂岩、砂质泥岩和煤层为主，为矿区主要含煤地层，地层厚度为 20～90 m，与太原组同样，具有南厚北薄的展布特征，盆地南部厚度一般在 40 m 以下，北部厚度均超过 40 m。下石盒子组自 $K_8$ 砂岩底部至 $K_{10}$ 砂岩底部，与山西组呈整合接触，岩性以黄绿色、灰绿色、杏黄色砂岩和泥岩为主，顶部为紫色砂岩、泥岩，地层厚度介于 60～160 m。上石盒子组自 $K_{10}$ 砂岩底部至 $K_{14}$ 砂岩底部，为一套干旱气候条件下的开阔湖泊相沉积，岩性由紫红、砖红色泥岩夹黄绿色、紫红色泥岩、陆相泥灰岩和灰质泥岩组成，全区稳定分布，地层厚度为 90～175 m。

(6) 三叠系

三叠系与下伏二叠系呈整合接触，自下而上包括下统刘家沟组、和尚沟组，中统二马营组、铜川组和上统延长组，地层厚度最大超过 2 300 m。三叠系在盆地中部沁县、沁源、安泽、沁水一带大面积出露，在盆地南部出露不全。刘家沟组岩性以砂岩为主，厚度为 338～585 m。和尚沟组岩性以紫红色-砖红色砂质泥岩和泥岩为主，厚度为 193～272 m。二马营组由灰绿、黄绿、灰白色长石砂岩、砂质泥岩和泥岩组成，厚度为 488～669 m。铜川组由灰黄色、浅灰红色长石砂岩及砂泥岩、页岩组成，厚度为 414～634 m。延长组由黄绿色、灰绿色、灰黑色砂质泥岩组成，受剥蚀影响，残余厚度变化较大，为 30～477 m。

(7) 侏罗系

侏罗系与下伏三叠系呈不整合接触，包括中统云岗组和天河组。云岗组岩性主要为灰白色、灰黄色、黄绿色、暗紫色砂岩与紫色砂质泥岩或泥岩互层，局部为火山岩，出露厚度为 0～750 m。天河组岩性主要为紫红色砂岩夹砂质泥岩，出露厚度为 0～500 m。

(8) 新生界

新生界在盆地范围内见有新近系上新统和第四系，分布于新生代断陷盆地、黄土丘陵地带和山间小盆地，厚度不等。

## 二、煤层

### (一) 含煤地层

晋城矿区主要含煤地层为上石炭统太原组($C_2t$)和下二叠统山西组($P_1s$)，是在奥陶系古风化壳上发育的一套近海陆交互相含煤沉积，在本溪组及下石盒子组均只含有薄煤层或煤线。晋城矿区含煤地层总厚度为 120～178 m，煤层总厚度约 16 m，含煤系数约为 10%。山西组地层总厚度为 30～60 m，平均厚度为 40 m，含煤 1～3 层，含煤系数为 13.78%，其中有 2 层(1#、2#)薄煤层不可采，3# 煤层为主采煤层，平均厚度为 5.82 m。太原组地层厚度平均为 90 m，一般含煤 10 层，自上而下编号为 5#、6#、7#、8#、9#、11#、13#、14#、15#、16#(图 2-2)，煤层总厚度约为 7.3 m，含煤系数约为 7.5%，其中 9#、15# 煤层为主要可采煤层。

### (二) 煤层及煤质

晋城矿区主要可采煤层有二叠系下统山西组 3# 煤层和石炭系上统太原组 9#、15# 煤

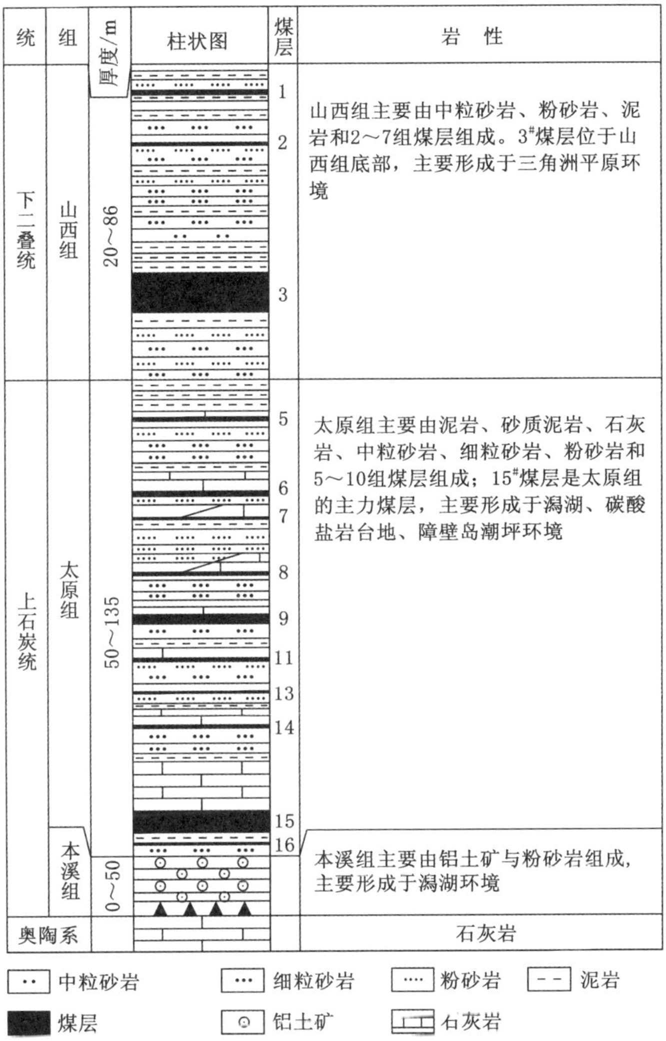


图 2-2　晋城矿区煤系地层柱状图

层，其主要特征如下。

（1）3# 煤层

3# 煤层位山西组下部，上距下石盒子组底部 $K_8$ 砂岩 30～41 m，下距太原组 $K_6$ 灰岩 10～15 m。煤层稳定分布，平均厚度为 5.82 m，厚度变异系数为 0.02，全区可采；煤层结构简单，含夹矸 0～5 层；直接顶为黑色泥岩或粉砂质泥岩，厚 0.5～2 m，底板为灰黑色泥岩或粉砂质泥岩，厚 0.5～3 m。3# 煤层埋深自南向北逐渐加深，矿区西南、东北部及樊庄的西部煤层厚度变薄，小于 5 m。

3# 煤层呈黑色-灰黑色，似金属光泽，条带状结构，贝壳状、参差状断口，层状构造；条痕为灰黑色；内生节理较发育，性脆易碎。成分以亮煤、镜煤为主，镜煤多呈薄层状或透镜状，宏观煤岩类型为半亮-光亮型。镜质组最大反射率（$R_{o,max}$）平均为 3.186%，视密度为 1.45，真密度为 1.76。从物理性质来看，3# 煤层属于高变质无烟煤，变质阶段为Ⅶ

阶段。

（2）9# 煤层

9# 煤层位于太原组中上部，处于 3# 煤层和 15# 煤层两层可采煤层之间以及太原组三段下部的 $K_5$、$K_4$ 灰岩之间，煤厚 0.40～2.37 m，平均厚度为 1.41 m，含夹矸 0～4 层，单层夹矸厚度一般小于 0.45 m，煤层结构简单-复杂，属赋煤区较稳定大部分可采煤层。煤层顶板一般为粉砂岩、砂质泥岩，局部为中细砂岩；底板一般为粉砂岩，局部为中细砂岩。

（3）15# 煤层

15# 煤层位于太原组下部 $K_2$ 灰岩之下 0～0.15 m，煤层厚度为 1.2～5.6 m，平均厚度约为 3 m；煤层含夹矸 0～7 层，夹矸厚 0～0.3 m，煤层结构较复杂。15# 煤层伪顶为 0～0.15 m 的黑色钙质泥岩，向上即为 $K_2$ 灰岩，$K_2$ 灰岩有时为煤层的直接顶板；底板为黑色泥岩或中粒砂岩。15# 煤层在矿区中部寺河、成庄一带较厚，向南、北两侧逐渐变薄。

15# 煤层呈黑色-灰黑色，强玻璃-似金属光泽，条带状结构，贝壳状、阶梯状断口，层状构造；条痕为灰黑色，性脆，常见细状、团块状黄铁矿；镜煤多呈透镜状、条带状，宏观煤岩类型主要为半亮型。镜质组最大反射率($R_{o,max}$)为 2.905%，视密度为 1.45，真密度为 1.87。从物理性质来看，15# 煤层属于高变质无烟煤，变质阶段为Ⅶ阶段。

## 三、构造

### （一）区域构造

沁水盆地位于华北断块区吕梁-太行山断块内，山西地块南部、太行造山带以西、吕梁构造带以东、五台构造带以南，构造形态呈长轴 NNE-SSW 向延伸的大型复式向斜，轴线大致位于榆社-沁县-沁水一线，南北翘起，核部为中侏罗统。该复式向斜由一系列轴向 NNE、轴迹平行的次级短轴歪斜褶皱组合成隔挡式褶皱形态，内部 NNE 向延伸的高角度正断层发育，南、北端受边界构造影响，构造线方向偏转为 NEE 向或近 EW 向，地层倾角一般小于 20°(图 2-3)。

盆地发育坳缘翘起带，以断层翘起、地层向盆内倾斜、构造相对复杂为特征，包括北侧的盂县坳缘翘起带、东侧的娘子关-坪头坳缘翘起带、西侧的太岳山坳缘翘起带和东南侧的析城山坳缘翘起带。盆地东侧以晋获断裂带与太行山块隆或造山带相接，晋获断裂是一条区域性构造挤压带，延展长度 350 km，总体走向 NNE。盆地北侧为柳林-盂县 EW 向构造带，浅部发育一系列走向近 EW 向的褶皱和断层，显示水平挤压特征，构成沁水盆地北部边界。盆地西侧北段和南段分别被晋中(太原)新裂陷和临汾新裂陷改造。新生代发生西降东升的构造反转，东盘霍山强烈上升，太古宇变质基底大面积出露。盆地南侧为横河断裂带，走向近 EW 向，南盘的长城系、寒武系逆掩于北盘的奥陶系之上。

沁水盆地的构造演化大体上经历了三个阶段：

① 构造基底形成阶段：自太古宙、元古宙以来至古生代早期，沁水盆地作为华北地台的一部分，随着华北地台的形成，经历了早期结晶基底形成和晚期沉积盖层沉积两个阶段，受加里东运动影响，在中奥陶世之后整体抬升，接受剥蚀，构成石炭-二叠系沉积基底。

② 含煤盆地泥炭堆积阶段：自古生代晚期以来，随着华北地台整体沉降，沁水盆地发育一套广泛分布的海陆交互相煤系地层，之后地壳又复上升，海水逐渐褪去，发育一套厚而稳定的大型内陆河湖相碎屑沉积，构成了石炭-二叠纪煤系地层的上覆盖层。

③ 构造抬升剥蚀阶段：燕山运动和喜马拉雅运动期间，沁水盆地遭受强烈的挤压抬升和剥蚀作用，形成厚达数千米的地层缺失、褶皱及断裂构造发育。燕山期构造运动最为强烈，在 NWW 向挤压应力作用下，石炭系、二叠系和三叠系随基底隆升而被抬升、挤压，形成了 NNE 向延伸复式向斜，局部发育断裂构造，并遭受不同程度的剥蚀。同时，区域内深成岩浆岩侵入，使石炭-二叠纪煤层变质程度进一步加深。喜马拉雅期受鄂尔多斯盆地东缘走滑拉张应力场作用，在山西隆起区产生 NW-SE 向拉张应力，形成山西地堑系，使沁水盆地定型于现今构造格局。

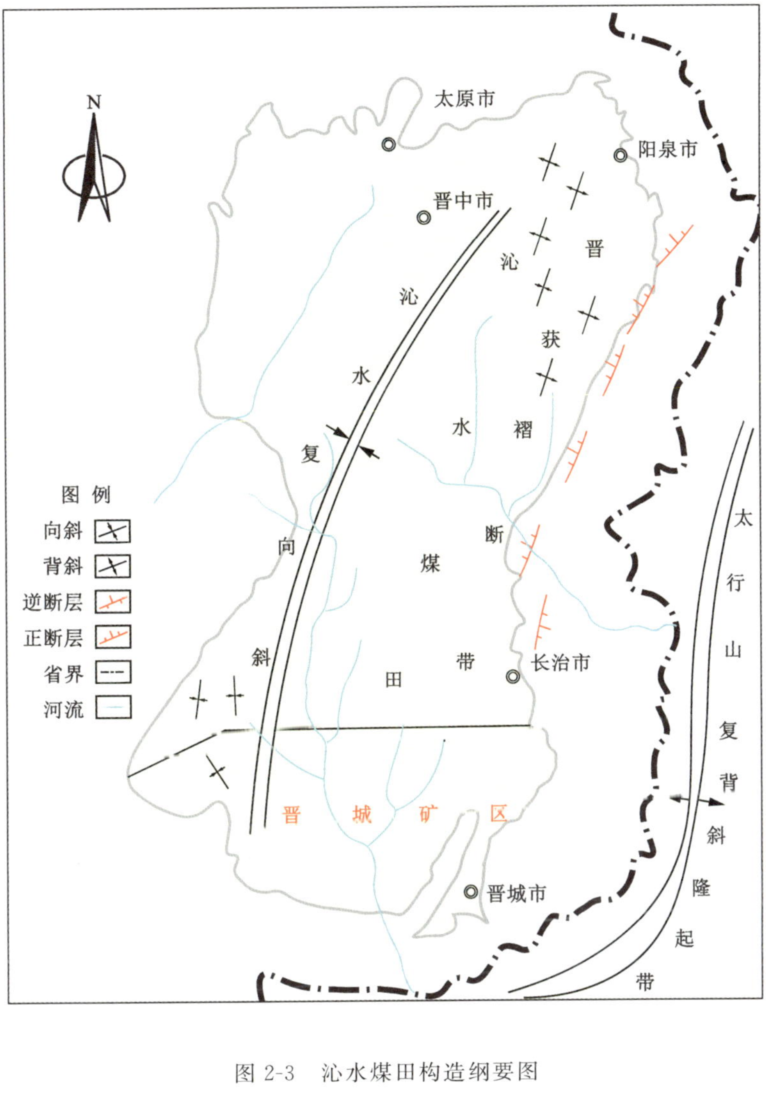


图 2-3　沁水煤田构造纲要图

（二）矿区构造

晋城矿区位于太行山隆起南端西侧，同时位于沁水盆地复式向斜南端，矿区地层总体为走向 NNE、倾向 NWW 的单斜构造，倾角 5°～15°。矿区东部分布有 NNE 向展布的高平断层、白马寺断层；矿区西部分布有 NWW-NE-NNE 向展布的城后腰断层、寺头弧形断裂带。

主体构造为NNE向、近SN向展布的向、背斜和断裂构造，其次为近EW向、NE向、NWW向展布的褶皱和断裂构造，局部还发育有NNW向的小褶皱。由于受新华夏系晋获褶断带的影响，晋城矿区被分为东西两个不连续的含煤区，东部为已关停的古书院矿、王台铺矿、凤凰山矿等老矿井，西部为成庄煤矿、寺河煤矿、赵庄煤业、长平煤业等新建矿井。

受多期地质构造运动影响，晋城矿区地应力场复杂。在矿区东部及北部最大主应力方向为N19.4°～56°W，在矿区西部最大主应力方向为N30.2°～83.4°W。矿区地应力场以水平应力为主，最大、最小水平主应力随埋深的增加而增大，而且随埋深的增加垂向与水平应力值趋同。矿区东部煤层埋藏浅，地应力较小，寺河煤矿煤层埋藏较深，大部分地区地应力值介于10～18 MPa，晋城矿区整体属于中等地应力值矿区。

晋城矿区岩浆活动不甚发育，但对矿区内煤的变质程度及煤层气（瓦斯）生成也产生了一定影响。根据区域航磁资料显示，阳城-晋城-高平一带为正磁异常区，异常强度可达+100～+250 γ，阳城地区二叠系中见有热液石英脉，预示着该地区存在大规模的燕山期隐伏岩浆侵入体，可能具有岩基规模，与吕梁山已知花岗岩异常对比，推测隐伏体的深度在500～1 500 m。这些成煤期后的区域岩浆活动，使地温梯度升高，在原有煤层区域深成热变质作用的背景上叠加了局部异常热变质作用，加剧了煤变质演化程度，其综合作用造就了现今煤变质程度的平面展布。

## 四、水文地质

晋城矿区位于太行山脉的南端，东部和南部为太行山脉，出露有寒武系、奥陶系碳酸盐岩地层，中部为河谷冲洪积河谷平原、山间盆地和丘陵。矿区北部属辛安泉域，东南部属三姑泉域和延河泉域。晋城矿区地层在水文地质结构上可划分为四大含水层组：

① 煤系基底寒武-奥陶系灰岩岩溶水含水岩组，为区域性强含水岩组。

② 煤系地层含水岩组，可以分为太原组和山西组两个亚组。太原亚组以碎屑岩夹石灰岩并含可采煤层为特征，山西亚组则以碎屑岩含可采煤层为特征。

③ 煤系上覆基岩含水岩组，为碎屑岩类，其中主要含水层为砂岩层。

④ 新生界松散含水层组，分布于新生界断陷盆地和较大河流的河谷中。

矿区东侧在寺头断层与晋获断裂之间，水位等势面最低，并以大宁井田-潘庄井田为中心、以樊庄地区为斜坡地带形成了一个等势面低地。在这一低地中，含水层显然富水但径流条件极弱，其意义不仅在于显示出寺头断层和晋获断裂南段的高度阻水以及“低地”部位地下水严重滞留的特性，更重要的是低地位置恰好处于研究区主煤层含气量最高的地带，地下水显然以静水压力形式将煤层气封闭起来。西侧的沁水、浮山一线及南面阳城北为开放性边界，东面寺头断层为NE向阻水边界，北面水体由北向南汇流，在寺头断层西侧至郑庄一带水位等势面呈扇形，只在扇端部形成小范围的滞水地带，地下水径流强度相对较弱，有利于煤层气的保存（傅雪海等，2001）。

## 五、主要井田地质概况

### （一）寺河井田地质概况

寺河井田位于沁水复式向斜盆地的南端东翼，行政区划上属于山西省晋城市沁水、阳城和泽州辖区，距离沁水县城53 km，距离晋城市区60 km。北与成庄煤矿及潘庄一号井田相邻，东、南、西与地方开采的小煤矿相连。

寺河井田地层出露自东向西有石炭系上统太原组($C_2t$)，二叠系下统山西组($P_1s$)、下石盒子组($P_1x$)，二叠系上统上石盒子组($P_2s$)、石千峰组($P_2sh$)。其中，太原组、山西组零星出露于东部边缘，石千峰组零星出露于西部，第四系(Q)主要分布于山坡、山梁、河谷及其阶地上。

寺河井田主要煤系地层为二叠系下统山西组和石炭系上统太原组，平均厚度为136.02 m，含煤15层，煤层总厚14.67 m，含煤系数为10.8%。其中，$3^{\#}$、$15^{\#}$煤层为主要可采煤层，$9^{\#}$煤层为大部可采煤层(西区局部可采)，其余为不可采煤层。① $3^{\#}$煤层位于山西组中下部，上距$K_8$砂岩约30 m，下距$9^{\#}$煤层48 m。煤厚4.45～8.75 m，平均为6.31 m，中夹矸石0～5层，顶板为泥岩或砂岩。煤层稳定，全井田可采。② $9^{\#}$煤层位于太原组中部，下距$K_3$灰岩约20 m，距$15^{\#}$煤层约36 m。煤厚0.48～2.44 m，平均为1.34 m，夹0～4层矸石，属结构简单、较稳定的大部可采的中厚煤层。顶板多为粉砂岩，底板为泥岩或砂质泥岩。③ $15^{\#}$煤层位于太原组下部，下距$K_1$砂岩约10 m。煤厚1.80～5.45m，平均为2.67 m，全井田发育，一般含夹矸1～2层，厚度稳定，结构简单。顶板为$K_2$灰岩，底板为泥岩。

寺河井田处于晋获褶断带、沁水盆地南缘EW-NE向断裂带及阳城西哄哄-晋城石盘EW向断裂带之间。井田基本构造形态与区域构造一致，为走向NNE、倾向NWW的单斜构造。在此基础上发育了一系列近SN-NNE向的宽缓褶曲，表现为井田内岩(煤)层的波状起伏，地层平缓，倾角为2°～8°，井田内共发现中、小断层100多条，规模较小。区内无岩浆活动，总体上地质构造简单，如图2-4所示。

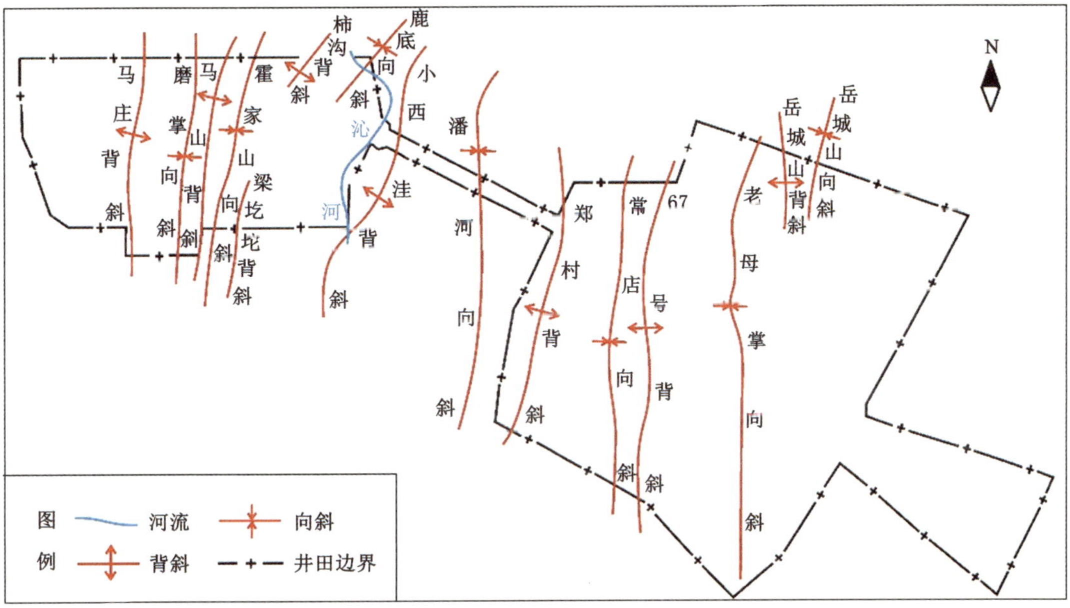


图2-4　寺河井田构造纲要图

（二）成庄井田地质概况

成庄井田位于沁水复式向斜盆地的南端东翼，行政区划上属于山西省晋城市沁水和泽州辖区，位于晋城市西北约 20 km。成庄井田北至大阳井田南界，南至寺河井田北界，东以煤层露头及小窑为界，西与潘庄井田为邻，东西长约 11.607 km，南北宽约 10.417 km。

成庄井田出露地层主要为二叠系上统上石盒子组及石千峰组，在井田东南部见有二叠系下统下石盒子组及山西组地层零星出露，第四系遍布在山梁、岭及沟谷两侧。

成庄井田主要含煤地层为二叠系下统山西组和石炭系上统太原组。山西组厚 34.67～61.72 m，平均为 46.30 m，含煤 1～3 层，煤层总厚 3.51～8.11 m，平均为 6.38 m，含煤系数为 13.78%。其中，3# 煤层为全区可采煤层，1#、2# 煤层为不可采煤层。太原组厚 67.77～140.62 m，平均为 98.80 m，含煤 10 层，自上而下编号为 5#、6#、7#、8#、9#、11#、13#、14#、15#、16#，煤层总厚 5.79～10.05 m，平均为 7.33 m，含煤系数为 7.42%。其中，15# 煤层为全区可采煤层，9# 煤层为大部可采煤层。

成庄井田可采煤层为 3#、9# 及 15# 煤层，分布特征如下：① 3# 煤层位于山西组中下部，上距 $K_8$ 砂岩约 34 m，下距 9# 煤层 46 m。煤厚 2.92～7.68 m，平均为 6.24 m，中夹矸石 0～5层，顶板为泥岩，少数粉砂岩，局部为细、中粒砂岩，全井田可采。② 9# 煤层位于太原组中部，下距 $K_3$ 灰岩约 19 m，距 15# 煤层约 39.54 m。煤厚 0.14～1.92 m，平均为 1.04 m，夹 0～4 层矸石，属结构简单、较稳定的大部可采的中厚煤层。顶板多为粉砂岩，底板为泥岩或砂质泥岩。③ 15# 煤层位于太原组下部，下距 $K_1$ 砂岩约 10 m。煤厚 1.29～5.63 m，平均为 3.72 m，含夹矸 1～2 层，厚度稳定，结构简单。顶板为 $K_2$ 灰岩，底板为泥岩。

井田总体为一走向 NNE 或近 SN、倾向 NW 的单斜构造，在此基础上，发育着波幅不大、两翼宽缓的背向斜褶曲构造。褶曲轴向一般为 NW-SE 向，个别在井田东部为 EW 向，使地层呈波状起伏，井田内地层平缓，倾角 3°～12°。

井田内发育少量落差较小、延伸长度有限的高角度正断层，断层走向多为 NE 向，倾向多为 NW 向。井田内共发现断层 205 条，均为落差小于等于 10 m 的断层，未发现岩浆岩活动，如图 2-5 所示。

（三）长平井田地质概况

长平井田位于沁水盆地南端东翼，行政区划上属于山西省高平市辖区，位于晋城市西北约 40 km。长平井田北至赵庄井田南界，南至沟底井田北界，东以煤层露头及小窑为界，西与柿庄井田为邻，井田面积 45.05 km²。

长平井田主要出露地层为二叠系上统上石盒子组、石千峰组及三叠系下统刘家沟组（$T_1l$）。第四系分布于山梁、沟谷两侧。

长平井田煤系地层为石炭系上统太原组和二叠系下统山西组。3# 煤层位于山西组的下部，下距 $K_7$ 砂岩 7.5 m，上距 $K_8$ 砂岩 36 m。煤层最小厚度为 4.56 m，最大厚度为 5.95 m，平均为 5.31 m，为全区稳定可采煤层。煤层结构简单，含 0～2 层泥岩、炭质泥岩夹矸石。顶板主要为泥岩、砂质泥岩，次为粉砂岩，底板为黑色泥岩、砂质泥岩、深灰色粉砂岩。15# 煤层厚 2.20～6.41 m，平均为 4.18 m；上距 $K_2$ 石灰岩 0～2.70 m，平均为 0.60 m；煤层稳定，厚度较大，厚度变异系数为 18%，可采系数为 1.0；结构简单-复杂，全区可采。

长平井田大地构造位置处于我国东部新华夏构造体系第三隆起带的中段，太行山背斜南端西翼，沁水煤田盆地东缘。区域构造位置处于晋获褶断带南部西侧，庄头正断层上盘，总体为一走向 NNE、向 NWW 倾伏的单斜构造，在此基础上发育次一级的宽缓褶曲和中小型断裂构造。受区域构造影响，井田内褶曲较为发育，井田北部与赵庄井田接壤，发育有釜

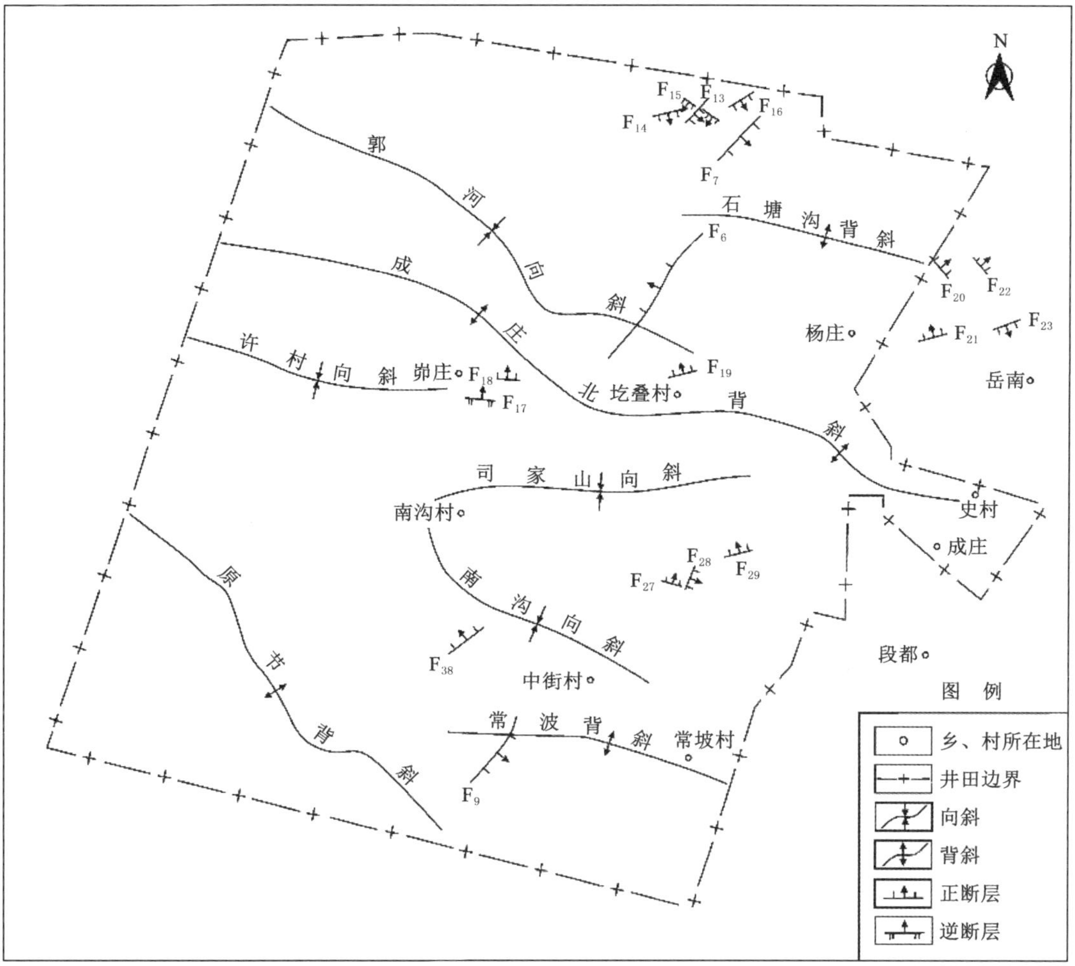


图 2-5　成庄井田构造纲要图

山背斜、管寨向斜、冯家背斜；中部发育泮沟南向斜；南部发育秦家沟向斜、十字岭向斜、十字岭东（西）背斜。在井田褶曲的轴部发育有中小型断裂构造，如图 2-6 所示。

（四）赵庄井田地质概况

赵庄井田位于沁水盆地东南部、晋城市北 50 km 处，属于长治县管辖。赵庄井田地层自下而上依次为上元古界震旦系，古生界寒武系、奥陶系（马家沟组、峰峰组）、石炭系（本溪组、太原组）、二叠系（山西组、下石盒子组、上石盒子组、石千峰组-孙家沟组），中生界三叠系及新生界古近系、新近系、第四系。

赵庄井田属华北石炭-二叠系含煤地层区，太原组、山西组普遍含煤。太原组地层厚 78.61～96.96 m，平均为 86.91 m，煤层总厚 7.03 m，含煤系数为 8.4%。太原组主要可采煤层为 9#、15# 煤层，分别位于太原组中部和下部，本组所见的 5#、7#、13# 煤层薄且不稳定。山西组厚 27.17～98.00 m，平均为 46.78 m，煤层总厚 5.5 m，含煤系数为 12.45%。山西组主要可采煤层为 3# 煤层，位于本组中部，上部 1#、2# 煤层薄且不稳定。

赵庄井田煤系地层共含煤 15 层，其中 3#、15# 为主要可采煤层。① 3# 煤层位于山西组

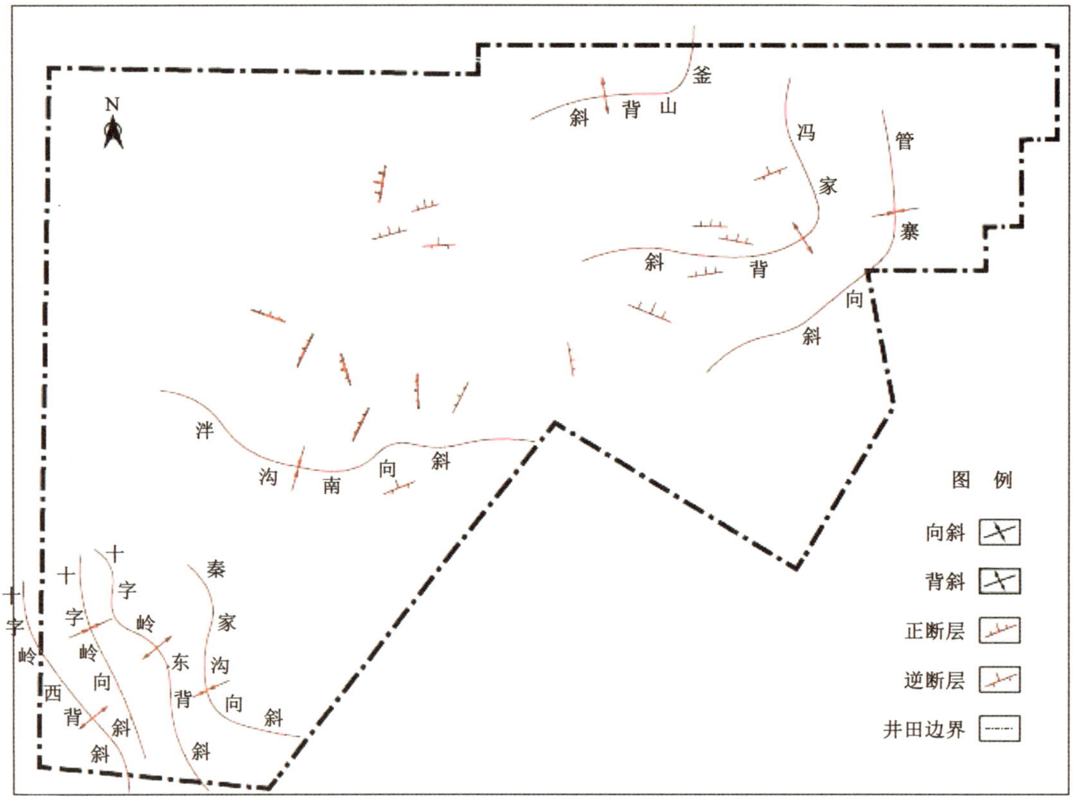


图 2-6　长平井田构造纲要图

下部，上距 $K_8$ 砂岩 24.08～48.53 m，平均为 37.39 m，下距 $K_7$ 砂岩 0～12.80 m，平均为 7.20 m，层位稳定，是本区主要可采煤层之一。全区煤层厚 0～6.35 m，平均为 4.69 m。夹矸一般为一层，位于煤层下部，厚 0.20 m 左右。顶板主要是泥岩、砂质泥岩，次为粉砂岩，局部为中、细粒砂岩。底板主要是泥岩、砂质泥岩，个别为中、细粒砂岩或粉砂岩。② $15^{\#}$ 煤层上距 $K_2$ 石灰岩平均在 4.30 m 左右，煤层稳定，厚度较大，为全区主要可采煤层之一。$15^{\#}$ 煤层厚 1.94～5.92 m，平均为 3.95 m。结构简单-复杂，含 0～12 层泥岩夹矸，一般为 2～3 层，厚 0.01～0.80 m，纯煤厚 1.94～5.18 m，平均为 3.48 m。顶板岩性一般为泥岩、钙质泥岩、泥灰岩、石灰岩，局部为砂质泥岩和粉砂岩，有时可见灰质泥岩；底板一般为泥岩，有时可见砂质泥岩和细粒砂岩。

赵庄井田总体为走向 NNE、倾向 NW 的单斜构造，倾角为 $5^{\circ}$～$10^{\circ}$，并伴有少量的正断层和陷落柱，在此基础上发育了一系列 NNE 向的宽缓褶曲，形成了区内岩层的波状起伏。区内主要断层和褶曲的走向多为 NNE 向，伴生的次一级断层为 NE 和 NEE 向，当两者交叉时，后者切割前者，如兴旺庄正断层、慈林山正断层。井田北部主要褶曲有团城背斜、西沟向斜、土门岭背斜、东坡向斜、郭村背斜、东庄向斜等，南部有地河背斜、堡头向斜、釜山背斜、管寨向斜等，中部有草芳背斜、后山背斜、坡根背斜等，如图 2-7 所示。

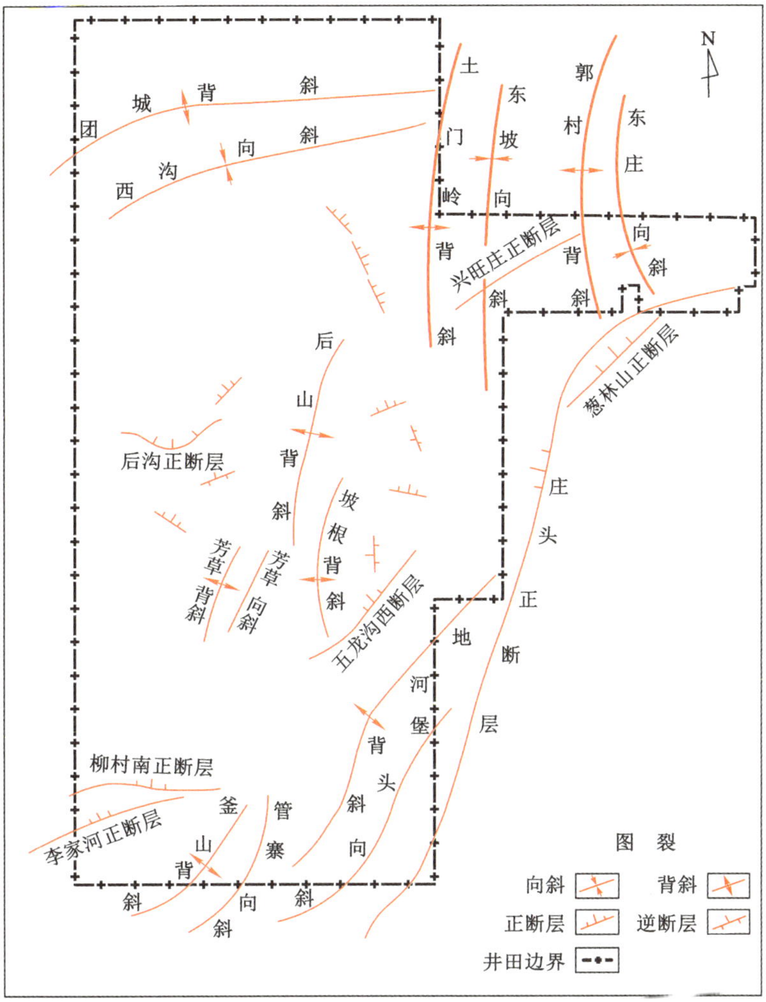


图 2-7　赵庄井田构造纲要图

## 第三节　晋城矿区煤层及瓦斯赋存概况

### 一、瓦斯赋存概况

沁水盆地是华北地区石炭-二叠系煤炭资源最丰富的地区之一，也是我国煤层气（煤层瓦斯）最富集的区域。晋城矿区拥有我国煤层气资源勘探开发最早且取得规模化开发的首个煤层气气田，同时，在此区域采煤的矿井大多是高瓦斯矿井甚至煤与瓦斯突出矿井。煤层瓦斯形成和赋存的主要影响因素有煤的变质程度、围岩性质、煤层埋深及地质构造等。

（1）煤的变质程度

煤层瓦斯是有机质在煤化变质成煤过程中产生的伴生资源。煤变质程度的影响主要表现在两个方面：一方面，随着煤化程度的增高，瓦斯生成量逐渐增加，到无烟煤阶段达到最大值。研究表明，有机质变质成无烟煤，瓦斯产量理论上可达 4 000 $m^3/t$。另一方面，随着煤的变质程度增高，煤中微孔数量逐渐增高，到无烟煤阶段煤体内部产生大量微孔隙，使吸附表面积达到最大值，无烟煤的瓦斯吸附量可达 40 $m^3/t$。晋城矿区煤的变质程度普遍较高，主采的 3# 煤层和 15# 煤层均为高阶无烟煤，为煤层瓦斯的生成和储集创造了有利的先决条件。

(2) 围岩性质

晋城矿区所赋存的高阶无烟煤为瓦斯的产生创造了良好的原生条件，但瓦斯若能够很好地保存在地层中，还需要具备良好的地层条件。煤层瓦斯赋存量及其空间分布的差异，主要取决于瓦斯生成后的保存条件。煤层既是生气层，又是良好的储气层，煤层瓦斯能否保存在煤层中取决于煤层顶底板岩性及其透气性强弱。晋城矿区 3# 煤层伪顶为泥岩或炭质泥岩，直接顶为厚度在 5 m 左右的砂质泥岩，基本顶为厚度约 8 m 的细砂岩；9# 煤层顶板为石灰岩及浅海相泥岩或粉砂岩；15# 煤层顶板为厚度约 10 m 的石灰岩。三层煤层的底板均为泥岩，透气性弱。低透气性围岩组成的密闭储气环境有利于煤层瓦斯的保存。

(3) 煤层埋深

随着煤层埋藏深度的增加，地层压力逐渐增大，煤层瓦斯大部分处于吸附状态，向外运移扩散越来越困难，且深部地层不易产生断裂，可以有效地保存煤层瓦斯。晋城矿区东区和西区的东、南部边缘地区，3# 煤层埋深一般小于 300 m，由于处于煤层露头附近，长期遭受风化剥蚀，地层裂隙发育，地层压力降低，煤层瓦斯向纵向和侧向逸散，瓦斯浓度降低。现已关闭的晋城矿区第一批矿井王台铺矿、凤凰山矿及古书院矿处在矿区东部边缘，均为低瓦斯矿井。矿区西区的煤层埋深一般在 400 m 以上，最大可达 800 m，地层连续完整，且远离煤层露头，有利于保存瓦斯，煤层瓦斯含量高。正在开采的寺河煤矿就是典型的煤与瓦斯突出矿井，煤层瓦斯含量高，瓦斯压力大，瓦斯治理是矿井安全生产的首要任务。

(4) 地质构造

煤层瓦斯的赋存状态受地质构造影响，因地质构造单元的不同会产生很大差异。晋城矿区东区南、北、东三侧均为煤层露头，西侧虽有白马寺逆断层阻隔，但煤系地层与断层西侧的奥陶系灰岩接触，加上二仙掌向斜西翼(断层下盘)倾角很大，长期风化剥蚀作用导致煤层露头沿断层分布，使得东区成为一个南北长 13 km、东西宽 8 km、四周完全开放的构造单元，为煤层瓦斯的侧向运移创造了良好条件，煤层瓦斯向四周扩散渗透，导致东区煤层瓦斯含量低。晋城矿区西区是沁水盆地巨型向斜南端的一部分，受区域构造作用影响轻微，地质构造简单，地层平缓且连续完整。东西宽 35 km，南北长 40 km，东面和南面为煤层露头，西面以寺头断层为界，北面与沁水煤田深部相连，属于半开放地质构造单元，有利于煤层瓦斯的保存。

晋城矿区除边缘地带处于瓦斯风化带外，中深部区的甲烷带煤层瓦斯赋存与褶皱构造具有一定的相关性，即向斜轴部和翼部瓦斯含量较高，而背斜轴部瓦斯含量偏低。构造运动中形成的断层，破坏了煤层和地层的连续完整性，使煤层瓦斯运移和保存条件发生变化。晋城矿区断层较少，但西区西部断层较多，西北边界的寺头断层为一大型正断层，最大落差达 300 m，并在大宁精查区中、西部形成若干条派生或伴生的中小型正断层，导致该区地层节理、断层十分发育，煤层瓦斯保存条件较差。

晋城矿区煤层含气量总体呈现出东部、北部低而南部、西部逐渐增加的平面分布特征，即朝向沁水盆地中心地带煤层含气量增加。一方面,越深入沁水盆地中心地带,煤层埋深增大,封闭性增强,有利于煤层瓦斯的保存;另一方面,随着煤层埋深的增大,煤的变质程度增高,微孔隙增多,煤层吸附能力提高,煤层瓦斯含量增大。寺河井田东区整体上为高含气量区域,实测含气量为 18.98～29.02 $m^3/t$,平均为 23.68 $m^3/t$(图 2-8)。寺河井田西区含气量为 20.30～26.33 $m^3/t$,平均为 23.33 $m^3/t$(图 2-9)。

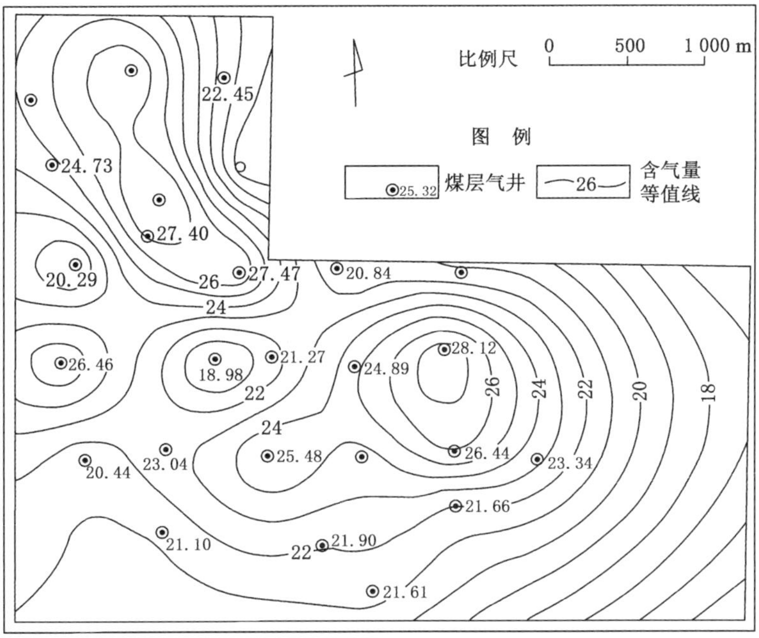


图 2-8　寺河井田东区煤层瓦斯含量图

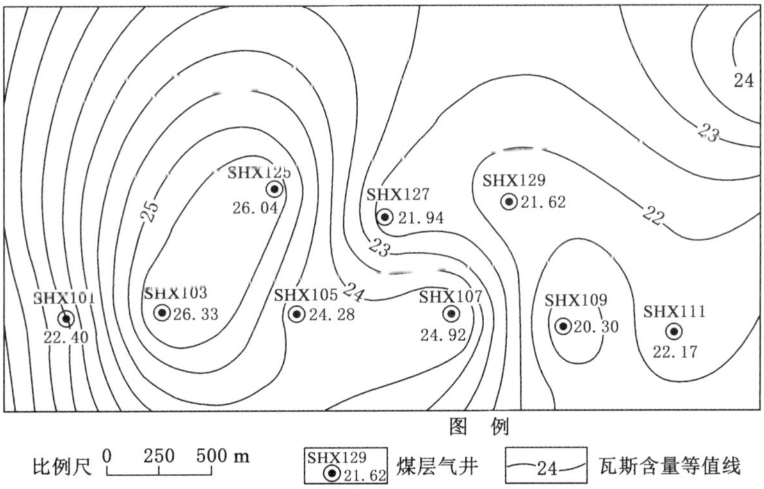


图 2-9　寺河井田西区煤层瓦斯含量图(据王保玉,2015)

赵庄井田整体为中低含气量区域,实测含气量为 0.23～18.79 $m^3/t$(图 2-10),平均为 10.3 $m^3/t$。相对于寺河井田 3# 煤层的含气量,赵庄井田 3# 煤层的含气量明显具有两大特点：一是该区块 3# 煤层的含气量普遍低，最低值为 0.23 $m^3/t$；二是含气量变化悬殊，特别是在区块的东北角表现得更为突出。赵庄井田 3# 煤层厚度变化幅度很大，在东北角存在薄煤带，煤层厚度小于 0.5 m。从构造因素考虑，有可能存在 NE 向断层，将煤层切割变薄，这一点从煤层气钻孔中取得的大量构造煤可以得到佐证。赵庄井田煤心中的构造煤分布比较广，特别是煤层减薄处更为突出，主要为碎粒煤和部分糜棱煤。相对应的 3# 煤层中含气量变化也很大，出现多个含气量异常低值点。这从另一个侧面表明，断层构造导致煤层气藏破坏严重，造成大量煤层气散失。

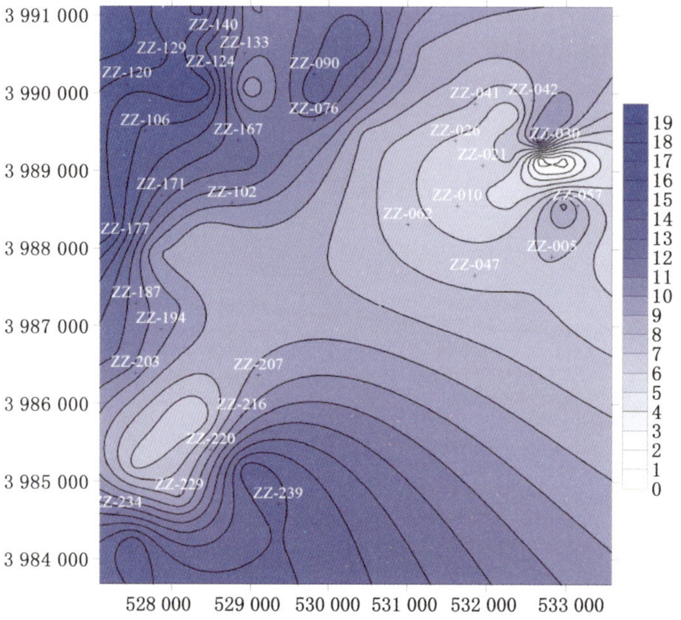


图 2-10　赵庄井田煤层瓦斯含量图（据王保玉，2015）

## 二、煤层基本特征

原始沉积的煤系地层在地质历史时期往往受构造运动影响，煤层在地应力作用下发生形变、破裂或韧性变形等，导致煤体结构发生改变。煤层在后期构造运动的作用下，适度的变形和裂缝系统有利于储层渗透率的提高，但原生结构煤的后期改造作用导致煤体强度减弱，煤岩粒度变细，经过较为剧烈的构造运动后裂隙系统遭受破坏，产生的煤粉可能堵塞裂缝影响煤层气（瓦斯）的运移，增加煤与瓦斯突出风险。煤体破碎还会使煤体的可钻性降低，钻孔时易产生卡钻、塌孔、喷孔等现象，造成钻孔深度小、成孔率低等问题。

晋城矿区煤岩以中高煤阶为主，经历了多次的构造演化，煤体结构在垂向上和平面内呈现不同的分布。国内外学者从变形强度、成因及结构等角度对煤体结构进行了划分，提出了 2 类、3 类、4 类及 5 类等不同的划分方法。煤矿生产中应用最为广泛的是用硬煤、软煤 2 类划分法；3 类分类法将煤体分为原生结构煤、过渡结构煤和构造煤；4 类分类法将煤体划分为原生结构煤、碎裂煤、碎粒煤和糜棱煤。原煤炭工业部综合了构造、裂隙和强度等因素对煤体结构进行了划分，将煤体结构分为原生结构煤（Ⅰ类）、块状结构煤（Ⅱ类）、碎裂结构煤（Ⅲ

类)、碎粒结构煤(Ⅳ类)和糜棱煤五类(Ⅴ类),如表 2-2 所列。

**表 2-2　煤体结构分类表**

| 煤体结构 | 破坏类型 | 光泽 | 构造与构造特征 | 节理性质 | 节理面性质 | 断口性质 | 强度 |
|---|---|---|---|---|---|---|---|
| 原生结构煤 | Ⅰ类(非破坏煤) | 光亮 | 层状结构,块状构造,条带清晰明显 | 一组或二三组节理,节理系统发达,有次序 | 有充填物(方解石),次生面少,节理、劈理面平整 | 参差阶状,贝状,波浪状 | 坚硬,用手难以掰开 |
| 块状结构煤 | Ⅱ类(破坏煤) | 半亮 | ① 尚未失去层状,较有次序;<br>② 条带明显,有时扭曲,有错动;<br>③ 不规则块状,多棱角;<br>④ 有挤压特征 | 次生节理面多,且不规则,与原生节理呈网状结构 | 节理面有擦纹、滑皮,节理平整,易掰开 | 参差多角 | 用手极易剥成小块,中等硬度 |
| 碎裂结构煤 | Ⅲ类(强烈破坏煤) | | ① 弯曲呈透镜体构造;<br>② 小片状构造;<br>③ 细小碎块,层理较乱,无次序 | 节理不清,系统不发达,次生节理密度大 | 有大量擦痕 | 参差及粒状 | 用手捻之成粉末,硬度低 |
| 碎粒结构煤 | Ⅳ类(粉碎煤) | 暗淡 | 粒状或小颗粒胶结而成,形似天然煤团 | 节理失去意义,成黏块状 | | 粒状 | 用手捻之成粉末,偶尔较硬 |
| 糜棱煤 | Ⅴ类(全粉煤) | | ① 土状构造,似土质煤;<br>② 如断层泥状 | | | 土状 | 可捻成粉末,疏松 |

普氏坚固性系数 $f$ 是表征煤体强度的一个相对指标,反映煤体破碎的难易程度。根据煤层的特点、煤体结构以及瓦斯抽采钻孔施工难易程度,晋城矿区煤层大致可以分为软硬复合煤层、软硬复合破碎煤层、松软煤层三类(表 2-3)。

**表 2-3　晋城矿区煤层分类表**

| 类别 | 坚固性系数 | 煤体结构 | 钻孔施工 |
|---|---|---|---|
| 软硬复合煤层 | $1 \leqslant f \leqslant 2$ | 原生结构为主,中间、顶底板分布有块状结构 | 煤质较硬,清水钻进成孔容易 |
| 软硬复合破碎煤层 | 软分层:$0.5 < f < 1$<br>硬分层:$f > 1$ | 原生结构、块状结构煤层中分布有碎裂结构、碎粒结构煤体,具有破碎松散特性 | 孔深度小,成孔率低,易塌孔,排渣难 |
| 松软煤层 | 软分层:$0.2 \leqslant f \leqslant 0.5$<br>硬分层:$0.5 < f < 1$ | 碎裂结构、碎粒结构、糜棱结构煤体交错分布,煤质松软,渗透性差 | 极易发生喷孔、塌孔、卡钻等孔内事故,成孔深度小,成孔率低 |

## 第四节　晋城矿区瓦斯涌出概况

晋城矿区的第一批矿井古书院矿、王台矿、凤凰山矿位于矿区东部边缘，地层裂隙发育，煤层瓦斯含量低，均为低瓦斯矿井。自 1997 年以来，随着老矿资源逐渐枯竭、关闭，寺河煤矿、成庄煤矿等新的矿井逐步规划建设，新的矿井较老矿井深入沁水煤田内部，煤层埋深更深，煤层瓦斯含量更大。新矿井煤炭开采机械化程度较高，生产能力得到极大提升，同时，矿井瓦斯涌出量也大幅增加。如图 2-11 所示，2019 年煤炭产量为 6 200 万 t，绝对瓦斯涌出总量达到 3 800 $m^3$/min，巨大的瓦斯涌出量对矿井瓦斯治理提出了更高的要求。

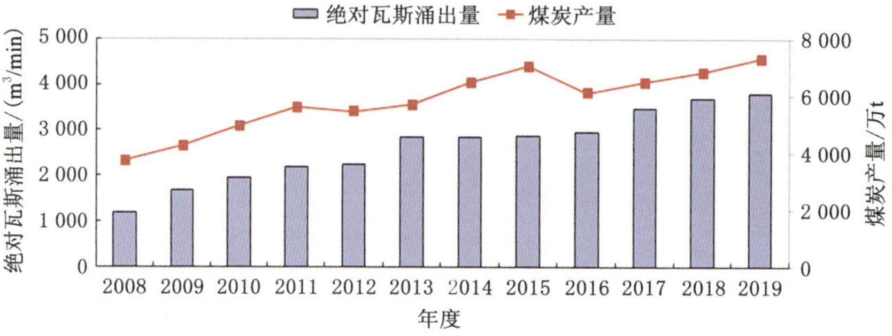


图 2-11　矿井瓦斯涌出统计图

目前，寺河煤矿东井和西井、胡底煤业属于煤与瓦斯突出矿井，寺河煤矿二号井、赵庄煤业、长平煤业、赵庄二号井属于高瓦斯矿井。瓦斯涌出量预测是煤层瓦斯抽放设计的基础工作，是煤矿安全开采不可或缺的重要组成部分。煤与瓦斯突出防治方案包含两个“四位一体”综合防治体系：一是区域“四位一体”综合防突措施，即区域突出危险预测、区域防突措施、区域效果检验及区域验证；二是局部“四位一体”综合防突措施，即工作面预测、工作面防突措施、工作面防突措施效果检验、安全防护措施。突出危险性预测是煤与瓦斯突出防治体系中的第一步，包括区域突出危险性预测与工作面突出危险性预测，而区域性的预测又划分为矿井、煤层、水平或采区三个层次。

瓦斯涌出量预测以传统的矿山统计法和分源预测法应用较为广泛。矿山统计法是对矿井每月采煤工作面、采区、矿井瓦斯相对涌出量和开采深度进行统计，作为预测瓦斯相对涌出量的基础性资料。矿山统计法适用于开采区域在地质条件和开采方法上相似的情况，如果不在同一生产采区且回采工艺、地质条件变化较大，预测的结果将与实测值相差很大。分源预测法是一种较系统、完善、具有广泛适用性的瓦斯涌出量预测方法。《矿井瓦斯涌出量预测方法》(AQ 1018—2006)中指出，矿井瓦斯涌出主要由四部分组成：开采层（包括围岩）瓦斯涌出、邻近层瓦斯涌出、落煤瓦斯涌出、煤壁瓦斯涌出（图 2-12）。

传统预测方法对浅层煤层瓦斯涌出量预测较为便捷，但由于矿井地质结构的复杂性，随着煤层开采逐渐深入，影响瓦斯涌出量的因素变得不再单一，而传统预测方法并未考虑影响因素造成瓦斯涌出量的变化差异。碳同位素可以确定瓦斯来源煤层，明确标识瓦斯的来源，可以对工作面、采空区瓦斯进行定量分析，在煤炭领域越来越得到重视。

晋城矿区主采煤层为 3#、15# 煤层，其次为 9# 煤层，邻近煤层主要有 2#、5#、6#、7#、

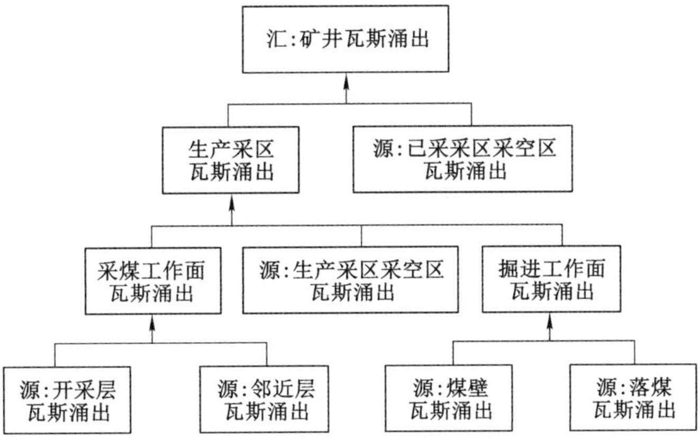


图 2-12　矿井瓦斯涌出源汇关系示意图

8$^{\#}$煤层。主采煤层在工作面掘进和回采过程中,均不同程度出现邻近层瓦斯涌出现象,瓦斯来源和所占比例与采煤工艺、煤层间距等密切相关。为了明确瓦斯来源,制定合理的瓦斯治理方法,根据煤层稳定碳同位素分布原理,寺河煤矿、赵庄煤业通过碳同位素分布试验,对采煤工作面的瓦斯来源进行了统计分析。

表 2-4 为采用碳同位素分布试验和《矿井瓦斯涌出量预测方法》中分源预测法对寺河煤矿 3$^{\#}$煤层采煤工作面瓦斯来源的计算结果。从表中可知,传统分源预测法中 3$^{\#}$煤层对采空区瓦斯来源的贡献率要大大高于邻近层的贡献率总和,这与现场生产过程中呈现出的瓦斯涌出特征有较大差异。经区域治理后的 3$^{\#}$煤层回采过程中,本煤层瓦斯涌出完全是可控的,而工作面回采过程中产生的瓦斯异常涌出均是由下邻近层涌入导致,下邻近层 5$^{\#}$、7$^{\#}$煤层是采取局部瓦斯治理措施的重点。图 2-13 为用同位素分布试验对赵庄煤业 1310 工作面采空区月度瓦斯来源的统计结果。由图可见,3$^{\#}$煤层瓦斯涌出量占比超过 63%,邻近的 2$^{\#}$、8$^{\#}$、9$^{\#}$、15$^{\#}$煤层涌入 3$^{\#}$煤层的瓦斯量相当,分别占 9%、10%左右。

**表 2-4　寺河煤矿 3$^{\#}$煤层采煤工作面瓦斯来源计算表(%)**

| 预测方法 | 预测周期 | 地点 | 2$^{\#}$煤层 | 3$^{\#}$煤层 | 5$^{\#}$煤层 | 7$^{\#}$煤层 | 8$^{\#}$煤层 | 9$^{\#}$煤层 | 15$^{\#}$煤层 |
|---|---|---|---|---|---|---|---|---|---|
| 碳氢同位素分源预测法 | 单日 | 上隅角 | 3.8 | 67.9 | 16.1 | 7.7 | 4.6 | — | — |
| | | 回风 | 4.3 | 52.2 | 23.3 | 14.9 | 5.4 | — | — |
| | | 尾巷 | 2.3 | 52.6 | 25.6 | 12.7 | 6.8 | — | — |
| | | 横川 | 5.4 | 37.1 | 28.9 | 20.1 | 8.5 | — | — |
| | 单月 | 上隅角 | 4.1 | 50.3 | 27.0 | 11.3 | 7.2 | — | — |
| | | 回风 | 1.9 | 51.6 | 25.4 | 14.0 | 7.0 | — | — |
| | | 尾巷 | 2.3 | 42.1 | 31.2 | 15.1 | 9.3 | — | — |
| | 平均 | | 3.4 | 50.7 | 25.4 | 14.0 | 7.0 | — | — |
| 分源预测法 | — | — | 5.4 | 65.8 | 21.1 | 5.7 | 1.9 | 0.2 | 0.0 |

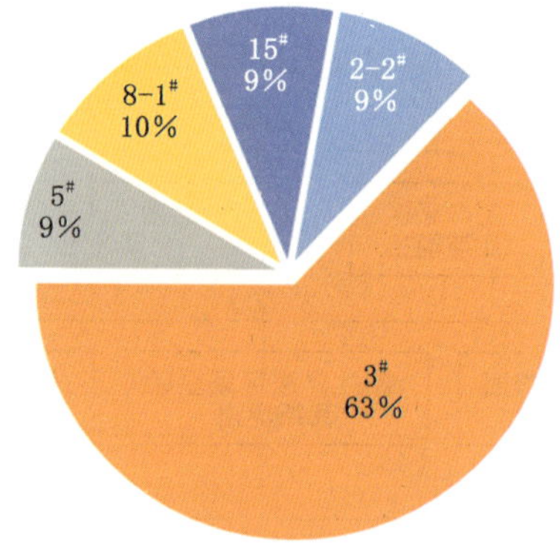


图 2-13　赵庄煤业 1310 工作面采空区月度瓦斯来源平均占比饼图

# 第三章　晋城矿区高瓦斯矿井通风系统

晋城矿区既有生产能力超过 500 万 t 的寺河煤矿、成庄煤矿、长平煤业、赵庄煤业大型矿井，又有产能在 60 万 t 的兼并矿井，开采装备和开采技术差别很大，寺河煤矿应用大采高一次采全厚采煤技术，单个工作面日生产能力突破 20 000 t。高产量、大采高导致工作面、采空区瓦斯涌出量急剧增大，极易产生瓦斯积聚、超限，给瓦斯治理带来了巨大挑战。针对不同矿井的工作面布置方式、采煤方法，矿区制定了《采煤工作面通风方式技术标准》，对矿区常用的 U 形、一进两回、双 U 形、两进一回、三进一回及三进两回等通风方式的通风原理及适用条件做出了说明，供技术人员参考。需要说明的是，选择了合理的采煤工作面通风方式，还需要配和地面采动井、高位钻孔等采空区瓦斯抽采技术，才能确保安全生产。

## 第一节　晋城矿区高瓦斯矿井通风概况

随着社会发展对能源需求的不断增加，煤炭产量逐年上升，先进的开采装备和开采技术不断应用于煤炭开采。矿区主采 3# 煤层位于山西组底层上部，构造简单，沉积稳定，煤层厚度大，煤质较硬，瓦斯含量高，大采高一次采全厚、综采放顶煤、分层开采等开采技术应用于煤炭生产。大采高工作面具有产量大、效率高、适用于集中生产、井下布置简单等优点，但也存在投资大、对井型及井下巷道尺寸要求大的缺点，尤其是随着工作面产量增加，工作面煤壁及落煤瓦斯涌出量增大。采高大，顶板垮落空间大，邻近层及围岩向采空区瓦斯涌出量增大，工作面及采空区瓦斯治理难度增大。井下通风系统作为矿井瓦斯治理的基本手段，发挥着重要的作用。图 3-1、图 3-2 为寺河煤矿 5302 工作面单日产量 20 000 t 和赵庄煤业 3307 工作面单日产量 8 375 t 工作面瓦斯涌出治理示意图。由图可见，风排瓦斯占比很高，是其他治理方式所不能替代的。表 3-1 为矿区部分矿井通风系统概况。

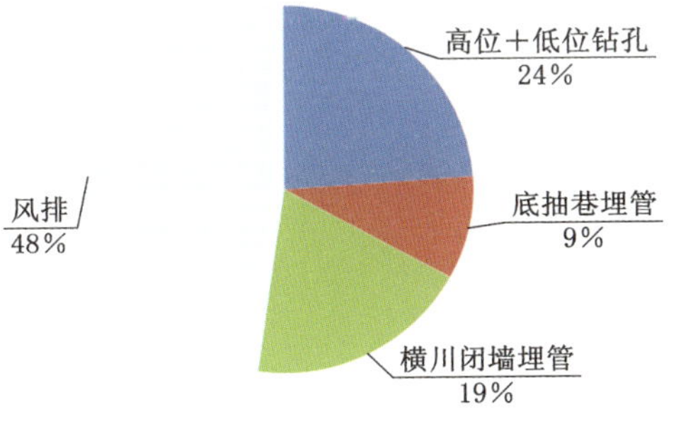


图 3-1　5302 工作面区域涌出瓦斯治理示意图

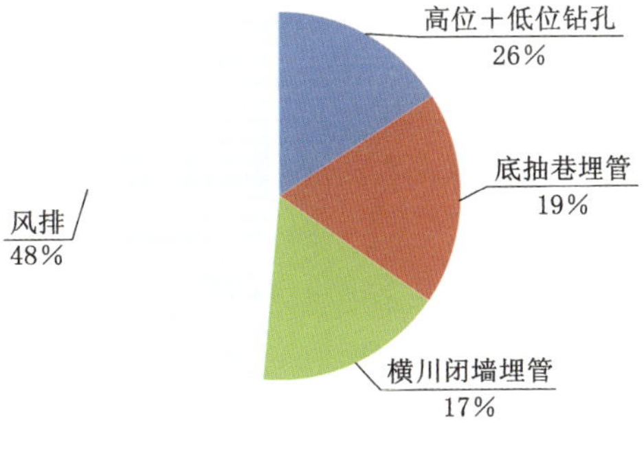


图 3-2　3307 工作面区域涌出瓦斯治理示意图

**表 3-1　晋城矿区部分矿井通风系统概况**

| 矿井 | 开采煤层 | 煤层厚度/m | 生产能力/(万 t/a) | 通风方式 | 进风井 | 回风井 | 总风量/($m^3$/min) |
|---|---|---|---|---|---|---|---|
| 寺河东井 | 3# | 4.45～8.75/6.31 | 500 | 分区式机械抽出 | 主斜井,副斜井,东进风立井,小东山 1#、2# 进风立井,上庄进风立井,潘庄进风立井 | 东回风立井,上庄回风立井,胡家掌回风立井,小东山回风立井,潘庄回风立井 | 95 530 |
| 寺河西井 | 3# | 4.45～8.75/6.31 | 400 | 分区式机械抽出 | 西主斜井,西副斜井,三水沟进风立井 | 西回风立井,三水沟回风立井 | 39 000 |
| 成庄煤矿 | 3# | 2.92～7.68/6.24 | 830 | 中央并列和对角混合式机械抽出 | 主斜井,副斜井,南翼措施主斜井,段河副斜井,2# 东进风井,2# 西进风井,3#、4# 进风井,排矸进风井 | 中央回风井,3# 回风立井,4# 回风立井 | 63 892 |
| 赵庄煤业 | 3# | 0～6.35/4.69 | 800 | 分区式机械抽出 | 主斜井,副立井,副斜井,西范进风立井 | 张店 1#、2# 回风立井 | 51 882 |
| 长平煤业 | 3# | 4.60～6.35/5.58 | 500 | 分区式机械抽出 | 长平副立井,长平主、副斜井,釜山进风立井,芦家峪进风立井 | 长平回风立井,釜山回风立井,杨家庄回风立井,芦家峪回风立井 | 64 171 |
| 胡底煤业 | 3# | 5.20～6.15/5.67 | 60 | 中央分列式机械抽出 | 副立井,专用进风立井,主斜井 | 蒲池回风立井 | 17 229 |
| 岳城煤矿 | 3# | 5.04～7.16/6.11 | 150 | 中央分列式机械抽出 | 主斜井,副斜井,进风斜井 | 回风立井 | 13 300 |
| 坪上煤业 | 3# | 4.65～5.90/5.20 | 90 | 中央分列式机械抽出 | 主斜井,副斜井,行人斜井 | 回风立井 | 17 600 |
| 寺河煤矿二号井 | 9# | 0.48～2.29/1.52 | 180 | 分区式机械抽出 | 主斜井,副立井,1# 进风立井,2# 进风立井 | 1# 回风立井,2# 回风立井 | 20 604 |
| | 15# | 1.97～3.84/2.66 | | | | | |

## 第二节　晋城矿区典型工作面通风方式

经过多年的优化升级和技术改造,晋城矿区各能源企业形成了 U 形、一进两回、双 U 形、二进一回、三进一回、三进两回、Y 形等多种典型采煤工作面通风方式,各企业可根据现场条件进行科学合理的布置。

### 一、双巷布置 U 形通风方式

U 形通风方式是最基础、最普遍的通风方式。U 形通风系统为一进一回通风系统,巷道布置相对简单,需布置两条巷道,分别用于进风、行人和运料。新鲜风流从进风巷流入工作面，稀释并带走工作面内大部分粉尘和有毒气体，污浊风流经回风巷流入采区回风大巷（图 3-3）。

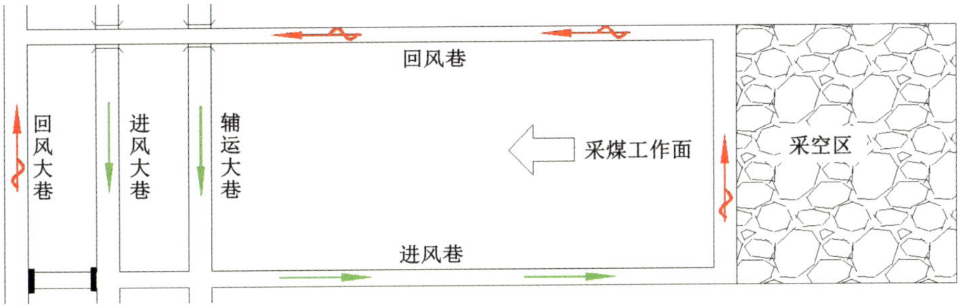


图 3-3　双巷布置 U 形通风方式

U 形通风系统巷道布置简单，工作面维护方便，但是伴随着煤炭开采技术和开采设备的快速发展，大采高支架和滚筒割煤机功率的不断变大，工作面的煤炭产量快速增长，采空区落煤遗煤量不断增加，采空区瓦斯量和工作面瓦斯涌出量也在不断增加。受 U 形通风结构的制约，新鲜风流很容易从进风巷下隅角处漏入采空区，漏入采空区的风流所携带的瓦斯一部分在回风侧返回到工作面，一部分经上隅角流回工作面。工作面上隅角靠近采空区的区域的风速降低，形成涡流，容易造成瓦斯积聚。在晋城矿区，U 形通风系统适用于产量低或者低瓦斯工作面。

## 二、多巷布置通风方式

为了适应大采高、高产高瓦斯工作面的通风需求，在采煤工作面上端或下端设置多条巷道，并在巷道之间设置横川，通过打开或封闭横川，控制风流，以满足不同工作面通风要求。晋城矿区根据工作面及巷道的布置，形成了一进两回、双 U 形、两进一回、三进一回及三进两回等多种通风方式。

### （一）一进两回通风方式

在采煤工作面上、下端分别设置一条进风巷和回风巷，在回风巷外侧再布置一条回风巷，两条回风巷间每隔一定距离施工横川，并予以封闭。随着工作面的推进，将超前于工作面的一个横川依次打开形成开路横川，工作面推进过后及时封闭，如图 3-4 所示。

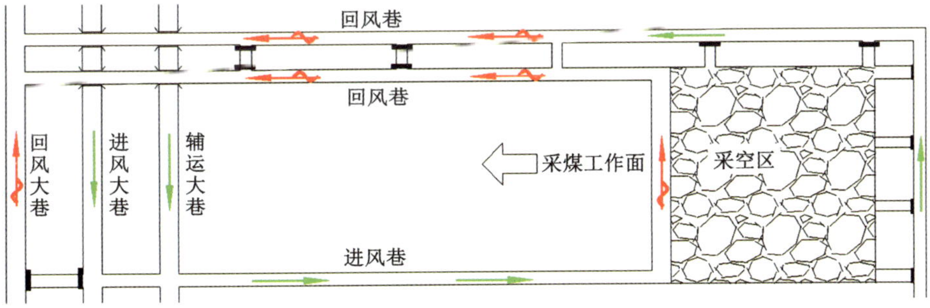


图 3-4　一进两回通风方式

（二）双 U 形通风方式

双 U 形通风系统由两个 U 形通风系统组成，布置两条进风巷和两条回风巷，可分为“大 U 套小 U”形和“并列双 U”形两种基本方式，如图 3-5 所示。

(1)“大 U 套小 U”形通风方式

该方式由两个相对独立的 U 形通风系统嵌套组成，工作面里圈小 U 形系统主要承担工作面正常回采的供风任务；外圈大 U 形系统承担工作面采空区抽放、横川密闭施工、备用工作面预抽等任务，如图 3-5(a)所示。

(2)“并列双 U”形通风方式

该方式是两个 U 形通风系统并列在一起，组成“并列双 U”形通风系统。工作面第一个 U 形通风系统主要承担稀释工作面落煤瓦斯和上隅角瓦斯的任务，第二个 U 形通风系统主要承担稀释该通风系统回风巷瓦斯、工作面采空区抽放、横川密闭施工、备用工作面预抽等任务，如图 3-5(b)所示。

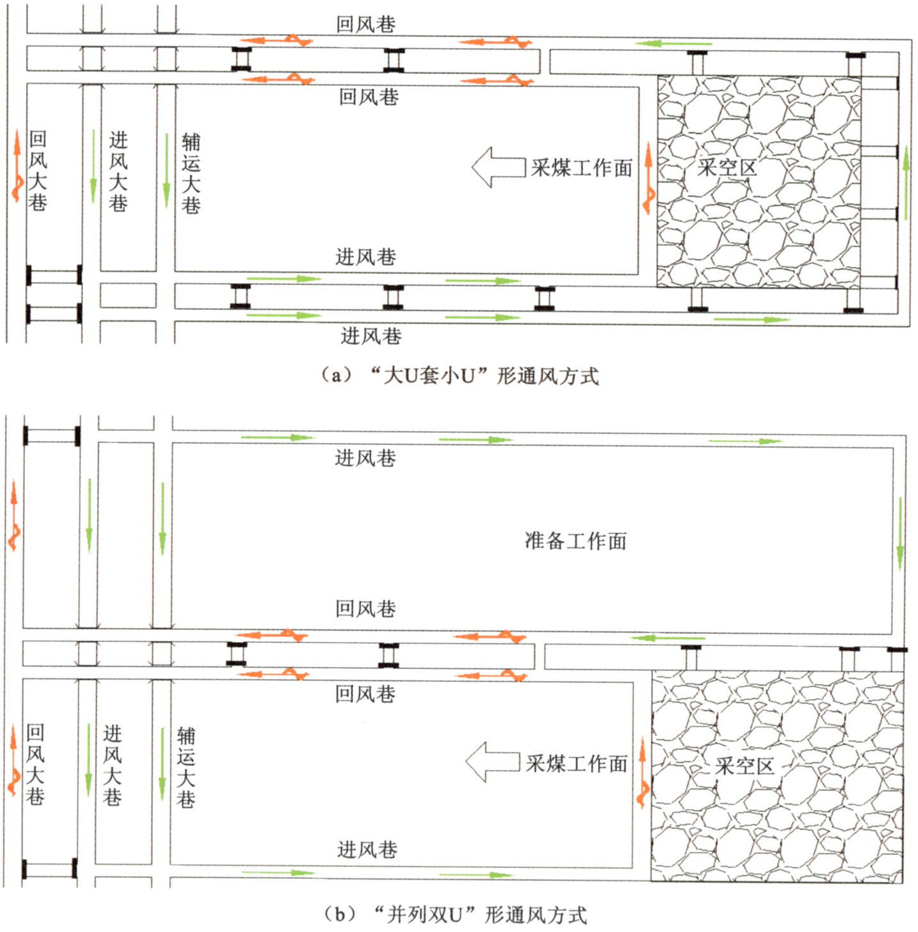


图 3-5　双 U 形通风方式

（三）两进一回通风方式

采煤工作面上、下端各设一条进风巷，在辅助进风巷的外侧设置一条回风巷，回风巷与辅助进风巷之间每隔一定距离施工横川，并予以封闭。随着工作面的推进，将超前于工作面的一个横川依次打开，回风巷随工作面推进及时分段封闭，如图 3-6 所示。

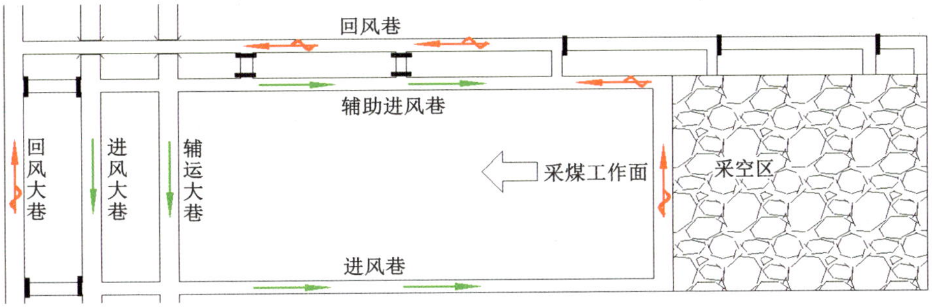


图 3-6　两进一回通风方式

（四）三进一回通风方式

采煤工作面上端设置两条进风巷，下端设置一条辅助进风巷，在辅助进风巷的外侧设置一条回风巷，回风巷与辅助进风巷之间每隔一定距离施工横川，并予以封闭。随着工作面的推进，将超前于工作面的一个横川依次打开，工作面推进至该横川时再将其进行封闭，同时打开下一个横川，如图 3-7 所示。

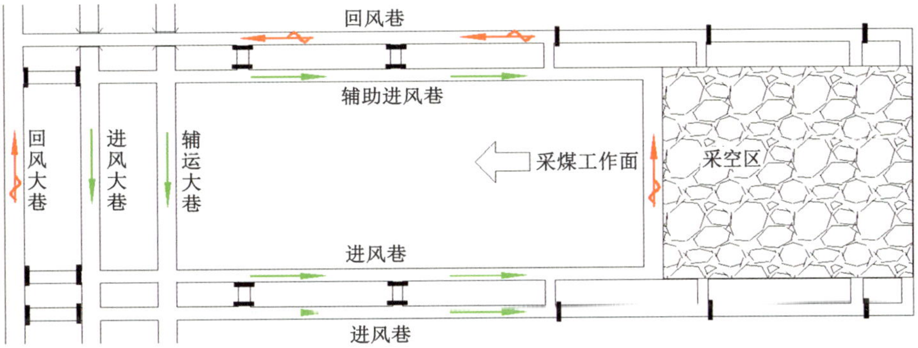


图 3-7　三进一回通风方式

（五）三进两回通风方式

采煤工作面上端设置两条进风巷，下端设置一条辅助进风巷，在辅助进风巷的外侧设置两条回风巷，回风巷与辅助进风巷之间每隔一定距离施工横川，并予以封闭。随着工作面的推进，将超前于工作面的一个横川依次打开，工作面推进至该横川时再将其进行封闭，同时打开下一个横川，如图 3-8 所示。

（六）Y 形通风方式

Y 形通风是在工作面上下两侧的煤体中分别布置两条进风巷，回风巷是在采空区中布置的沿空留巷，与其中的上侧一条进风巷相通。风流分别从上下两条进风巷进入到工作面，然后从采空区中的沿空留巷流出（图 3-9）。有两条进风巷的 Y 形通风方式，可以很好地解决工作面风量不足的问题，但是存在采空区巷道维护困难、漏风量大、采空区遗煤易着火等缺点。

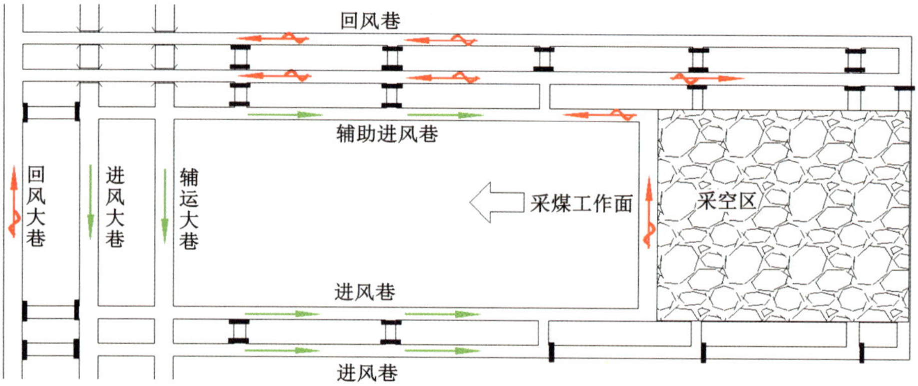


图 3-8　三进两回通风方式

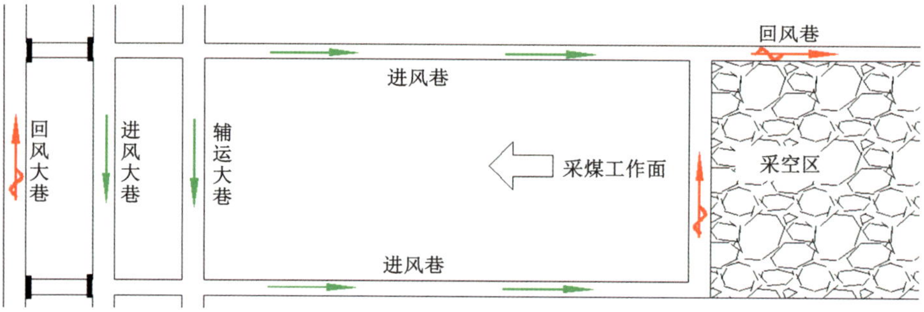


图 3-9　Y 形通风方式

## 第三节　晋城矿区工作面通风布置技术要求

采煤工作面采用多巷布置通风方式时，应遵守以下规定：

① 采煤工作面采空区侧与外部巷道的横川应及时封闭，避免采空区通风。

② 采煤工作面一侧的多条巷道间的横川应按规定进行有效封闭，避免角联通风或不合理的漏风。如需设置开路横川的，超前于工作面仅可打开一个横川且开路横川内风速不低于 0.25 m/s，工作面推过后再及时封闭。

③ 工作面所有巷道应全风压通风，杜绝盲巷；随着工作面的推进，采煤工作面外侧巷道有可能产生盲巷的，应及时进行封闭。

④ 应做好工作面后部巷道的维护工作，进、回风巷道实际断面不小于设计断面的 2/3，保持其通风顺畅；通风设施安全可靠，提高有效风量；根据工作面推进情况及时调整工作面通风系统，确保工作面风流稳定可靠；要合理设置通风设施的位置，减少采空区漏风。

# 第二篇　三区联动瓦斯治理模式及技术

为了大力开发煤层气资源及加强矿井瓦斯治理，晋城矿区能源企业依托国家、山西省及企业自身的科技攻关项目，根据“地面预抽全域快降、井下抽采精准达标、采动抽采高产高效、采空钻采消患减排”原则，创立了三区联动、采煤采气一体化综合瓦斯治理理论与技术体系，实现了三区瓦斯抽采的科学布局和时空接替，取得了三区煤层气抽采关键技术及其配套工艺的创新。

三区联动指根据井下煤炭开采时空顺序，将井田划分为生产规划区、开拓准备区和煤炭生产区，各区对应的煤层气开发和瓦斯抽采技术工艺与要求各有不同，“三区”的界定对煤与煤层气（瓦斯）协调开发具有重要的意义。

(1) 生产规划区：一般指5 a之后采掘活动才能涉及的区域，一般没有井下介入条件，只能采用地面钻井方式进行煤层气抽采。生产规划区不受井巷施工时序的影响，着眼于整个地面煤层气井田的开采设计与全局部署。地面煤层气抽采主要包括地面预抽可行性评价、井型选择及优化、井网布置及优化、钻孔工艺、压裂工艺、排采工艺、集气工艺以及抽采效果评价等方面的技术。

(2) 开拓准备区：按照井田（煤矿）采掘规划3～5 a内即将开采的区域，该区域已有井巷工程或者已经掘进大巷，但未进行工作面回采。由于该区域即将施工井下煤巷工程，属于煤炭开采和煤层气开采相互影响区，这时要设计合理的瓦斯抽采方式，充分发挥地面预抽井及井下钻孔抽采瓦斯的优势，实现井上下联合抽采，快速降低煤层的瓦斯含量。

(3) 煤炭生产区：是指按照井田（煤矿）采掘规划3 a内开采的区域，该区域已掘进各类井巷工程，重点考虑工作面接替，保证抽、掘、采的正常衔接；受煤炭采动影响，工作面瓦斯大量涌出，探索采动区地面井与井下采空区抽采技术相结合，解决采煤工作面的瓦斯问题，提高回采效率。

晋城矿区三区联动、采煤采气一体化的综合瓦斯治理模式，形成了以地面常规垂直井、多分支水平井、分段压裂U形井、采动区L形井为主的地面抽采技术体系和包括本煤层抽采、裂隙带抽采、高抽巷（底抽巷）抽采、上隅角抽采、采空区抽采在内的井下抽采技术体系，在空间和时间上立体交叉、相互结合，共同构建了瓦斯综合治理技术体系。

# 第四章　生产规划区地面抽采技术

## 第一节　概　　述

提前施工地面钻井抽采煤层气(瓦斯)，是煤矿治理瓦斯最主动、最根本、最安全的手段，也是提高瓦斯和煤炭资源高效合理利用的科学途径。生产规划区地面钻井预抽煤层气(瓦斯)不受井下工程进度影响，可以提前 8～10 a 或更长时间在地面布置大规模井群，进行大面积抽采，既可提高抽采效果，又可形成产业规模，而且钻孔还可替代地质勘探钻孔，真正实现一井多用。

地面井布置需考虑单井抽采效果、煤层瓦斯分布、井下巷道布置等诸多因素，在地质条件正常区域按 300 m×300 m 布置预抽井(图 4-1)，在地质构造异常区按 150 m×150 m 布置。近年来，晋城矿区累计施工 5 500 余口地面井，日抽采量超过 400 万 $m^3$。经过长时间的地面抽采，井下吨煤瓦斯含量从 20 $m^3$ 以上降至 10 $m^3$ 甚至更低，预抽效果非常显著。工程技术人员经过不断探索、实践、总结，开发了“清水钻井、活性水压裂、定压排采、低压集输”煤层气抽采工艺，形成了煤与煤层气协调开发的成套技术，发展了一个产业，培养了一支团队。2008 年至 2019 年地面煤层气产量由 3.76 亿 $m^3$ 迅速增长到 14.5 亿 $m^3$ 左右，地面煤层气利用量也由 1.58 亿 $m^3$ 迅速增长到 10 亿 $m^3$ 左右(图 4-2)，地面井累计抽采煤层气 147 亿 $m^3$，利用 107 亿 $m^3$，抽采量和利用量连续多年保持全国第一。

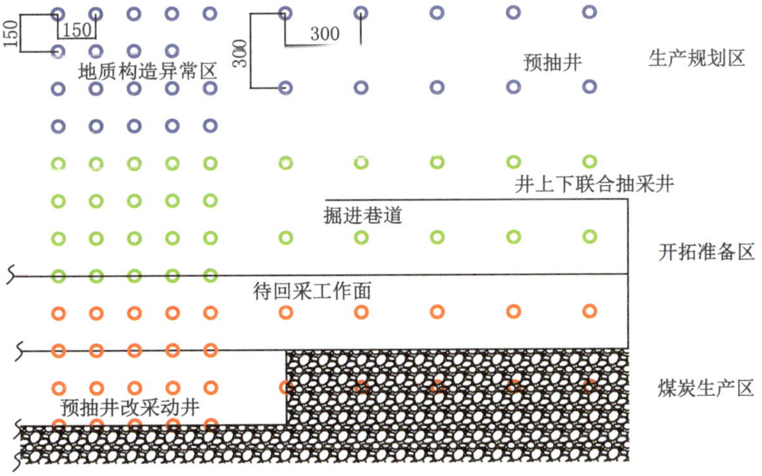


图 4-1　地面井布置示意图

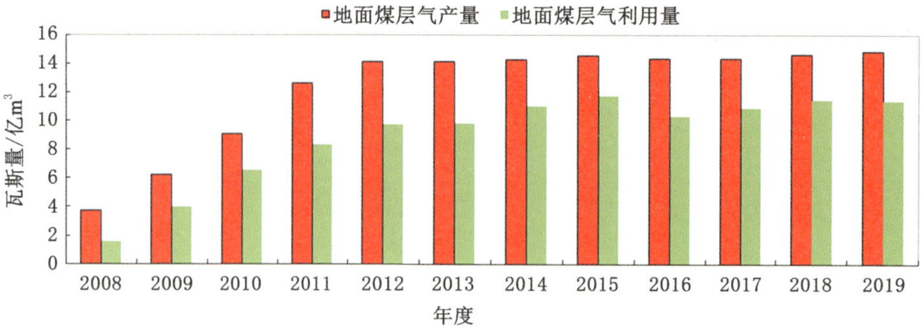


图 4-2　2008 年至 2019 年地面煤层气产量及利用统计图

## 第二节　地面垂直井预抽技术

地面垂直井是最常见、最普通的井型，具有井身结构简单、施工技术难度小、适应多煤阶煤层气预抽等优点。地面垂直井预抽煤层气的基本原理是：施工地面钻井至煤层，下入套管固井，根据煤储层物性特点，选择裸眼洞穴完井或筛管裸眼洞穴完井，通过射孔压裂沟通煤层裂隙，在地面安装排采设备进行排水降压采气。在煤与瓦斯突出矿井，施工地面钻井至煤层实施压裂，还可释放岩层构造应力及瓦斯压力，起到防突、消突的目的。

### 一、垂直预抽井施工工艺

地面垂直井主要施工工艺为：设计井位→修井场→钻井→固井→射孔→压裂→下套管→安装抽油机→排采→集输和压缩→输送。

① 设计井位：根据垂直井压裂后的理论排采半径，垂直井设计采用 300 m×300 m 井网布置。

② 钻井：一开钻进采用 $\phi$311.1 mm 钻头钻穿黄土及地表松散冲积层，钻进至稳定基岩以下 10 m 终孔，下入 J55 钢 $\phi$244.5 mm×8.94 mm 表层套管固井。

二开钻进采用 $\phi$215.9 mm 钻头钻进，钻至太原组 15[#] 煤层底板以下 30 m 终孔，裸眼测井，下入 J55 钢 $\phi$139.7 mm×7.72 mm 生产套管，如图 4-3 所示。

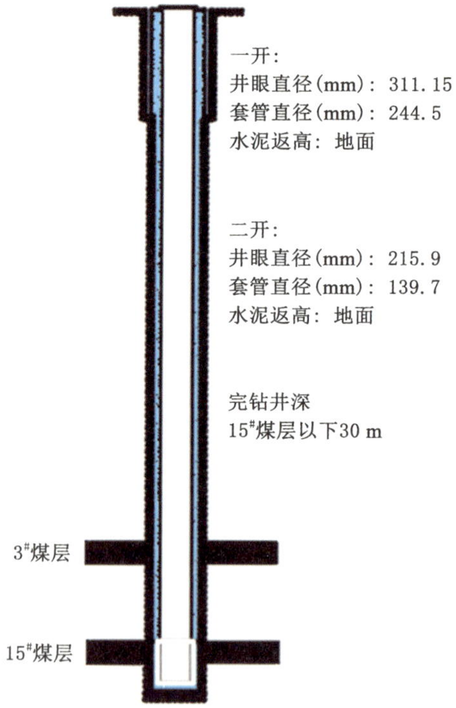


图 4-3　垂直井井身结构图

③ 固井：在套管和井眼形成的环空中注入水泥浆，保护钻孔井壁。表层套管固井使用 G 级油井水泥，水泥浆平均密度为 1.85 g/cm³，固井水泥浆返至地面。固井结束候凝 48 h 后，

试压 6 MPa,30 min 内压降小于 0.5 MPa,视为合格。生产套管固井使用 G 级油井水泥,水泥浆密度为 1.6～1.8 g/cm³,固井水泥浆返至 15# 以上 200 m。固井结束候凝 72 h 后,试压 12 MPa,30 min 内压降小于 0.5 MPa,视为合格。

④ 射孔:在目的层段下入聚能弹,利用聚能弹瞬间产生的热能在套管上燃烧出直径约 1 cm的孔眼。

⑤ 压裂:在地面将数台高压泵车并联起来,将事先准备好的压裂液快速注入井眼中,通过射孔孔眼在煤层段形成水平或垂直裂缝,然后注入携砂液将造出的裂缝支撑起来,作为煤层气生产的通道。

⑥ 排采:使用抽油机、整筒泵等设备将煤层中的地下水抽出,以降低煤层的压力。煤层气从煤层中解吸出来,流入井筒,抽到地面汇入集输网络。

### 二、垂直预抽井典型现场应用及效果

潘庄井田 1995 年开始施工第 1 口地面预抽井,先后共实施 7 口。目前,7 口示范井产气情况良好,单井日产气量最高超过 1.2 万 m³。2003 年 12 月～2004 年 5 月潘庄井田进行了煤层气地面预抽规模试验,完成了 30 口地面预抽井的钻井、压裂和排采,探索出一套低压自然能煤层气集输工艺,实现平均单井日产煤层气 1 500～2 000 m³,SH-003 井还出现典型的自喷现象。在此基础上,潘庄井田逐步总结适合晋城地区的清水钻进、活性水压裂、定压排采的煤层气垂直井抽采技术。

寺河煤矿、成庄煤矿、胡底煤业、郑庄煤业等矿区内大部分煤层气地面抽采井都是按照垂直井布置施工。表 4-1 为成庄煤矿近年来地面垂直井数量、产气总量、单井日产气量等数据统计。

**表 4-1　成庄煤矿地面垂直井瓦斯抽采数据一览表**

| 年份 | 在抽井数/口 | 单井日均产气量/m³ | 浓度/% | 年产气量/万 m³ | 历年累计产气量/亿 m³ |
|---|---|---|---|---|---|
| 2012 | 225 | 863 | 99 | 7 107.90 | 2.37 |
| 2013 | 215 | 930 | 99 | 7 296.22 | 3.10 |
| 2014 | 208 | 904 | 99 | 6 865.85 | 3.78 |
| 2015 | 195 | 995 | 99 | 7 081.35 | 4.45 |
| 2016 | 184 | 1 195 | 99 | 8 047.04 | 5.26 |
| 2017 | 171 | 1 400 | 99 | 8 738.31 | 6.13 |
| 2018 | 148 | 1 534 | 99 | 8 284.41 | 6.96 |
| 2019 | 153 | 1 561 | 99 | 8 715.86 | 7.83 |

## 第三节　径向井成井技术

径向井成井是一种油气田增产及完井技术,适用于低压、低渗、低产储层的油气开发,主要为低渗透、稠油和老油田提供一种经济高效的增产途径。随着煤层气的进一步开发,垂直

井在煤层气开发过程中逐渐产生一些问题，比如煤层气井的单井产量较低、气井寿命较短、压裂半径较短、压裂后裂缝方位不易控制、井筒附近出现应力集中、开发效益整体较差等。针对垂直井在煤层气开发中遭遇的瓶颈，科研人员在垂直井的基础上引入径向井成井技术，对低产井、老井进行技术改造，恢复老井产量。同时，还将径向井压裂技术应用于立井揭煤，不仅大大减少工程量，还起到了消突、防突的作用。

径向井成井技术是先用钻头在目标层位的套管上磨铣开孔，使用高压泵对无固相钻井液加压，通过连续油管泵送到井下。钻井液经喷射钻头将高压势能转换成动能，产生高速射流，射流以冲量做功穿透地层，并在射流推动下形成不同方位的径向水平孔，增大储层与水平孔的接触面积，改变储层的应力分布，进而引导压裂裂缝朝着预期的方向进行延伸，增加煤层的透气性，提高单井煤层气产量。

## 一、径向井施工装备及工艺

径向井成井施工工艺流程如图 4-4 所示。

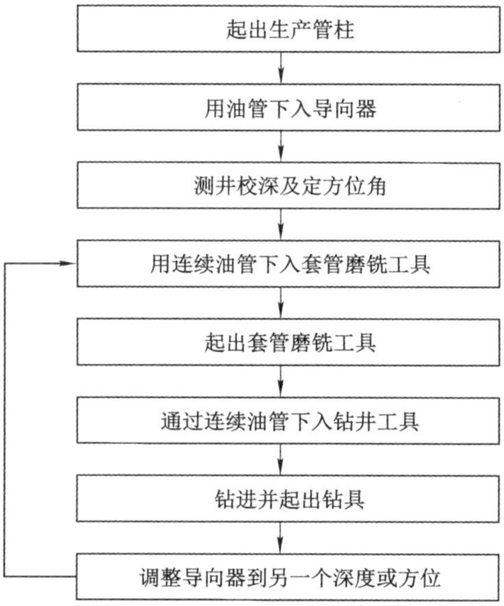


图 4-4　径向井成井施工工艺流程图

径向井成井的具体施工步骤如下：

① 利用磁定位＋自然伽马测井确定套管开窗深度，利用陀螺测斜仪确定套管开窗方位。

② 利用磨铣钻头在目的层套管上开一个直径 22 mm 的孔（图 4-5）。

③ 通过连续油管下入高压软管和高压水射流喷嘴，然后依靠从喷嘴中喷射出的高压水射流在目的层中喷射出直径 50～80 mm、长度 50～100 m 的径向水平孔（图 4-6）。

## 二、径向井布置优势

① 采用连续油管作业，不改变原有井身结构，不影响后续其他工艺措施正常施工（图 4-7）。

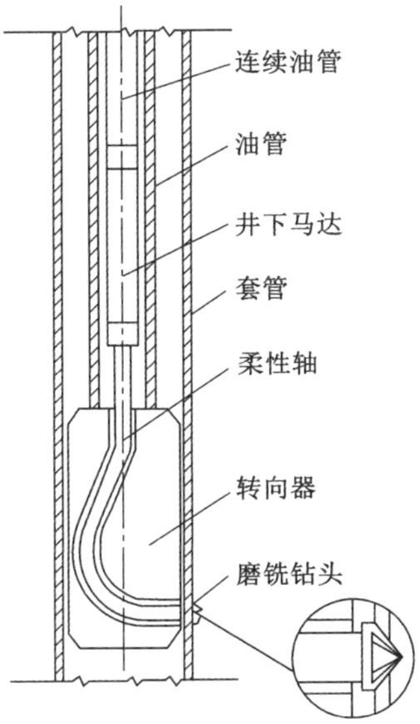


图 4-5　连续油管携带工具在套管上磨铣开孔

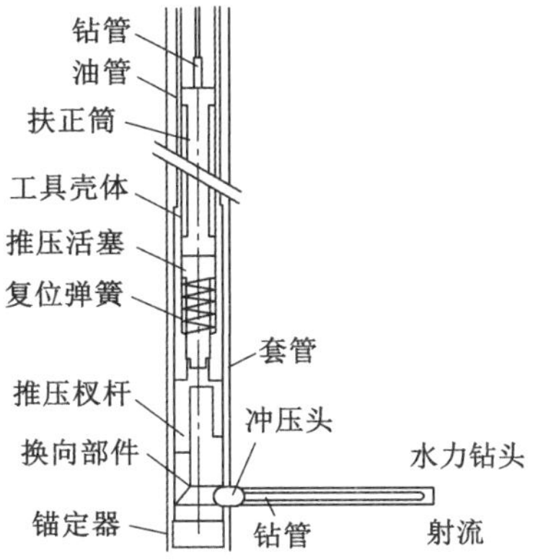


图 4-6　高压水射流喷射图

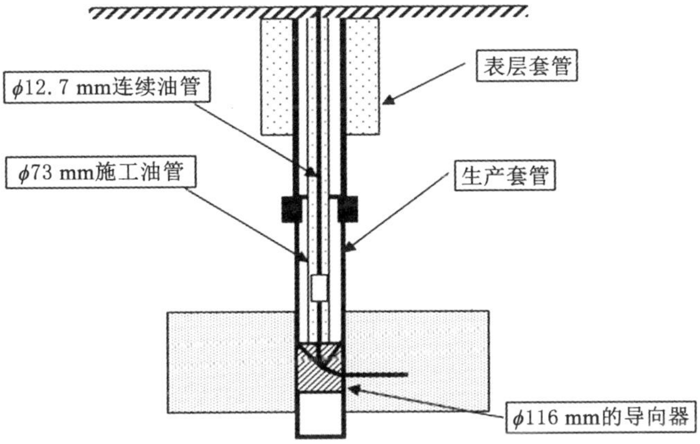


图 4-7　施工管柱示意图

② 选择清水作为喷射液，在短时间内完成径向水力喷射钻孔。

③ 根据不同煤层发育特征选择合适的深度点实施水力喷射钻孔，可根据煤层展布特点、区域主应力方向及实际生产动态选择有利于增产的方位钻进。

④ 在 1 口煤层气井中可多层位、多方位施工多分支径向井，喷射钻进长度可达 100 m，2～3 m 储层厚度至少可以钻进 10 个分支径向井眼，对套损没有影响，井眼密度越大对储层切割越有效(图 4-8)。

⑤ 多分支径向钻井将储层分割成多个狭长地带，增加储层供给范围，从而更有效地沟通储层渗流通道。

⑥ 沟通地层天然裂缝，在地层中形成大规模的网络通道，渗流面积大大增加。

⑦ 根据不同地层特征，有选择地定向喷孔，对压裂作业起到导向作用。

⑧ 径向井施工不受完井方式的限制，可在裸眼及各种套管完井中作业，具有在煤层气田大范围作业的条件。

⑨ 作业周期短，每施工一口井钻 4～6 个孔平均只需要 3～5 d；整体完成一个径向孔需要 5～8 h。

⑩ 可以与其他完井方式及增产措施联作，如压裂前根据主应力方向先钻引导延伸径向孔、再实施压裂，增强压裂效果。

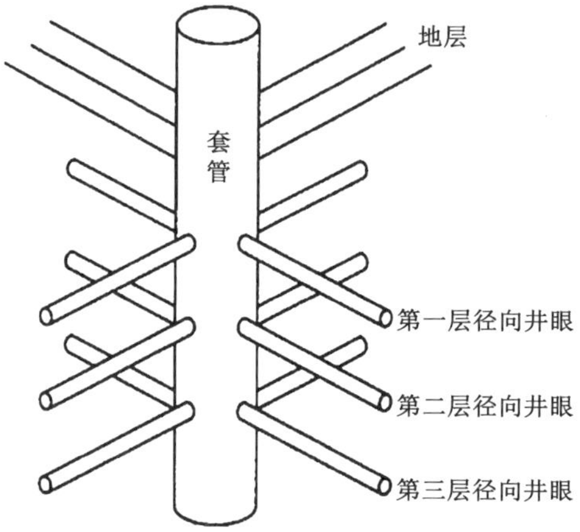


图 4-8　分支径向井眼分布示意图

## 三、径向井典型现场应用及效果

2015 年，晋煤集团在沁水盆地选取了 10 口低产井，进行了径向压裂改造，其中 4 口井改造后产气量无提高，5 口井改造后产气量提高了约 300 $m^3/d$，1 口井提高了近 1 500 $m^3/d$。

2014 年，赵庄煤业南苏风井通过径向井压裂进行揭煤试验(图 4-9)，首次将该工艺应用到立井揭煤中。赵庄煤业南苏进风立井设计深度 784.5 m，净直径 8.5 m。进风立井处 3# 煤层厚 5.2 m，为高瓦斯无烟煤，瓦斯含量为 15.13 $m^3/t$，瓦斯压力为 1.16 MPa，煤的坚固性系数为 0.23～0.65。进风立井附近 100 m 处有一口地面煤层气井，通过该煤层气井向南苏进风立井方向施工 8 个径向水平孔，至进风立井。通过径向水平孔对南苏进风立井底部煤层进行压裂改造，使煤层裂缝相互沟通，实现快速揭煤和瓦斯快速释放。

煤层在未进行压裂增透技术时抽放瓦斯，预计抽放达标时间为 142 d，煤层透气性系数平均值为 0.375 $m^2/MPa^2 \cdot d$。实施径向井压裂增透技术后，实际抽放达标时间为 40 d，煤层透气性系数平均值为 1.331 $m^2/MPa^2 \cdot d$，增大至原来的 3.55 倍。40 d 累计抽采量 103 428 $m^3$，超过设计瓦斯可抽量 92 035 $m^3$，井筒区域内煤层气含量降至 7.61 $m^3/t$，降低了煤层突出危险，实现了快速安全揭煤。原设计所需的 128 个瓦斯抽采钻孔，减少到 46 个。揭煤工期由采用常规抽放技术的 7 个多月缩短到 2 个月，大大缩短了揭煤工期，节约了施工费用。

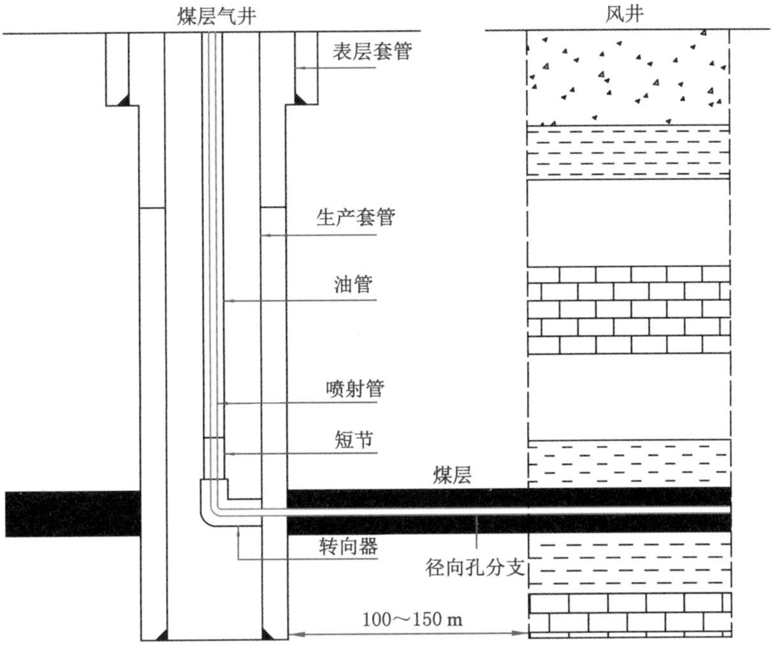


图 4-9　赵庄南苏风井径向井压裂揭煤示意图

## 第四节　多分支水平井技术

多分支水平井技术是在煤层内施工定向水平带分支钻孔(呈羽状),钻孔不压裂,利用近端直井排水降压,使煤层气解吸、扩散、渗流到钻孔中,然后由直井排出。多分支水平井包含工程井和生产井两口井,如图 4-10 所示。在分支设计上,一般设计 2 个主支、6 个分支(图 4-11),其中主支单支煤层进尺一般设计 800～1 000 m,两主支之间夹角为 10°～20°,分支单支煤层进尺一般设计 350～650 m,单个分支与主支夹角为 15°～30°,总体上设计煤层总进尺 4 000 m 以上,单井控制面积大于 0.3 $km^2$。钻井过程中,先钻生产井,再钻工程井,工程井与生产井连通后继续钻各主支和分支,待完井后,通常对工程井实施封井,采用生产井排采。

多分支水平井适用于构造简单、储层物性好、原生结构煤发育的区域。其工艺的优点是单井分支控制面积大,理论产能高,产量一般是直井产量的 10 倍左右;缺点是在构造复杂、煤体结构破碎区,采用裸眼洞穴方式完井,钻井、排采过程中井眼、洞穴易变形垮塌,后期治理难度较大。

根据晋城矿区煤层的几何形态、煤层及岩层力学性质、井壁稳定性和目前我国煤层气水平井钻井设备的性能、现场施工工程条件等,同时参考国内外多分支水平井施工的经验,多分支水平井设计优先选用中半径水平井(又称中曲率水平井),从工程井到主水平井造斜井段的增斜率控制在 9°/30 m 左右;从主水平井到水平分支造斜井段的增斜率控制在 6°/30 m 左右。造斜点原则上定在 3# 煤层上 20 m 左右,尽可能在砂岩段施工,不可在泥岩段施工。

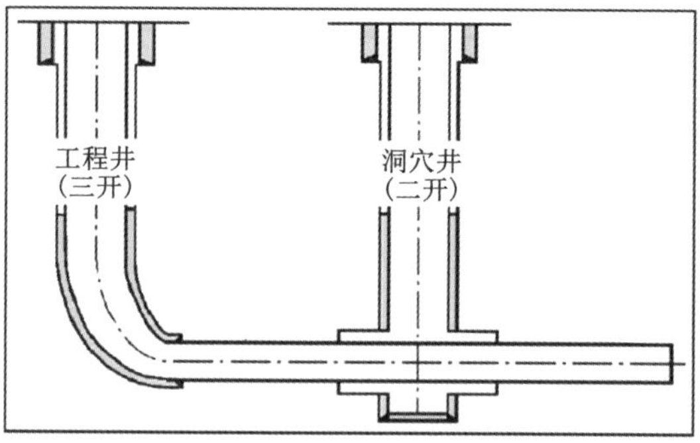


图 4-10　多分支水平井井身结构图

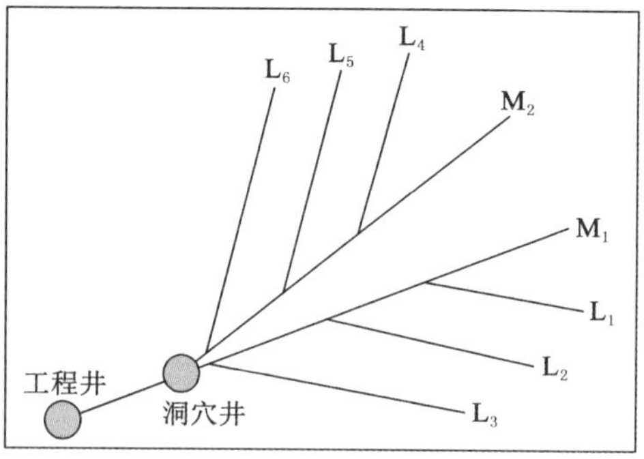


图 4-11　多分支水平井分支设计图

## 一、多分支水平井施工装备及工艺

1. 生产直井施工

一开：用 $\phi$346.6 mm 钻头，泥浆钻进，钻入基岩 10 m，下入 $\phi$298.4 mm 表套，用优质水泥固井。

二开：用 $\phi$266.7 mm 钻头，低密度泥浆钻进，钻至煤层上 20 m 左右，下入 $\phi$244.5 mm 技术套管，用优质水泥固井。

三开：用 $\phi$266.7 mm 钻头，低密度泥浆钻进，钻至煤层下部 60 m，并在煤层段利用空压机进行动力造穴，下入注气油管和井下封隔器。

2. 工程井施工

一开：用 $\phi$346.6 mm 钻头，泥浆钻进，钻入基岩 10 m，下入 $\phi$298.4 mm 表套，用优质水泥固井。

二开：用 $\phi$266.7 mm 钻头，低密度泥浆钻进，钻至煤层上 20 m 左右，下入 $\phi$244.5 mm 技术套管，用优质水泥固井。

3. 工程井造斜

造斜点原则上定在煤层上 20 m 左右，尽可能在砂岩段施工，不可在泥岩段施工。造斜井段用 $\phi$165.1 mm 钻头、低密度泥浆钻进，钻至煤层中部后用 $\phi$149.2 mm 钻头进入水平井段。

4. 工程井与生产井连通

采用近钻头电磁测距法测量钻头的位置，计算工程井与生产井的距离，完成两个井的连通。钻具组合通常为钻头＋永磁短节＋马达＋无磁钻铤＋MWD＋钻杆。

5. 水平井施工

主水平井：用 $\phi$149.2 mm 钻头、欠平衡钻井液钻进，钻至主水平井设计深度，裸眼完井。

水平分支井：用 $\phi$120.6 mm 钻头、欠平衡钻井液钻进，由远而近在主水平井两侧不同位置分别钻水平分支井，裸眼完井。

## 二、多分支水平井典型现场应用及效果

2012 年，寺河煤矿西区施工 2 口双主井多分支水平井进行地面煤层气抽采，工程总进

尺为 9 170 m。其中,JMP01-1H 井总进尺为 5 571 m(图 4-12),JMP01-2H 井总进尺为 3 599 m。平均单井日产煤层气量为 1 万 $m^3$ 左右。

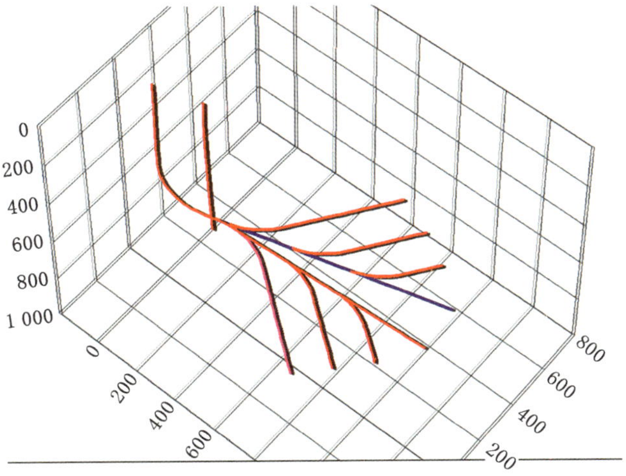


图 4-12 JMP01-1H 多分支水平井轨迹示意图

寺河煤矿 2012ZX-SP-01 井组由 H01 井和 V01 井组成,基本数据参见表 4-2。施工时,先钻成 V01 井及 H01 井导眼,H01 井二开钻至 622.67 m 着陆,下入技术套管后,在井深 689.03 m 位置与 V01 井对接成功,之后沿煤层顺利钻出 2 个主支井、8 个分支井(图 4-13),其中最大井斜角 96.7°,最大位移 868.1 m,钻进总进尺 4 610.56 m,煤层中穿行 4 002.56 m,煤层钻遇率达到 95.85%。该井于 2014 年 4 月开始产气,最高单日产气量超 2 万 $m^3$。

**表 4-2 2012ZX-SP-01 井组基本数据**

| 井型 | 井号 | 坐标 | | 地面高程/m | 底板标高/m | 3# 煤层/m |
|---|---|---|---|---|---|---|
| | | X | Y | | | |
| 垂直井 | V01 | 3942824.17 | 508735.13 | 657.83 | 319.69 | 6.46 |
| | | 3942824.54 | 508735.39 | (煤层底板坐标) | | |
| 水平井 | H01 | 3942512.83 | 508888.71 | 785.33 | 332.43 | 6.23 |

# 第五节 U 形井预抽技术

U 形井一般由一口定向水平井(又称“工程井”)和一口洞穴直井(又称“排采井”)组成,水平井的水平段靶点末端与洞穴直井相连通,两口井形成一个“U”字形的井筒结构(图 4-14)。煤层气 U 形井水平段采用沿煤层倾向从高端向低端钻进,洞穴直井位于低端且与水平井水平段靶点末端连接,可有效利用地下水重力效应,有利于排水和排出煤粉,实现煤层气井的高效抽采。根据开发煤层的煤体结构及渗透性情况,U 形井水平段有裸眼完井、筛管裸眼完井和套管固井射孔压裂完井。

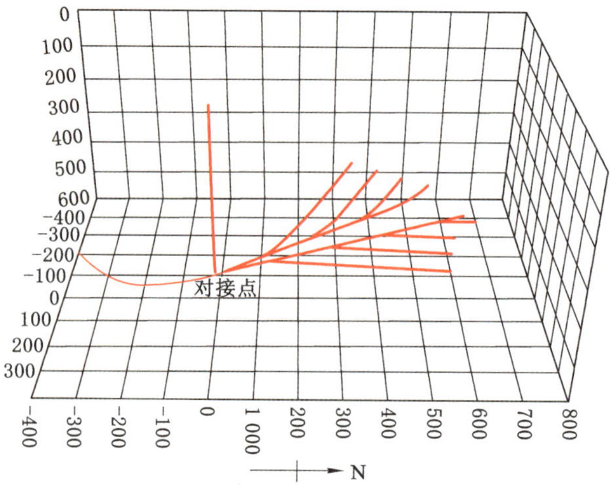


图 4-13　2012ZX-SP-01 井眼轨迹示意图

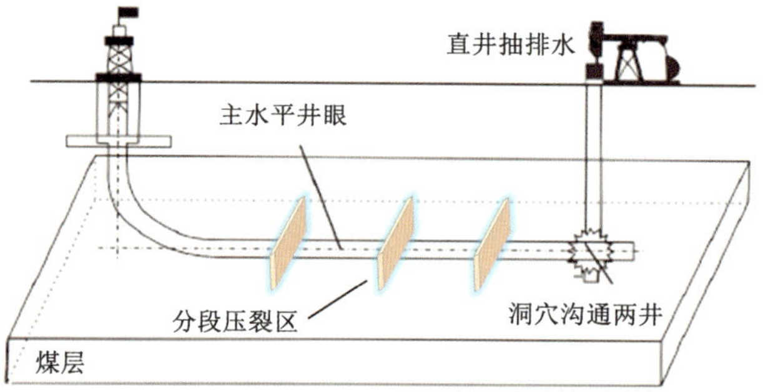


图 4-14　U 形井示意图

## 一、U 形井施工工艺

① 水平井采用三开井深结构(图 4-15),具体施工工序为:

一开:采用 $\phi$550 mm 钻头钻入稳定基岩 5～10 m,下入 $\phi$351 mm 表层套管,固井水泥返至地面。

二开:采用 $\phi$215.9 mm 钻头钻进至 3# 煤层顶板以上 5 m 处,下入 J55 钢级 $\phi$177.8 mm 技术套管至煤层顶板以上 10 m 处,固井水泥返至地面。

三开:采用 $\phi$152.4 mm 钻头钻进,进入 3# 煤层后沿煤层钻进,与直井连通并继续延伸,并在主井眼上开分支,使煤层段进尺达到 1 000 m,裸眼完井。

② 垂直井采用二开井身结构(图 4-16),施工工序为:

一开:采用 $\phi$311.15 mm 钻头钻进,钻入稳定基岩 5～10 m 后,下入 $\phi$244.5 mm 套管,固井水泥返至地面。

二开:采用 $\phi$215.9 mm 钻头钻至 3# 煤层顶板上部 20 m 处,自顶板上部 20 m 至底板下部 10 m 处进行取心钻进,然后做注入/压降试井测试。下入带无磁钻杆的常规钻具,钻至

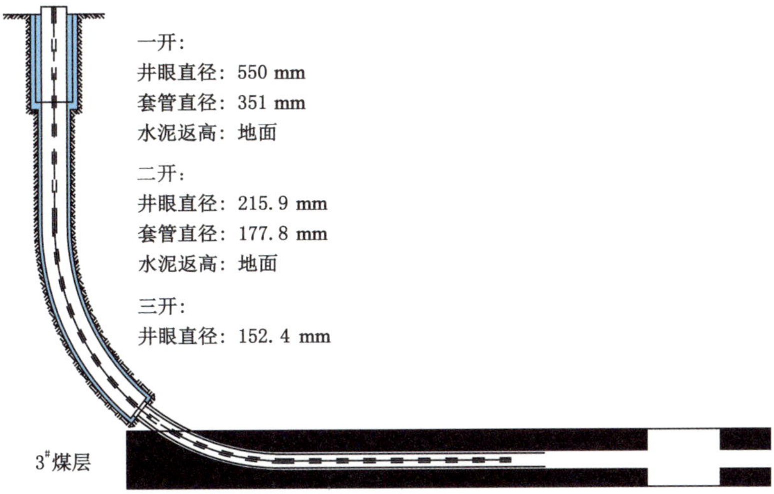


图 4-15 水平井井身结构图

3# 煤层底板以下 50 m，下入多点测斜仪测量井斜和方位后，测井。下入 J55 钢级 $\phi$177.8 mm 生产套管至井底，其中 3# 煤层段为玻璃钢套管，玻璃钢套管上部为封隔器，坐封在煤层顶板上部约 5 m 处，固井水泥浆自封隔器上部环空间隙返至地面。采用造穴工具进行 3# 煤层段全段造穴，洞穴直径 500 mm，捞砂至井底。

③ 压裂：在水平井开发过程中，采用连续油管分段压裂技术实现井下定点压裂。

④ 排采：使用抽油机、整筒泵等设备将煤层中的地下水抽出，降低井底流压至临界解吸压力以下，使煤层气自然解吸出来。

## 二、U 形井现场应用及效果

① 成庄煤矿在井田四、五盘区内施工 U 形井 5 口，现场对 CZD-U2-H 井组抽采效果进行考察，经排水降压，于 2015 年 2 月 21 日开始产气，最高日产气量为 3 732 $m^3$，最高月产气量为 68 591 $m^3$。

② 赵庄煤业横跨 2312 工作面的 2012ZX-SP-02 井于 2014 年 4 月投运，最高产气量为 6 410 $m^3$/d，突破 6 000 $m^3$/d，至 2020 年底总产气量达到 610.4 万 $m^3$（表 4-3）。该井是当时同等条件下垂直井产气量的 8～10 倍，取得了我国在松软低渗构造煤矿区抽采煤层气的技术突破。此后，通过不断改进相关工艺，赵庄、长平、成庄等矿开展了近 30 口左右的分段压裂 U 形井施工试验工作。

赵庄煤业 2320 工作面 2014ZX-U-01 井于 2016 年 9 月投运，最高产气量为 4 950 $m^3$/d，至 2020 年底总产气量为 262.2 万 $m^3$（表 4-3）。

赵庄煤业所采 3# 煤层上部存在 0.5 m 左右的软煤层，2317 工作面内 2017ZX-U-01 井试验在顶板层内布置水平井及实施顶板压裂，水平段布置在煤层顶板上部 0.5～1 m 的砂岩中（图 4-17），压裂液总量近 9 000 $m^3$。该井于 2019 年 1 月 23 日投运，最高产气量为 9 000 $m^3$/d，至 2020 年底总产气量为 331.0 万 $m^3$（表 4-3）。

上述三口井中，相对于 2012ZX-SP-02 井、2014ZX-U-01 井，2017ZX-U-01 井的压裂液

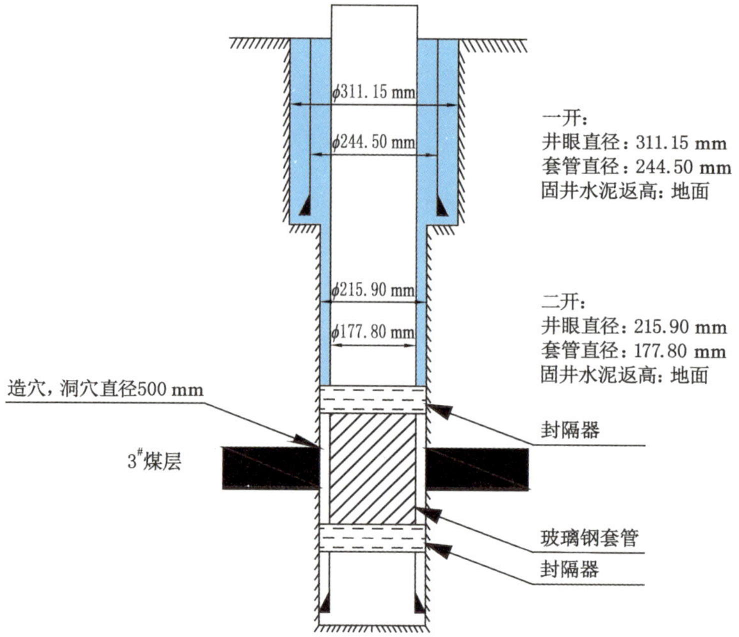


图 4-16　垂直井井身结构图

总量近 9 000 $m^3$，并且水平段布置在煤层顶板上部 0.5～1 m 的砂岩中，水平段成孔、下套管等工艺得到进一步简化，避免了与工作面回采作业的相互影响，抽采效果进一步提升。

**表 4-3　U 形井综合对比**

| 类型 | 水平段长度/m | 压裂工艺 | 日最高抽采量/$m^3$ | 当前日抽采量/$m^3$ | 累计抽采量/万 $m^3$ | 掩护范围含量下降/($m^3$/t) |
|---|---|---|---|---|---|---|
| 2012ZX-SP-02 (2012) | 827 | 煤层内油管拖动式分段压裂 | 6 410 | 530 | 610.4 | 6.49 |
| 2014ZX-U-01 (2014) | 800 | 煤层内水力喷砂射孔分段压裂 | 4 950 | 1 025 | 262.2 | 2.83 |
| 2017ZX-U-01 (2017) | 746.8 | 水平段固井，在顶板内向下定向射孔分段压裂 | 9 000 | 5 500 | 331.0 | 3.69 |

## 第六节　丛式井技术

丛式井技术是集中占用一个井场，综合垂直井和定向钻井工艺技术，集中对煤层气抽采进行管理(图 4-18)。丛式井适宜复杂地表条件下集中施工钻井，比直井开发模式节约钻前费用。例如，四井组丛式井与直井相比，可节约钻井成本的 4.518%。一般来说，井组布井数越多，钻前费用节约越多。同时，丛式井平台更有利于后期的采气管理、管道集输等。

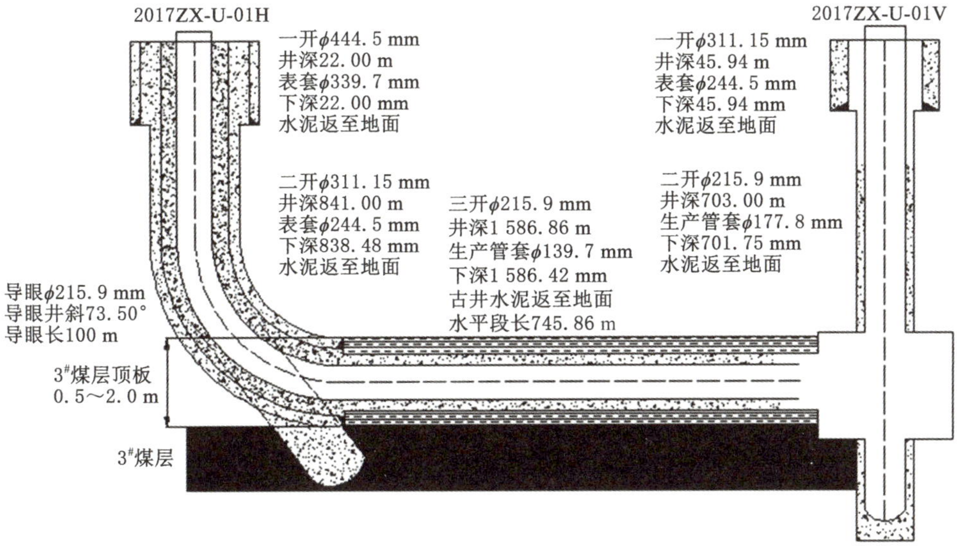


图 4-17　2017ZX-U-01H 水平井井身结构示意图

## 一、丛式井理论及原理

丛式井的布局需考虑钻井技术水平、钻井费用、井场区域地貌、防碰绕障等因素，受地貌条件限制时每个井场布井数不少于 3 口，通常的井数为 4～9 口，井口间距一般为 4～6 m，不得小于 3 m。丛式井组具有较大的经济效益，但是随着布井数的增加，增加了单井进尺，施工难度增加。根据对不同丛式井组的评价，四井组丛式井（图 4-19）最适合煤层气的经济高效开发。根据沁水盆地煤层气埋藏特点，目前主要采用 300 m×300 m 的井网布局。

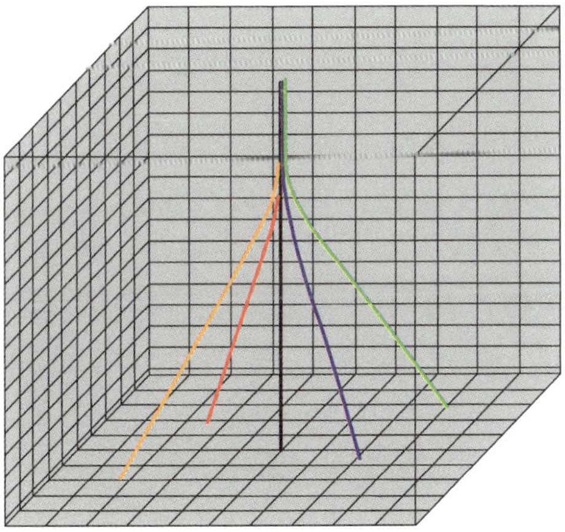

图 4-18　丛式井示意图

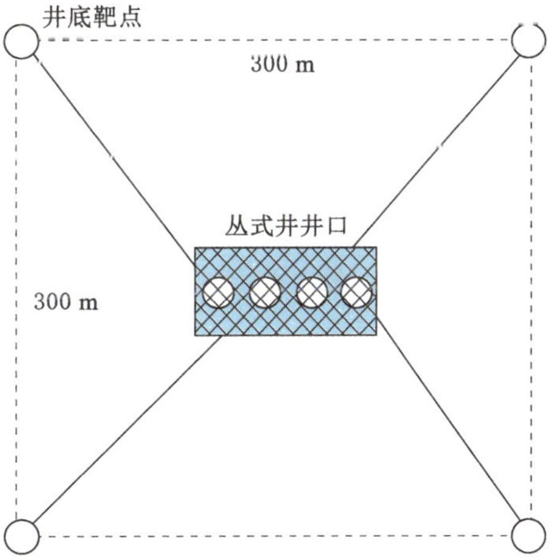


图 4-19　四井组丛式井布局示意图

## 二、丛式井施工装备及工艺

丛式井的钻机选型、井身结构、钻井液体系和固井方案与直井基本相同，仅钻具组合略有差别。采用二开井身结构方案，一开用 $\phi$311.1 mm 钻头，下 $\phi$244. 5 mm 表层套管，套管下入深度为 30～50 m，封固地表疏松层、砾石层，注水泥全封固。二开用 $\phi$215.9 mm 钻头，钻穿 3# 煤层底界以下 40 m 完钻，下入 $\phi$139.7 mm 生产套管。

煤层气丛式井常用的钻具组合有两种，第一种为稳定器造斜组合，第二种为导向马达钻具组合。第一种钻具组合成本低，工具配置简单，适合于轨迹控制要求不高的煤层气井。第二种钻具组合采用了连续钻井导向技术，加强了井眼井斜、方位的控制能力，同时也避免了测单点作业，因此提高了钻井速度和井身质量，但受装备限制，该钻具组合推广应用难度大。

(1) 不同稳定器造斜钻具组合

直井段：$\phi$311. 1 mm 钻头＋$\phi$178 mm 钻铤（2 根）＋$\phi$159 mm 钻铤（2 根）＋$\phi$121 mm 钻杆。

定向造斜井段：$\phi$215.9 mm 钻头＋$\phi$165 mm 导向马达（10°）＋$\phi$158. 8 mm 无磁钻铤＋$\phi$158.8 mm 普通钻铤（6～9 根）＋$\phi$127 mm 钻杆。

增斜段：$\phi$215.9 mm 钻头＋$\phi$214 mm 稳定器＋$\phi$158.8 mm 钻铤＋$\phi$158.8 mm 短钻铤（微增斜组合时长度一般为 4 m）＋$\phi$214 mm 稳定器＋$\phi$127 mm 钻杆。

稳斜段：$\phi$215.9 mm 钻头＋$\phi$214 mm 稳定器＋$\phi$158.8mm 无磁钻铤＋$\phi$158.8 mm 普通钻铤＋$\phi$214 mm 钻铤＋$\phi$127mm 钻杆。

(2) MWD＋导向马达钻具组合

直井段：$\phi$311. 1 mm 钻头＋$\phi$178 mm 钻铤（2 根）＋$\phi$159 mm 钻铤（2 根）＋$\phi$121 mm 钻杆。

增斜及稳斜井段：$\phi$215. 9 mm 钻头＋$\phi$165 m 导向马达（1°）＋$\phi$163 mmMWD 短节＋$\phi$158.8 mm 无磁钻铤＋$\phi$158.8 mm 普通钻铤（6～9 根）＋$\phi$127 mm 钻杆。

## 三、丛式井典型现场应用及效果

2018 年，寺河煤矿在实施国家科技重大专项示范工程期间，实施了 1 组单丛式井（井工厂）。该井组包含 5 口水平井，其中 2017ZX-SHFU-01H 井稳产期间产气量约为 0. 4 万 $m^3$/d，2017ZX-SHFU-01V 井稳产期间产气量约为 2 万 $m^3$/d，2018ZX-SHFU-01 井稳产期间产气量约为 1. 3 万 $m^3$/d，2018ZX-SHFU-02 井稳产期间产气量约为 0. 7 万 $m^3$/d，2018ZX-SHFU-03 井稳产期间产气量约为 0. 9 万 $m^3$/d。

# 第七节　穿采空区、穿煤柱下组煤抽采技术

晋城矿区 3# 煤层埋深浅，煤质好，易于开采。多年来，矿区内多数矿井优先开采 3# 煤层，没有实现 3#、9#、15# 煤层的联合开采。为实现矿区煤炭资源的综合回收及利用，延长矿井服务年限，各矿井逐步开发 9#、15# 煤层资源。寺河煤矿、成庄煤矿在 3# 煤层采空区域准备开采下伏 9# 和 15# 煤层。由于采掘衔接和煤层气地面预抽技术的局限，致使寺河、成庄煤矿范围内部分 9# 和 15# 煤层的煤层气未得到有效抽采。瓦斯含量大，对煤矿的安全生

产构成威胁，因此需要穿越 3# 煤采空区对 9# 和 15# 煤层瓦斯进行提前预抽，为矿井的安全生产提供保障。

## 一、穿采空区抽采下组煤层瓦斯技术

穿采空区抽采下组煤层瓦斯技术是在原有地面抽采煤层气老区，选择合适井位布置穿过已开采的 3# 煤层采空区，抽采下伏 15# 煤层瓦斯的煤层气开发技术。

施工工艺：

① 一开采用 φ444.5 mm 钻头开孔，下 φ377.7 mm 套管固井后，二开采用 φ311.1 mm 钻头空气潜孔锤钻进。

② 二开潜孔锤钻进至 3# 煤层采空区底板 20 m 后，提钻下入 φ311.1 mm 牙轮钻头滑眼，全井无阻碍后下入 φ244.5 mm 套管，封固套管底口，水泥返至 3# 煤层采空区底板，候凝。

③ 三开采用 φ215.9 mm 钻头常规泥浆钻进，如钻进过程中出现严重漏失情况则改用压风机潜孔锤钻进，钻穿 15# 煤层底板 30 m 后完钻，下入 φ139.7 mm 套管，候凝完井。穿采空区抽采井身结构如图 4-20 所示。

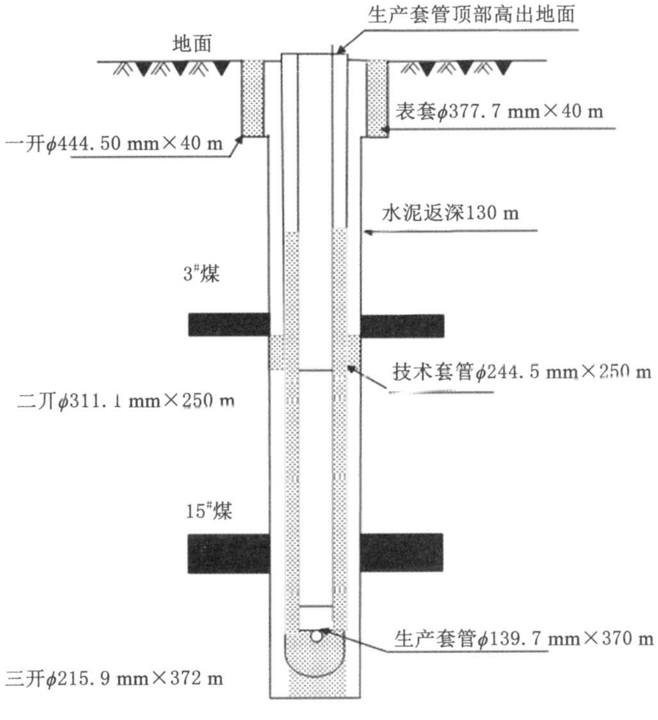


图 4-20　穿采空区抽采井井身结构示意图

## 二、穿煤柱抽采下组煤层瓦斯技术

穿煤柱抽采下组煤层瓦斯需考虑煤柱勘查和井位选取、井斜的控制、井位布置及排除控制。具体施工工艺为：一开钻进，φ311.15 mm 复合片钻头，空气锤钻头钻进 50 m 左右，下

入 $\phi$244.5 mm 表层套管，经 48 h 固井候凝后，下入 $\phi$215.90 mm 空气锤钻头，进行二开钻进，达到设计目的后完钻。穿煤柱抽采井身结构如图 4-21 所示。

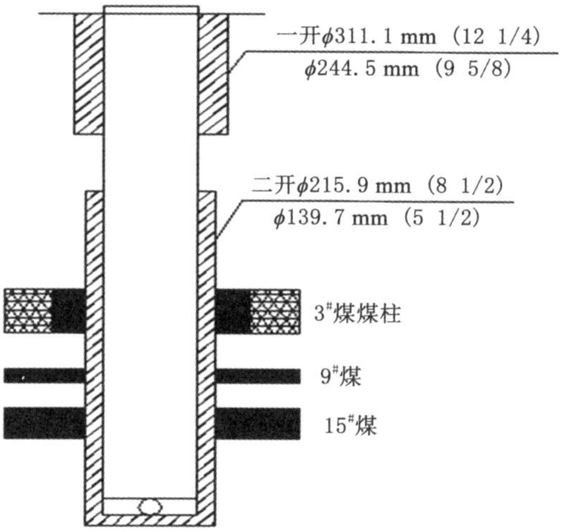


图 4-21　穿煤柱抽采井井身结构示意图

## 三、穿采空区、穿煤柱井现场应用及效果

2019 年，寺河煤矿施工 SHCK-02 过采空区井抽采 15# 煤层瓦斯获得成功，煤层气产量达到 1 800 $m^3/d$，施工 SHMZ-02 穿煤柱井，煤层气产量达到 1 200 $m^3/d$，为晋城矿区下组煤层瓦斯治理提供了实践经验。

# 第五章　开拓准备区井上井下联合抽采技术

## 第一节　概　　述

按照“三区联动、采煤采气一体化”瓦斯治理模式，将在 3～5 a 后进行煤炭回采的煤炭开采准备区，实施井上下联合抽采进行瓦斯治理。煤炭开采准备区前身为开采规划区，之前已经进行了多年的地面煤层气抽采，煤层中瓦斯含量降到 8～16 $m^3/t$，但残存瓦斯的吸附性更强，需要区域卸压才能被有效解吸。矿区各企业根据自身地质特点、瓦斯分布特征结合盘区巷道布置，开发和引进先进装备，成功研发了地面钻井与井下钻孔联合抽采、井下本煤层长钻孔区域递进以及厚煤层水力定向区域卸压增透等关键技术，创立了独具特色的开拓准备区煤层气井上下联合抽采技术体系。

井上下联合抽采技术通过地面煤层气井对煤层实施压裂，增加煤层透气性，井下采用千米钻机施工定向长钻孔，在煤层中形成人工裂缝与长钻孔组成的立体抽采网络，实现煤层的大面积改造卸压和瓦斯抽采。

本煤层长钻孔区域递进超前抽采是根据矿井巷道及工作面布置特点，结合千米钻机钻孔轨迹精准控制优势，对接替工作面回采区域进行超前抽采，保证接替工作面区域有 1～3 a 的抽采时间，以确保抽采达标，实现采煤工作面与接替工作面的循环递进、良性接替。

针对矿区北部松软低透气性煤层打钻难、成孔难、抽采难的特点，实施底抽巷穿层钻孔、水力冲孔、水力掏煤、水力割缝等瓦斯防治措施，形成了厚煤层水力定向区域卸压瓦斯治理技术，使煤层能够大范围有效卸压，达到了保护层开采的效果，降低了瓦斯抽采和突出防治难度。

2008～2019 年，矿区企业井下累计抽采瓦斯 124 亿 $m^3$，利用瓦斯 68 亿 $m^3$，如图 5-1、图5-2 所示。目前，已经建设瓦斯抽采泵站 40 余个，其中地面瓦斯抽采泵近 120 台，抽采能力达 3 000 $m^3/min$，所有高瓦斯、突出矿井全部建有地面抽采泵站，配备大功率的水环式真空泵。配备多套瓦斯抽采系统，分别进行高、低浓度及大流量瓦斯抽采，为瓦斯治理提供了硬件保障。

## 第二节　井上井下联合抽采技术

煤层气地面开发是借助常规油气开采技术，通过地面施工直井或定向井，经储层改造后实施排水、降压、采气以开采煤层气资源。井下瓦斯抽采是从煤矿开采安全需要出发，采用巷道或钻孔方式，对开采煤层、邻近层、采空区进行瓦斯抽采。煤炭开发规划区没有地下井工活动，主要进行煤层气地面开采。随着矿井煤炭开采的推进，煤炭开采规划区逐渐转化为开采准备区，井下将施工水平大巷、盘区大巷、工作面巷道等工程，具备了井下钻孔抽采瓦斯的工程条

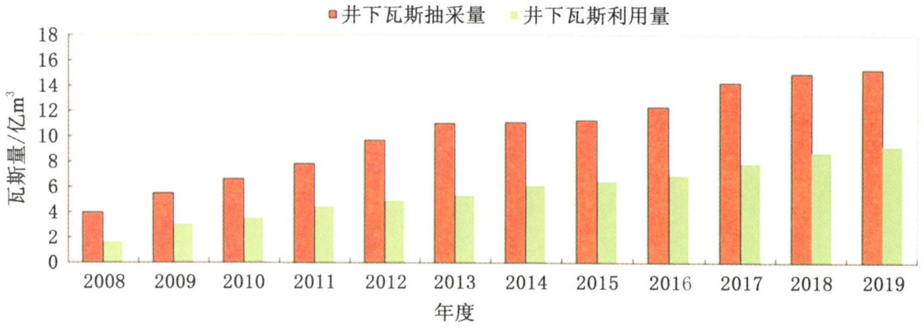


图 5-1　2008～2019 年度井下瓦斯抽采量统计

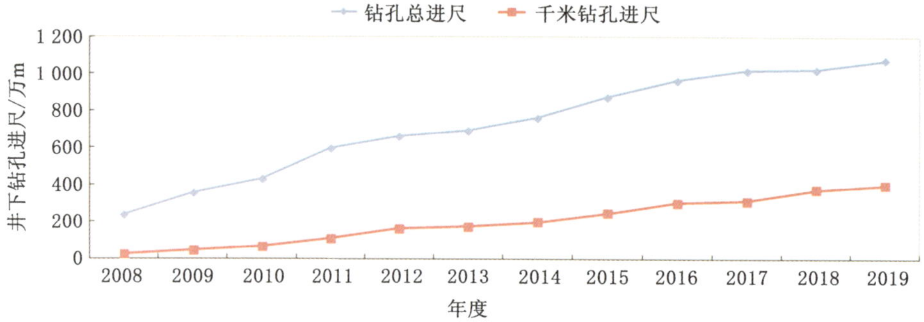


图 5-2　2008～2019 年度井下钻孔工程量统计

件。地面钻井抽采贯穿煤炭开采“三区”的全过程，受时空条件影响小。井下钻孔抽采则技术成熟，施工简单方便，定位准确，钻孔深度调整灵活。

井上下联合高效抽采将地面钻井与井下抽采进行优势互补，最大程度地降低时空条件对瓦斯抽采工程的限制。经过多年的实践，矿区企业先后提出了“井下先布孔地面再压裂，地面先压裂井下后布孔，地面井压裂油管与井下钻孔对接”等井上下联合抽采瓦斯新技术，构建了一套煤矿生产区地面压裂与井下钻孔相结合的高效瓦斯抽采技术体系。

井下先布孔地面再压裂技术：如图 5-3 所示，在压裂井的预计安全压裂范围外提前布置好井下瓦斯抽采钻孔，然后通过地面井对煤层压裂，利用已施工的钻孔截抽压裂介质在裂缝传播过程中驱替的大量瓦斯。

地面先压裂井下后布孔技术：如图 5-4 所示，先在地面对井下目标煤层进行压裂，然后在井下对目标煤层施工钻孔，进行瓦斯抽采。

地面井压裂油管与井下钻孔对接技术：如图 5-5 所示，通过巷道揭露的预抽井及井下巷道布置压裂油管，将油管送入煤层长钻孔中并封孔，利用地面大型压裂设备通过油管对煤层段长钻孔进行压裂。

## 一、井下先布孔地面再压裂技术

井下先布孔地面再压裂技术是先在井下布置钻孔，然后在地面施工压裂井，压裂煤层，增加煤层透气性，提高井下瓦斯抽采效率。赵庄煤业首先开展井上下联合抽采瓦斯试验，为在压

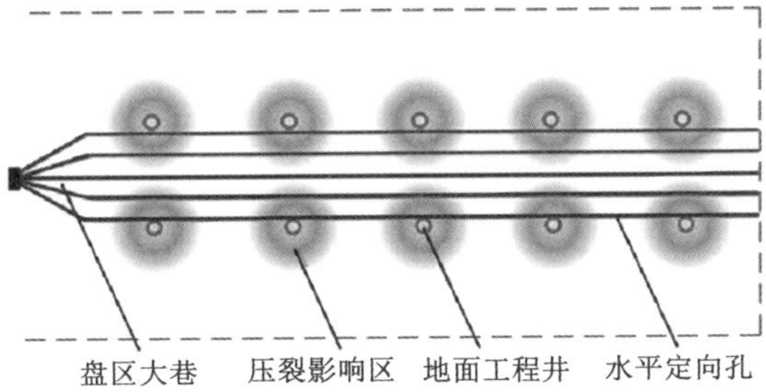


图 5-3　井下先布孔地面再压裂技术

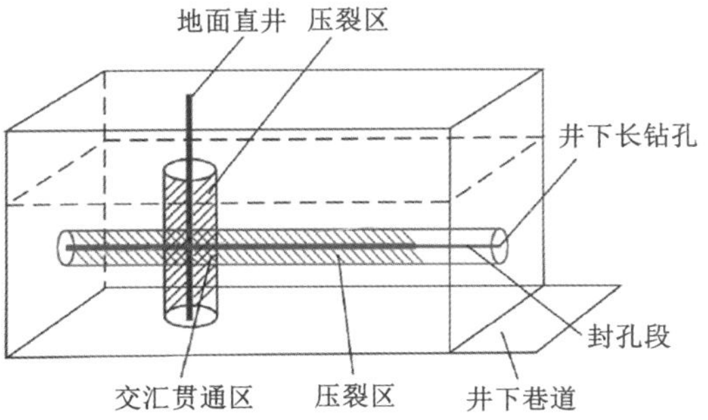


图 5-4　地面先压裂井下后布孔技术

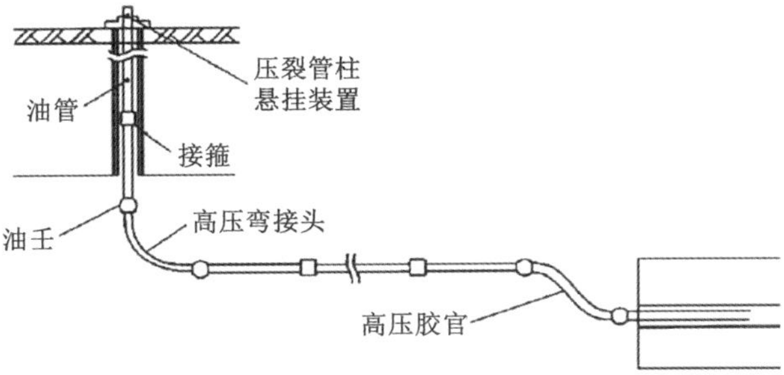


图 5-5　地面井压裂油管与井下钻孔对接技术

裂试验区针对性地布置井位，试验前先利用地面微震监测方法对赵庄煤业试验区外的其他多口压裂井进行了裂缝监测。根据裂缝监测结果，判定裂缝大致呈一条直线，直线方向为主裂隙方向，大致呈北偏东 40°方向，根据矿井地勘数据，北偏东方向为此处的最大主应力方向，长轴方向的影响范围约 94 m(图 5-6)。

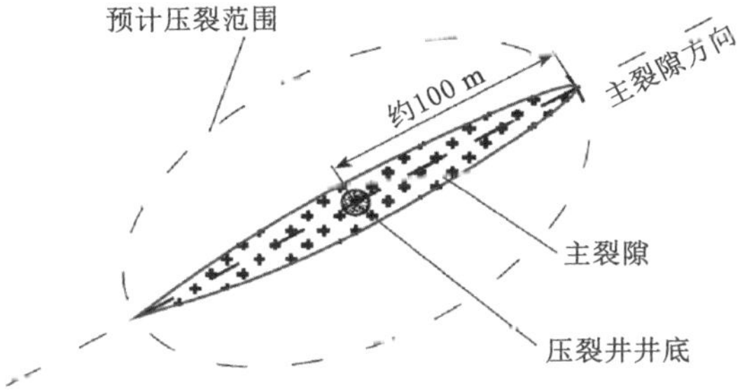


图 5-6　地面压裂影响范围预计示意图

在赵庄煤业 1307 工作面和 1308 工作面进行了不同安全距离(钻孔终孔点与压裂井距离)的钻孔抽采效果对比。压裂前在已掘巷道(13064 巷)内布置好相同的抽采试验钻孔，然后在距离抽采钻孔 120 m、180 m、200 m 处分别施工 1#、2#、3# 三口地面压裂井(图 5-7)，采用同样的压裂方案进行压裂。压裂期间详细记录试验钻孔的瓦斯抽采浓度、抽采流量变化情况，并对未掘巷道在抽采达标后局部预测的钻屑瓦斯解吸指标 $K_1$ 值的大小分布情况进行统计，以考察地面井下联合抽采的防突效果。

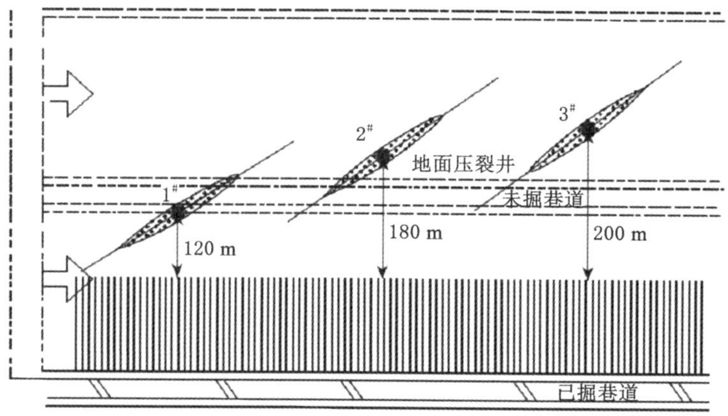


图 5-7　钻孔终孔与压裂井井底相对位置图

通过现场试验数据分析，不同安全距离条件下，先布孔后压裂强化抽采技术对目标煤层增透、减小煤层瓦斯异常涌出和降低煤与瓦斯突出危险性等方面效果显著，具体表现在以下两个方面。

(1) 透气性增加，钻孔抽采效果提高，预抽时间缩短。

① 安全距离在 120～180 m 范围内的钻孔平均初始流量综合平均值为 0.045 3 $m^3/(min\cdot hm)$；安全距离在 180 m 以上的钻孔平均流量为 0.041 0 $m^3/(min\cdot hm)$，前者流量提高了 10.5%。

② 安全距离在 120～180 m 范围内的考察钻孔瓦斯流量衰减系数为 0.032 $d^{-1}$，安全距离在 180 m 以上的考察钻孔瓦斯流量衰减系数为 0.083 $d^{-1}$，后者是前者的 2.6 倍。

③ 安全距离在 120 m～180 m 范围内的考察钻孔在压裂后流量最大达 0.45 $m^3/(min\cdot hm)$，平均流量达 0.023 $m^3/(min\cdot hm)$，是压裂前流量 0.003 3 $m^3/(min\cdot hm)$的 7 倍。同时，钻孔抽采瓦斯浓度在超过 2 周时间处于 50%以上，瓦斯浓度衰减到 10%以下大约需要 1 个月，而压裂前该区域通常在 1 周后浓度即衰减到 10%以下。安全距离在 180 m 以上的考察钻孔流量和浓度变化规律基本不受地面井压裂影响。

④ 在地面压裂井下长钻孔联合抽采的松软低渗煤体中，钻孔施工效率及长钻孔成孔深度明显提升。联合抽采区单台钻机日平均进尺达 180 m 以上，是压裂前的 1.5 倍，单孔平均成孔深度在 120 m 左右，最长能达到 150 m 以上，超过了压裂前的平均钻孔深度(70 m)。

分析表明，同样的布孔方式和封孔工艺条件下，受地面压裂井影响，120～180 m 范围内的瓦斯抽采钻孔在一定抽采时间内瓦斯来源更加持续稳定，瓦斯流量增大，衰减变慢，钻孔抽采影响范围更大，抽采效率更高。在同样的吨煤钻孔进尺下，同时抽采 1 个月，抽采量提高了 8.5 倍。在地面压裂井下抽采试验区 45 m×120 m 的抽采模块，瓦斯抽采达标所需时间由近 3 个月降低到 40 d，抽采达标效率提高了 55.6%。

(2) 在合理安全距离条件下，地面压裂井下抽采影响区域内，煤与瓦斯突出危险性预测指标值明显减小，煤与瓦斯突出危险性降低。

钻屑瓦斯解吸指标 $K_1$ 值反映煤与瓦斯突出危险性的大小。将 13074、13071 巷进入压裂影响区域内的防突指标 $K_1$ 值与之前的 $K_1$ 统计值进行比较，发现 $K_1$ 值大于 0.4

mL/(g·min$^{1/2}$)的比例明显减少。压裂前，两条巷道在掘进期间的防突指标 $K_1$ 大于 0.4 mL/(g·min$^{1/2}$)的比例分别为 50%、45.5%，而压裂后 $K_1$ 大于 0.4 mL/(g·min$^{1/2}$)的比例分别为4.3%、11.3%。由此可见，在地面井压裂和井下钻孔抽采的双重作用下，压裂影响范围内导致煤与瓦斯突出发生的影响因素作用减弱，煤与瓦斯突出危险性降低，确保了井下的采掘作业安全。

## 二、地面先压裂井下后布孔技术

地面先压裂井下后布孔技术是先由地面直井压裂煤层，后施工井下定向长钻孔进入压裂区抽采瓦斯，形成地面直井＋压裂区＋井下定向水平钻孔三者构成的立体化抽采工艺。这项技术的优势在于：地面井压裂在煤层中水平段增加了煤层气有效供给范围，提高了煤层透气性；水平段内聚集的煤层气经压裂裂缝由定向长钻孔抽出，瓦斯浓度高，可利用性好；井下长钻孔施工成本低、难度小，轨迹设计与控制灵活。

成庄煤矿为晋城矿区的主力矿井，井田四、五盘区内共施工 299 口地面直井进行煤层气抽采，截至 2019 年，累计产气 7.83 亿 m$^3$，区域煤层瓦斯含量降低至 7.32～15.62 m$^3$/t。为提高井下定向长钻孔抽采效果，在井田四、五盘区施工 7 口地面压裂井，分别为 CZYC-01、CZYC-02、ZX-CZYC-07、ZX-CZYC-08、ZX-CZYC-09、ZX-CZYC-10、ZX-CZYC-11，位于 5315 工作面、4315 工作面、4317 工作面、4319 工作面、4326 工作面、4325 工作面。通过地面井压裂煤层，增加煤层的透气性，然后再由井下向压裂区域施工长钻孔进行瓦斯抽采。

(1) 施工工艺

一开：采用 $\phi$311.1 mm 钻头钻进，钻穿黄土及地表松散岩石层，至比较稳定的基岩下 10 m 终孔。下入 J55$\phi$244.5 mm 表层套管，下至距一开孔底 0.5 m，采用常规密度水泥固井，水泥返高至地表(图 5-8)。

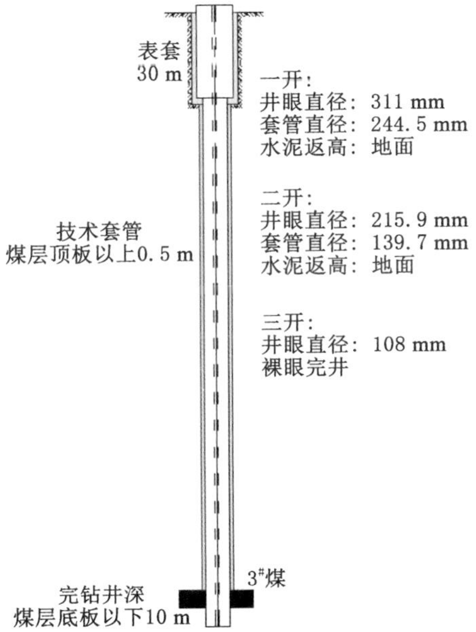


图 5-8　压抽井井身结构图

二开：采用 $\phi$215.9 mm 钻头钻至 3# 煤层顶板，以不揭露煤层为原则。测井、填砂固井后，下入 $\phi$139.7 mm/J55(壁厚 7.72 mm)生产套管至 3# 煤层顶板，套管底部下入可钻性浮鞋、浮箍，常规密度固井，候凝 72 h 后，测固井质量，试压。

三开：采用 $\phi$118 mm 钻头铣去浮鞋，并将井底沉砂冲洗干净。

压裂：采用常规水力加砂压裂工艺技术进行压裂处理。

排采：地面井口封闭，利用井下长钻孔抽采。

(2) 压裂影响范围及抽采效果

压裂过程中，采用电位法和微震法对压裂效果进行监测。ZX-CZYC-10 压裂井在 3# 煤层压裂裂缝分布如图 5-9 所示，可见压裂后在煤层中形成近水平方向的裂缝，呈不规则椭圆形状，椭圆裂缝长轴全长 100～200 m，短轴全长 70～180 m。

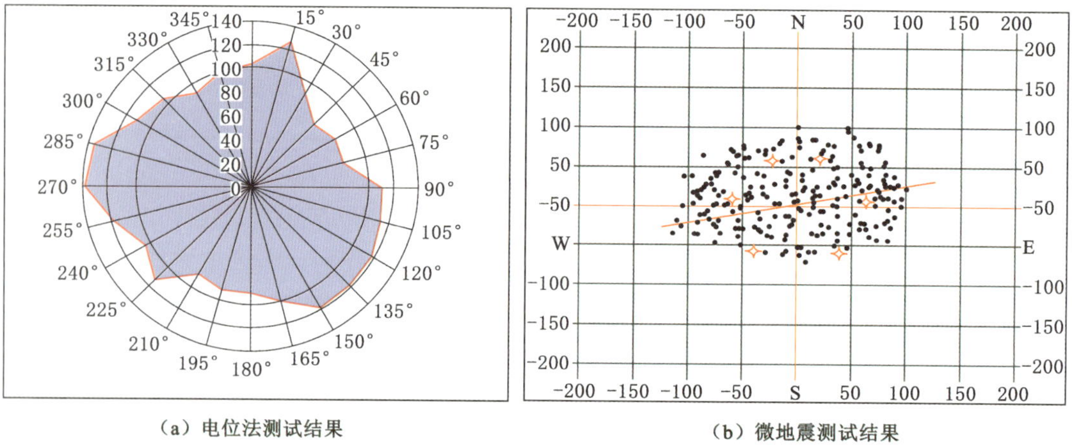


图 5-9　2014ZX-CZYC-10 井压裂裂缝方位测试结果图

对 ZX-CZYC-10 井压裂区定向长钻孔 B5# 孔、B6# 孔瓦斯抽采浓度、负压、混量、纯量等数据进行了统计，各钻孔抽采参数随抽采时间变化情况如图 5-10 和图 5-11 所示。

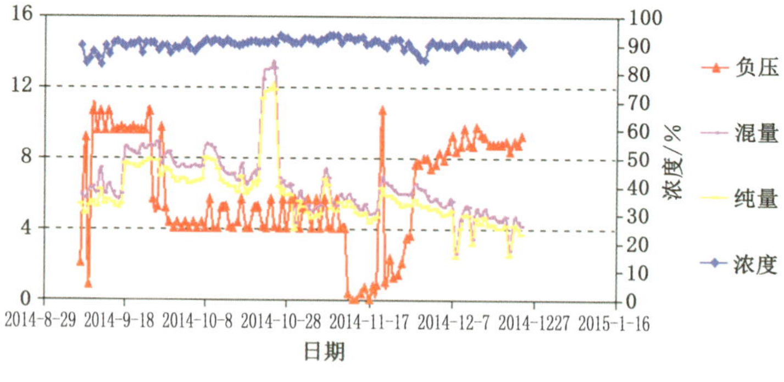


图 5-10　B5# 孔井下抽采参数变化折线图

B5# 钻孔平均瓦斯抽采浓度为 88.8%左右，单孔流量为 7.34 m³/min，持续抽采 3 个多月后，瓦斯抽采流量一直维持较高水平。B6# 钻孔平均瓦斯抽采浓度为 89%左右，单孔流量为 6.36 m³/min，持续抽采 5 个多月后衰减很小。由 B5# 钻孔、B6# 钻孔抽采数据可知，钻孔所在

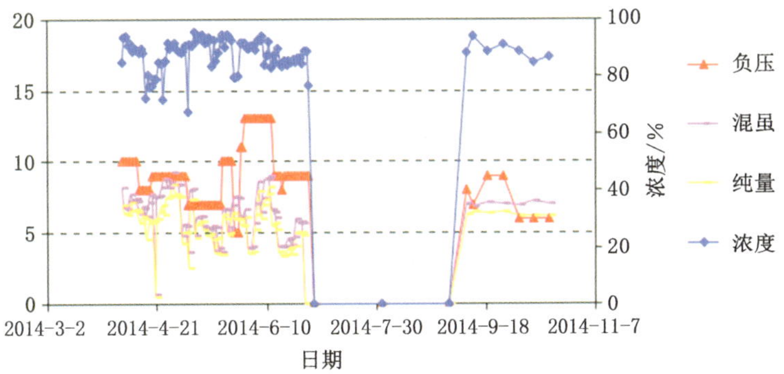


图 5-11　B6# 孔井下抽采参数分析

区域受地面压裂井影响，煤层透气性显著增加，瓦斯大量解吸释放，钻孔瓦斯来源持续稳定，提高了钻孔利用率，取得了很好的抽采效果。

对 ZX-CZYC-07～ZX-CZYC-11 号井压裂前、后煤层透气性系数进行测定，测定结果如表 5-1 所示。压裂前煤层透气性系数为 0.08～3.48 $m^2/(MPa^2 \cdot d)$，压裂后煤层透气性系数为 0.46～9.88 $m^2/(MPa^2 \cdot d)$，采用压裂措施后，煤层透气性系数增大 2.83～16.19 倍。

**表 5-1　煤层透气性系数测定结果表**

| 煤层 | 井号 | 煤层透气性系数/[$m^2/(MPa^2 \cdot d)$] | | |
|---|---|---|---|---|
| | | 压裂前 | 压裂后 | 压裂后增大倍数 |
| 3# 煤层 | 2014ZX-CZYC-07 | 0.080 53 | 0.456 3 | 5.67 |
| | 2014ZX-CZYC-08 | 3.484 9 | 9.877 1 | 2.83 |
| | 2014ZX-CZYC-09 | 0.115 0 | 1.775 5 | 15.44 |
| | 2014ZX-CZYC-10 | 1.771 6 | 7.752 2 | 4.38 |
| | 2014ZX-CZYC-11 | 0.150 65 | 2.439 3 | 16.19 |

## 三、地面井压裂油管与井下钻孔对接技术

地面井压裂油管与井下钻孔对接技术的核心是借助井下巷道已揭露的地面煤层气开发直井井筒，实现地面水力压裂设备与井下水平定向钻孔之间的“连通”，进而利用地面压裂设备对井下水平定向钻孔实施水力加砂压裂改造，达到增大孔壁周围煤岩体的透气性，提高瓦斯抽采效率，扩展单孔瓦斯有效抽采范围，减少钻孔施工工作量和缩短煤矿瓦斯预抽时间等目的。

寺河煤矿西三盘区的煤层瓦斯含量为 22.8 $m^3/t$，是西区瓦斯含量最高的区域。根据采掘部署，寺河煤矿西区三盘区底部掘进一条集中回风(岩)巷，集中回风巷顶板上部正对 YH-056 井(已经废弃，井场平整)，适合井上压裂井下长钻孔的工程布置条件。为规避其他地面预抽井及井下钻孔的影响，将压裂煤层段布置在“原始煤层”区域。共实施了两次压裂试验，设计的第一次压裂煤层段长度为 100 m，清水压裂；设计的第二次压裂煤层段长度为 150 m，加支撑剂压裂。第一次和第二次压裂的位置部署如图 5-12 所示。两次压裂的钻场相距 250 m 以上，避免相互影响。

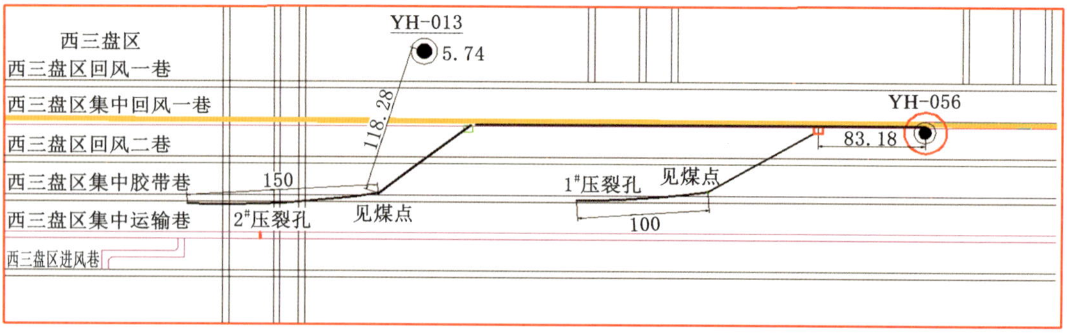


图 5-12　地面压裂井位及压裂孔布置

（一）地面井基本情况

地面井 YH-056 累计产气量 515 万 $m^3$，平均产气量 3 465 $m^3/d$，最高产气量达到 10 000 $m^3/d$，封井，掘进巷道已揭井。该预抽井的基本数据见表 5-2。

**表 5-2　预抽井基本数据表**

| 井别 | 直井（地面坐标：3940828.969，498525.432） | | | | | | |
|---|---|---|---|---|---|---|---|
| 完钻井深/m | 399.80 | | | 完钻方式 | | 套管完井 | |
| 遇阻深度/m | / | | | 凡尔深度/m | | / | |
| 固井质量 | 合格 | | | 最大井斜 | | 1.5°/398.00 m | |
| 名称 | 规格/mm | 钢级 | 壁厚/mm | 内径/mm | 下入井段/m | 抗内压/MPa | 水泥返高/m |
| | | | | | 起 | 止 | | |
| 生产套管 | 139.7 | J55 | 7.72 | 124.26 | / | / | 35.0 | 0 |

（二）压裂钻孔位置的选择

对于“井上压裂井下强化抽采技术”，井下压裂钻孔位置的布置尤为重要，直接影响压裂增透效果。压裂钻孔位置的选择需注意以下几点：

① 应避开断层、陷落柱等构造。

② 应尽量选择未进行过抽采或开采的区域，且保证避开压裂半径区域。

③ 应布置在煤层厚度稳定的区域。

④ 应避开含水煤（岩）层。

⑤ 为方便钻孔及安全封孔，钻孔所经岩层应选择中硬岩层。

⑥ 压裂钻孔要能较好地抽采煤层的瓦斯。

（三）压裂管路连接及井下长钻孔施工

待井下巷道揭露地面井 YH-056 后，将压裂油管沿地面井下入巷道，与巷道钻孔高压油管相连，利用地面压裂系统对井下定向钻孔实施压裂作业（图 5-13），以提高煤层透气性，缩短井下抽采时间。

（1）地面现场准备

将地面井压裂油管运至 YH-056 井场，准备下管作业。使用 $\phi$118 mm 钻头进行干划眼（不

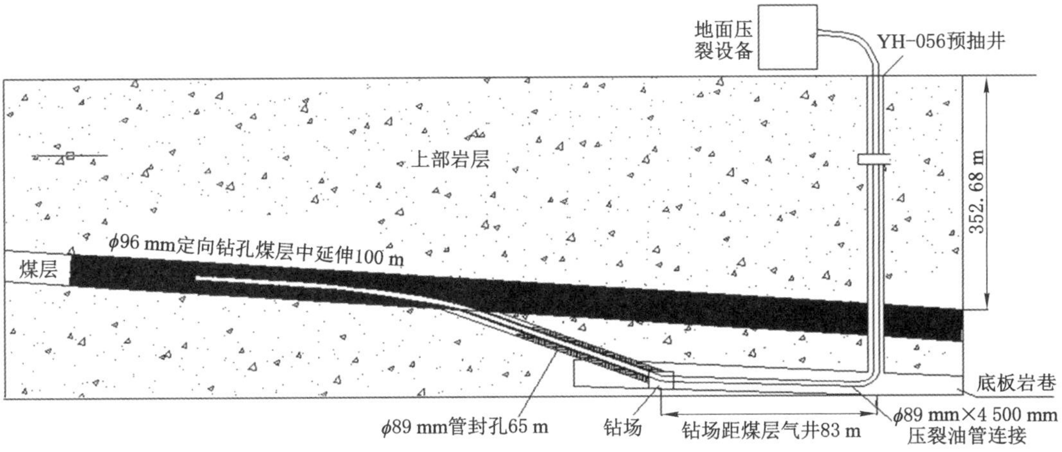


图 5-13　地面井定向扩容压裂井下强化抽采示意图

循环钻井液)施工,最后用清水将孔内水泥钻屑返出地面后完成划眼作业。地面井冲孔作业时,井下西三集中回风巷一定范围内布置了警戒线等安全措施,确保地面井与井下岩巷安全贯通。在通过冲孔作业后,将压裂油管下放至井下,与井下巷道油管连接。压裂油管参数见表 5-3。

**表 5-3　压裂油管技术参数**

| 本体外径/mm | 壁厚/mm | 长度/m | 通径/mm | 线重/(kg/m) | 连接方式 | 挤毁压力/MPa | 抗内挤压力/MPa | 屈服强度/kN |
|---|---|---|---|---|---|---|---|---|
| 89 | 6.45 | 9 | 72.8 | 13.7 | 接箍连接 | 72.7 | 70.1 | 921 |

(2) 井下长钻孔施工

压裂钻孔施工工艺如下:

① 移机、稳钻:根据试验钻孔的开孔方位角、倾角,将钻机稳固好。

② 开孔、扩孔:用 $\phi$165 mm 组合钻头开孔,开孔至 12 m。然后退杆,安装 $\phi$200 mm 钻头,扩孔至 4 m。

③ 注浆、接孔口装置:孔内放入 $\phi$193 mm 封孔管,开始注浆。注浆后进行孔口装置安装。

④ 打钻、冲孔:水泥浆凝固后方可开钻。使用 $\phi$99 mm 钻头、马达、探管、无磁钻杆后复位,正常钻进到设计深度。

⑤ 扩孔、冲孔:用 $\phi$165 mm 钻头匀速钻进,进行扩孔。扩到位后,冲孔直至孔内无煤渣反出方可退杆。

⑥ 退杆、冲孔:退杆过程中要求直接向外拉钻杆,每退 30 m 必须冲孔 20 min。无卡钻情况不得旋转退杆,以保证孔内不发生塌孔现象。如有卡钻现象,可以前后拉动或慢旋转钻杆进行冲孔,直至孔内无煤渣反出方可继续退杆。

⑦ 封孔:使用钻机将 $\phi$89 mm 钢管(与压裂油管配套)下入压裂钻孔中。下管过程中,每 4 m 安装一个 $\phi$153 mm 扶正器,并且连同 6 分注浆管一起下。注浆管共下 2 根,30 m 一根,60 m

一根(确保压裂孔的封孔长度达到 60 m 以上)。

⑧ 接封孔装置。

表层封孔水泥凝固后,在套管上安装普通孔口四通、五通。采用定向钻进工艺沿设计轨迹施工煤层段钻孔,钻孔在煤层中延伸 100 m。定向钻孔施工时,通过孔口四通和孔口五通连接井下负压管路,抽放钻孔过程中涌出的瓦斯。孔口装置如图 5-14 所示。

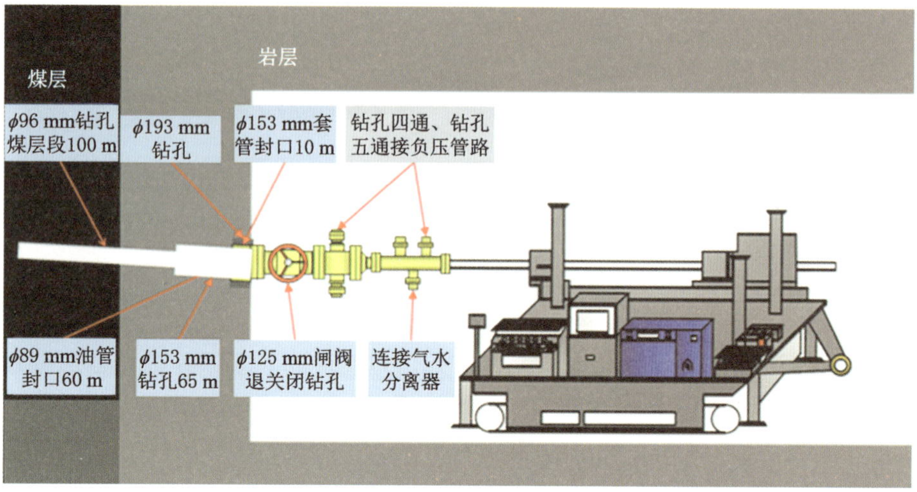


图 5-14　定向钻孔时孔口装置示意图

(四) 效果分析

在寺河煤矿西三盘区完成 2 次地面压裂,第一次压裂煤层段为 102 m,压裂过程中未加支撑剂,压裂液用量为 623.25 $m^3$,压裂孔口压力为 13.814 MPa;第二次压裂煤层段为 150 m,压裂过程增加不同粒径的支撑剂,压裂液用量为 998.67 $m^3$,支撑剂用量为 35.89 $m^3$,压裂孔口压力为 13.42 MPa。

每次压裂开始前,全部提前布置完微震监测仪器,保证将整个压裂段的数据采集完整。压裂结束后,为监测压裂结束后的微震信号,继续保持仪器采集 1 h。微震监测结果如图 5-15 所示,第一次压裂以压裂点为中心,东西延伸约 110 m,南北延伸约 80 m,高差约 10 m,主要分布在煤层中,微震定位点基本呈现均匀分布,微震破裂没有明显的裂缝主方向;第二次压裂的影响范围东西延伸约 117 m,南北延伸约 258 m,高差约 15 m,主要在煤层中,裂缝主方向约北西向 78°,压裂半径约 129 m。

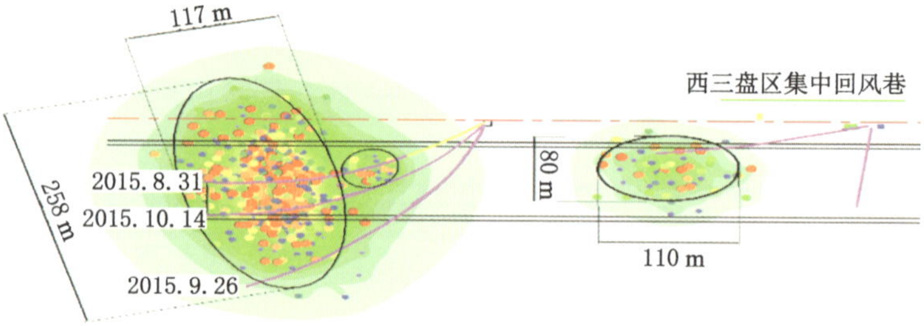


图 5-15　微震监测两次压裂影响范围

① 第一次压裂完成后，压裂钻孔开始抽采瓦斯，累计抽采 385 d，最高抽采量为 8.74 $m^3$/min，平均抽采量为 3.94 $m^3$/min，折算钻孔百米抽采瓦斯量为 3.86 $m^3$/min，最高抽采浓度为 93%，平均抽采浓度为 59.4%(图 5-16)。抽采瓦斯纯量的前 8 个月，平均抽采量为 5.38 $m^3$/min，平均抽采浓度为 72.07%；抽采后 3 个多月，抽采量与抽采瓦斯浓度明显降低，经分析，抽采量降低的原因主要是该区在抽采量显著降低时期施工了较多的普通抽采孔和千米抽采孔；之后由于顶煤巷道已经贯穿该压裂孔，抽采瓦斯量及浓度均降为 0。

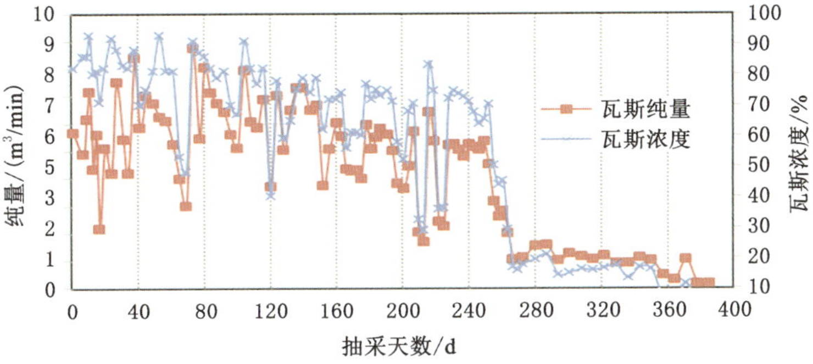


图 5-16　压裂瓦斯抽采量及瓦斯浓度

图 5-17、图 5-18 分别为西三盘区集中回风巷(与压裂位置同一巷道)的 3# 千米孔和 4# 千米孔抽采数据。千米孔的百米抽采瓦斯量平均为 0.83 $m^3$/min，而压裂孔(煤层段长 102 m)的百米抽采瓦斯量达 3.86 $m^3$/min，明显高于普通的千米孔，是千米孔百米抽采瓦斯量的 4.65 倍，可认为压裂达到了较好增透效果。

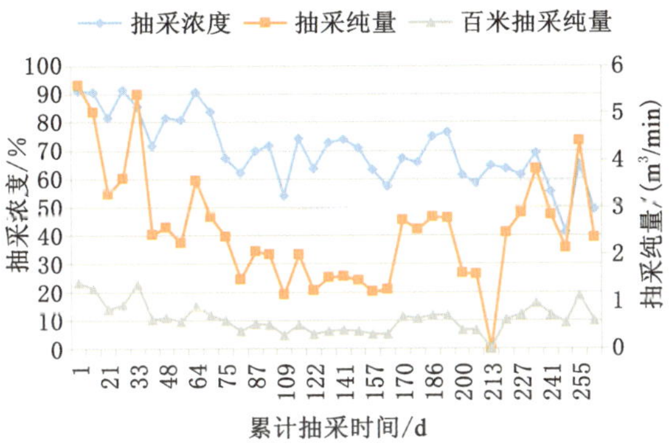


图 5-17　3# 千米孔抽采数据分析

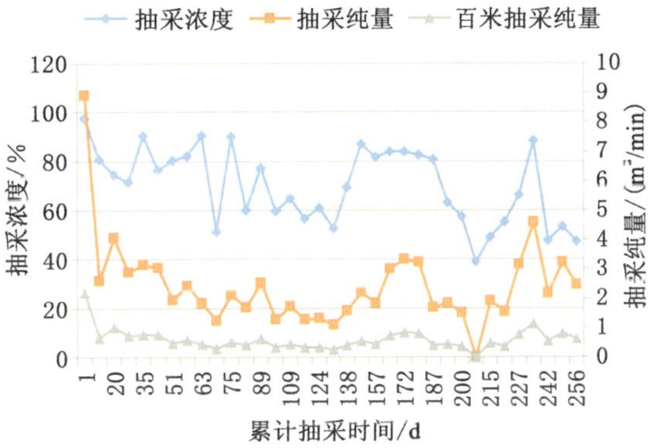


图 5-18　4# 千米孔抽采数据分析

② 第二次压裂后，取压裂孔左侧 110 m 处 2# 顺层钻孔测量瓦斯浓度及纯量，最高抽采瓦斯纯量达 25.2 $m^3$/min，平均抽采瓦斯纯量为 10.67 $m^3$/min，折算钻孔百米抽采瓦斯量为 8.21 $m^3$/min，最高抽采瓦斯浓度为 99.4%，平均抽采瓦斯浓度为 90.35%(图 5-19)。抽采瓦斯 155 d，累计抽采瓦斯纯量为 238.35 万 $m^3$(图 5-20)。

总体来说，压裂后增透效果非常显著，抽采影响范围较未压裂钻场增长约 40.1%，减少了钻孔花费，缩短了煤层瓦斯抽采达标时间。

为进一步考察第二次压裂增透抽采效果，在该巷道内选择 1 个千米钻场的抽采量进行对

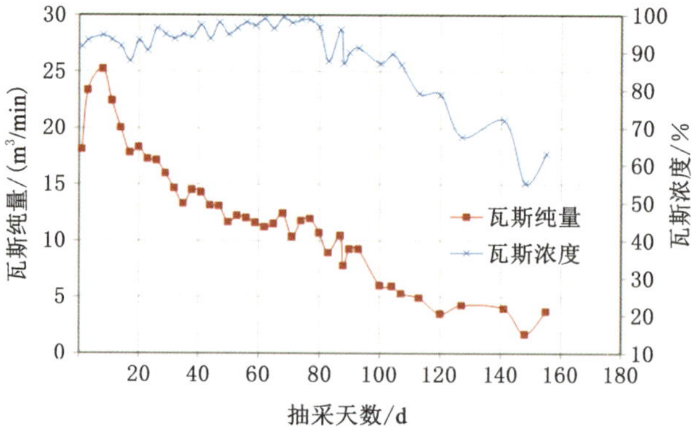


图 5-19　2# 孔抽采瓦斯量、浓度与抽采时间的关系

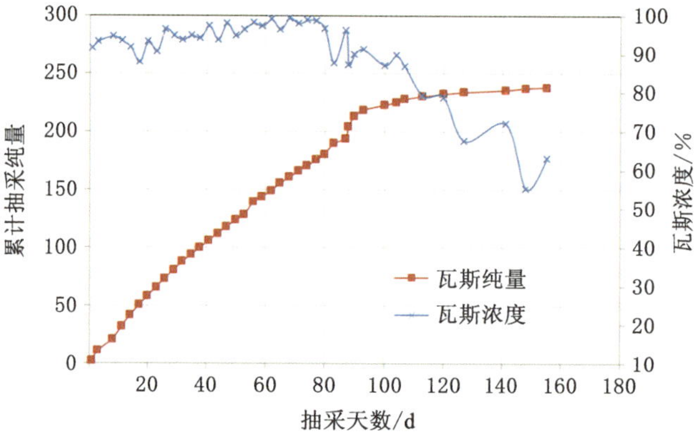


图 5-20　2# 孔累计抽采瓦斯量、浓度与抽采时间的关系

比分析。该钻孔共设计了 5 组千米孔，各组千米孔的数据如表 5-4 所示。

**表 5-4　对比钻场各组钻孔情况**

| 孔号 | 分支数/条 | 煤层段孔累计长度/m |
|---|---|---|
| 1# | 1 | 30 |
| 2# | 5 | 1 442 |
| 3# | 5 | 1 550 |
| 4# | 4 | 1 439 |
| 5# | 11 | 3 767 |
| 总计 | 35 | 8 228 |

该钻场抽采量情况如图 5-21 所示，钻场最高瓦斯抽采量为 30.68 $m^3$/min，最高瓦斯浓度为 88.1%。该钻场累计抽采量情况如图 5-22 所示，钻场累计瓦斯抽采量为 410 万 $m^3$。

第二次压裂影响范围如图 5-23 所示，经计算，该钻场钻孔覆盖面积为 41 370 $m^2$，第二次压裂钻孔影响范围为 57 980 $m^2$，压裂后抽采影响范围较未压裂钻场大约 40.1%。第二次压裂

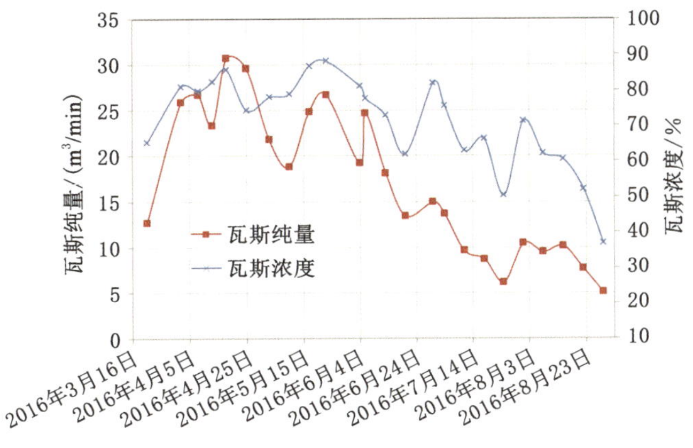


图 5-21　钻场瓦斯抽采情况

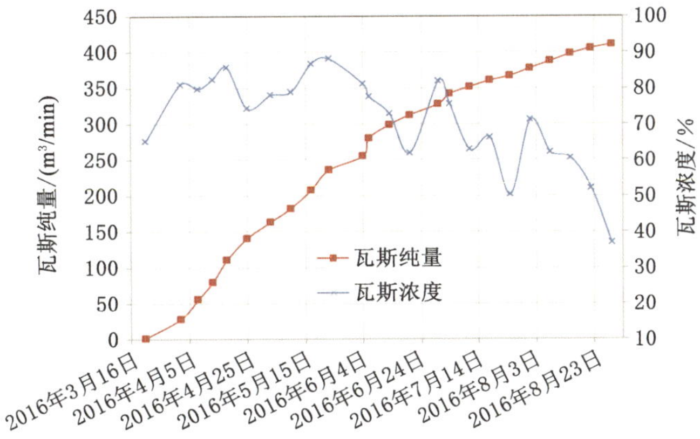


图 5-22　钻场累计瓦斯抽采情况

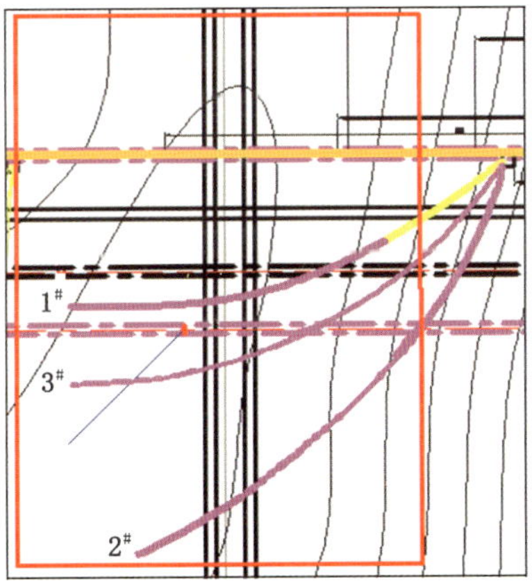


图 5-23　第二次压裂孔影响范围

钻场的 3 个顺层孔煤层段总长为 390 m，累计抽采瓦斯量为 417.95 万 $m^3$，与未压裂钻场累计抽采瓦斯量基本相当。压裂钻场钻孔量共计 828 m(煤层段 390 m，岩层段 438 m)，与未压裂钻场钻孔量 8 228 m 相比，减少钻孔量 7 400 m，同时减少了钻孔花费和时间。因此，压裂煤体与未压裂煤体相比，缩短了抽采达标时间，且岩巷与煤巷掘进过程中未发生过瓦斯超限现象。

## 第三节　长钻孔区域递进式瓦斯抽采技术

区域递进式抽采模式(图 5-24)就是在工作面顺槽掘进过程中，利用定向钻机等机具，向邻近区域施工长钻孔，提前开始预抽瓦斯，抽采区域不仅包括邻近工作面，也包括与邻近工作面相邻的巷道条带，保证下一工作面有 1～3 a 的抽放时间，下一工作面巷道掘进时，瓦斯含量已经达标，采煤工作面瓦斯含量也降低到了较低水平，如此递进式向前推进，保证抽、掘、采正常接替。根据目前定向钻机钻进水平并考虑钻进效率，一个预抽区域可涵盖 1～2 个工作面，可以保证待回采区域的抽采时间。寺河煤矿自 2005 年引进第一台 VLD-1000 型千米钻机，目前已经拥有 ZDY 系列、ZYWL 系列、VLD 系列定向钻机 80 余台，其他钻机 180 余台。2019 年，寺河煤矿抽采钻孔进尺 1 073 万 m，千米定向钻孔近 400 万 m，为晋城矿区井下瓦斯抽采作出了突出贡献，同时也针对矿区不同的地质条件创造了相应的施工工艺和技术装备。

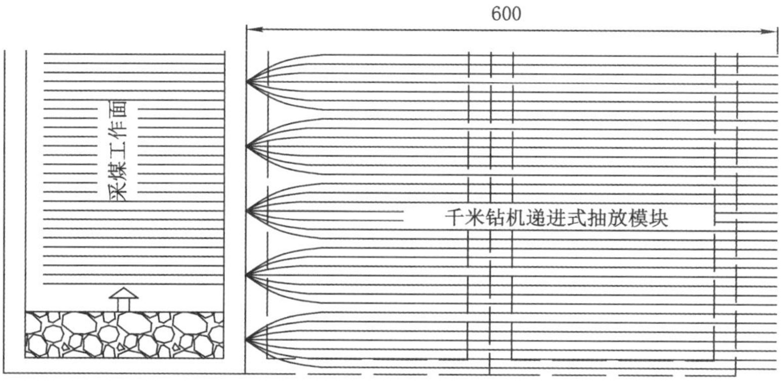


图 5-24　千米钻机递进式模块抽采示意图

我国煤矿地质条件复杂多变，由于地质构造运动，造成各矿井煤的强度、物性差别较大。寺河煤矿、成庄煤矿煤质较硬，坚固性系数 $1\leqslant f\leqslant 2$，3# 煤层总体属中硬及软硬复合煤层，采用大扭矩钻机、清水钻进和滑动复合定向高效钻进，可提高成孔率。成庄煤矿局部区域、长平煤业五盘区是代表性的软硬复合破碎煤层，坚固性系数 $0.5<f<1$，煤层中常有构造煤，具有破碎松散的特点。施工抽采钻孔经常发生塌孔压钻现象，顺层钻孔成孔深度小，成孔率低。长平煤业、赵庄煤业还赋存有大量松软煤层，坚固性系数 $0.3\leqslant f\leqslant 0.5$，煤质松软，渗透性差，瓦斯含量高，压力大。在这样的煤层中钻进，极易发生喷孔、塌孔、卡钻等孔内事故，导致钻孔成孔深度小，成孔率低，瓦斯抽采效果差。面对不同矿井施工长钻孔遇到的技术难题，各矿井针对性地开展技术攻关，开发了一系列先进的钻机、钻杆及控制系统，研究并提升了相应的施工工艺；成功实施了软硬复合煤层长钻孔成孔技术及装备、软硬复合破碎煤层长钻孔成孔技术及装备和松软煤层长钻孔及水力掏煤技术，形成了适应不同煤层条件的长钻孔区域递进式瓦斯抽采技术体系。

## 一、软硬复合煤层长钻孔成孔技术

矿区南部地质构造简单，所采 3# 煤层整体强度高，煤质以原生结构为主，中间分布有块状结构，属软硬复合煤层。坚固性系数 $1 \leqslant f \leqslant 2$，煤层稳定，优先采用定向钻进工艺。根据排渣情况选配有线随钻测量系统，滑动钻进结合复合定向钻进，提高钻孔效率，优化组合，确定了最适合软硬复合煤层钻孔成孔的技术装备及工艺（表 5-5）。

**表 5-5　软硬复合煤层钻孔成孔技术装备及工艺**

| 钻机 | 通缆钻杆 | 定向钻头 | 成孔工艺 |
| --- | --- | --- | --- |
| 12000LD | $\phi$89 mm | $\phi$120 mm | 滑动钻进结合复合定向钻进工艺，实现顺层长钻孔，梳状定向钻孔，抽采煤层深部瓦斯 |
| 15000D | $\phi$73 mm<br>（$\phi$89 mm） | $\phi$96 mm<br>（$\phi$120 mm） | |

### （一）施工装备

（1）12000LD 型定向钻机及配套装备

12000LD 型煤矿用钻机是一种大扭矩（最大额定转矩 12 000 N·m）、低转数（额定转速 50～150 r/min）、适用于钻进大直径近水平长钻孔及 1 500 m 以上超长钻孔的履带自行式全液压动力头式坑道钻机，其外形结构图如图 5-25 所示。钻机集主机、泵站、操作台、防爆计算机、流量计、急停开关等于一体，适用于螺杆马达定向钻进、孔口回转钻进以及复合定向钻进等多种施工。为配合定向钻机工作，还配套有泥浆泵车、通缆钻杆、随钻测量系统、定向钻头等配套装备，具体型号及明细见表 5-6。

**表 5-6　12000LD 定向钻机及主要配套装备**

| 序号 | 名称 | 型号 |
| --- | --- | --- |
| 1 | 大功率定向钻机 | 12000LD |
| 2 | 泥浆泵车 | 390 |
| 3 | 定向钻头 | $\phi$120 mm |
| 4 | 扩孔钻头 | $\phi$120/153 mm |
| 5 | 中心通缆钻杆 | $\phi$89 mm |
| 6 | 无磁钻具 | $\phi$89 mm，无磁钢 |
| 7 | 螺杆马达 | $\phi$89 mm/1.25° |
| 8 | 测量系统 | YHD2-1000(A)随钻测量系统 |

390/12 型煤矿井下定向钻进用全液压履带泵车（图 5-26）具有自主行走、集成性好、性能先进、大排量（理论最大排量 390 L/min）、高压力（额定压力 12 MPa）、操作简便及作业安全等特点，钻机钻进时，提供高压水以驱动螺杆马达实现定向钻进。

中心通缆钻杆又称随钻测量钻杆，是孔底测斜单元与孔口测斜设备之间的信号传输装置。系统选用 $\phi$89 mm 中心通缆钻杆，如图 5-27 所示。

图 5-25　12000LD 型煤矿用履带式全液压坑道钻机

图 5-26　390/12 型泵车

图 5-27　$\phi$89 mm 中心通缆钻杆实物图

无磁钢钻杆和无磁钢接头是定向钻进时，为了得到准确的钻孔轨迹数据，通过大地磁场测量钻孔斜度及方位角，消除外界磁场的影响，创造一个无磁环境。系统配套 $\phi$89 mm 无磁钢钻杆（图 5-28），钻杆磁导率小于 1.003。

螺杆马达（图 5-29）是一种以高压泥浆（或清水）为动力介质，把液体压力能转化为机械能的容积式孔底动力钻具。钻孔施工过程中采用带弯接头的螺杆钻具配备随钻测量仪器，通过调整螺杆钻具弯接头的朝向，实时控制钻孔轨迹延伸方向，实现钻孔的受控定向和侧钻开分支钻进。装配 $\phi$89 mm 四级螺杆马达，可满足软硬复合煤层顺层长钻孔高效钻进工艺的需求。

12000LD 钻机配套 YHD2-1000(A) 随钻测量系统为孔口供电。系统由防爆计算机、防爆

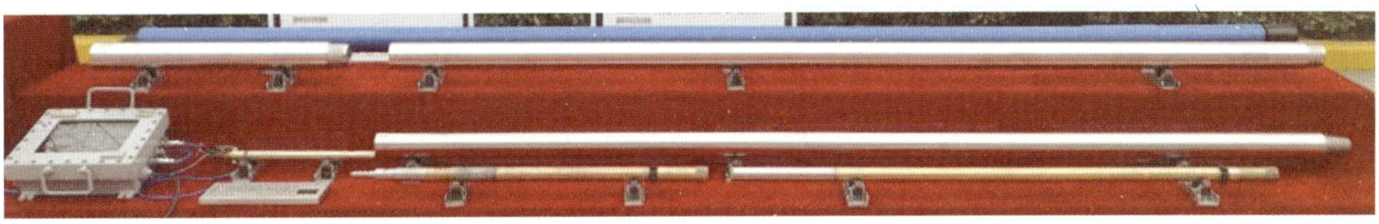

图 5-28　$\phi$89 mm 无磁钢钻杆及随钻测量系统实物图

图 5-29　$\phi$89 mm 大扭矩单弯螺杆马达实物图

键盘、防爆数据存储器和探管等四部分组成，如图 5-30 所示。螺杆马达钻进过程中，将探管连接在螺杆马达后部。需要进行数据测量时，防爆计算机通过通缆钻杆和通缆水便向孔内探管供电并下达工作指令，探管启动工作，采集钻孔倾角、方位角、工具面向角等数据，再由通缆钻杆和通缆水传送回计算机，通过软件分析处理，在计算机显示器上显示钻孔参数、设计轨迹、实钻轨迹等信息。

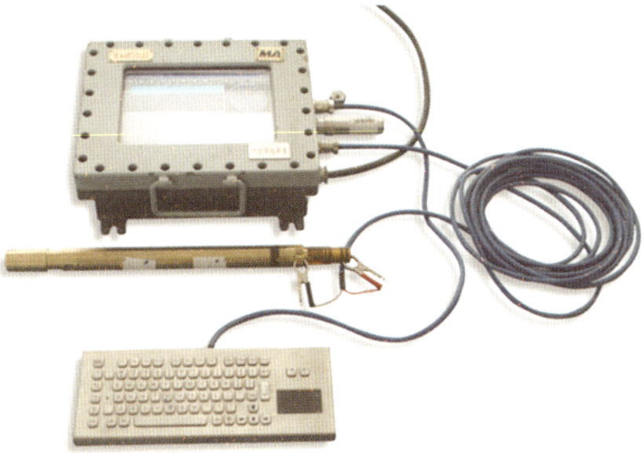

图 5-30　YHD2-1000(A)随钻测量系统组成

与螺杆钻具配合使用的两种钻头：$\phi$120 mm 平底烧结胎体式金刚石复合片钻头(图5-31)，碎岩能力强，通水排渣流畅；$\phi$120 mm/$\phi$153 mm 扩孔钻头(图 5-32)，适用于煤层瓦斯大、瓦斯喷孔严重情况，在钻进过程中必须安装封孔装置，以便钻进的同时进行抽放瓦斯。

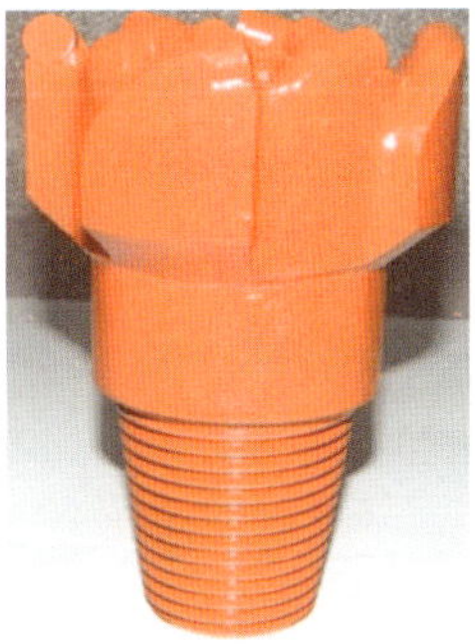

图 5-31　$\phi$120 mm 胎体式金刚石复合片钻头

图 5-32　$\phi$120 mm/153 mm 扩孔钻头

（2）15000D定向钻机及配套装备

15000D煤岩混合钻机，可实现跨煤层钻孔，攻克松软煤层成孔难的问题，在晋城矿区得到广泛应用。15000D定向钻机主机采用分体式结构，由钻机和泥浆泵构成，如图5-33所示。与钻机配套的钻具包括通缆钻杆、定向钻头、螺杆马达及随钻测量系统，配套装备明细见表5-7。

图5-33　15000D煤岩混合钻机及泥浆泵车

**表5-7　15000D定向钻机及主要配套装备**

| 序号 | 名称 | 型号 |
| --- | --- | --- |
| 1 | 煤岩混合钻机 | 15000D |
| 2 | 泥浆泵 | BW-132 |
| 3 | 内凹复合片钻头 | $\phi$96 mm、$\phi$120 mm、$\phi$133 mm |
| 4 | 扩孔复合片钻头 | $\phi$96/133 mm、$\phi$133/165 mm、$\phi$165/203 mm |
| 5 | 外平扩孔钻杆 | $\phi$89 mm |
| 6 | 中心通缆钻杆 | $\phi$73 mm、$\phi$89 mm |
| 7 | 螺杆马达 | $\phi$73 mm/1.25°、$\phi$73 mm/1.25°、$\phi$89 mm/1.25° |
| 8 | 测量系统 | YSX15矿用本安型随钻测量系统 |

（二）成孔工艺

（1）滑动定向钻进成孔工艺

滑动定向钻进是定向钻孔常用的施工方法。钻进过程中，钻杆不回转，泥浆泵提供高压水驱动螺杆马达回转，带动钻头回转切削破碎岩石，通过调整螺杆马达弯外壳的朝向来控制钻孔轨迹（图5-34）。该钻进方式主要用于钻孔造斜和轨迹纠偏。

（2）复合定向钻进成孔工艺

钻进过程中，泥浆泵向孔底泵送高压水驱动孔底马达转子带动钻头转动，同时，钻机带动钻具回转并向钻具施加钻压，孔底螺杆马达的工具面方向连续变化，实现复合碎岩稳斜钻进（图5-34）。与滑动定向钻进相比，复合定向钻进成孔率高，钻进摩擦阻力小，系统压力低，对深孔施工具有重要意义。

钻进过程中，可采用滑动定向钻进工艺与复合钻进工艺相结合的方法实现钻孔轨迹的人工控制。当钻孔实钻轨迹与设计轨迹相差较大或处于造斜段时，需要大幅度调整钻

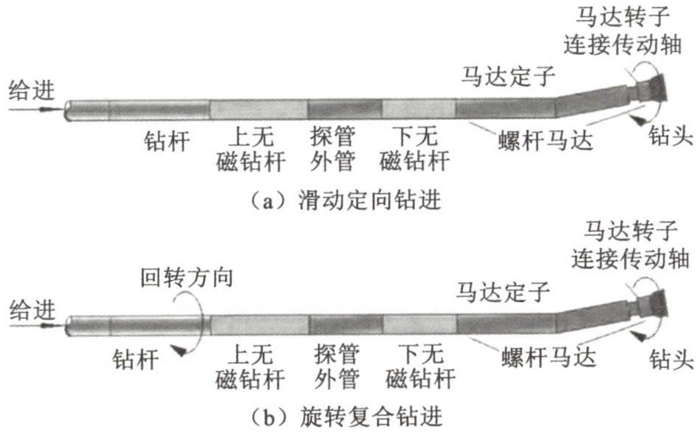


图 5-34　滑动定向钻进与复合定向钻进工艺原理

孔轨迹，可将螺杆马达工具面调整至目标方向后采用滑动定向钻进，实现钻孔轨迹人工控制；当钻孔实钻轨迹与设计轨迹相差不大且处于稳斜段时，不需要大幅度调整钻孔轨迹，采用复合钻进，利用复合钻进钻孔弯曲规律调整给进压力和回转速度，进行钻孔轨迹细微调整或稳斜钻进，从而确保先导孔沿设计轨迹延伸。复合定向钻进既具有滑动定向钻进轨迹人工调控功能，又可充分发挥复合钻进高效、轨迹平滑等特点，可显著降低定向钻孔施工阻力，提高了钻孔施工深度和效率。图 5-35 中，定向钻进轨迹线中实曲线段代表滑动定向钻进轨迹，虚曲线段代表复合钻进轨迹。

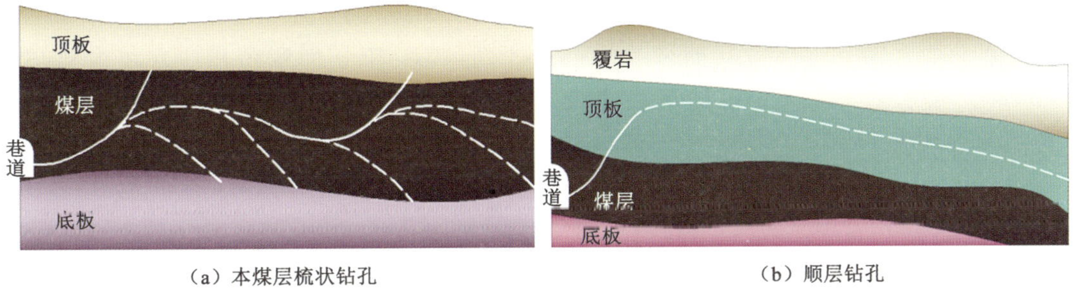


图 5-35　滑动复合定向钻进示意图

(3) 梳状孔定向钻进工艺

根据瓦斯治理目标，梳状钻孔一般可分为三类：近煤层底板梳状孔、近煤层顶板梳状孔和远煤层顶板梳状孔。近煤层底板和顶板梳状孔主要用于本煤层瓦斯预抽，远煤层顶板梳状孔主要用来治理采空区的瓦斯(图 5-36)。

(三) 长钻孔区域递进技术在软硬复合煤层的应用

递进式瓦斯抽采技术是根据工作面衔接计划及巷道布置，利用定向钻机分区块、递进式施工本煤层钻孔进行采面瓦斯预抽。寺河煤矿、成庄煤矿 3# 煤层煤质较硬、结构稳定、透气性高、成孔容易，软硬复合煤层长钻孔成孔技术成为晋城矿区煤矿井下抽采最实用、最高效的手段。

(1) 寺河煤矿 5310 工作面应用实例

寺河煤矿 5310 工作面经过规划区地面井抽采后，原始煤层瓦斯含量为 13.76 $m^3/t$。

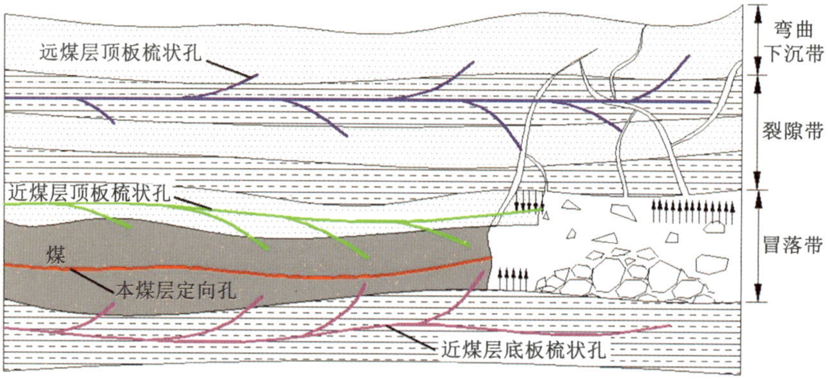


图 5-36　梳状钻孔布孔类型与适用范围

根据瓦斯抽采设计，千米钻机钻孔可以覆盖至下一工作面顺槽外 30 m，可以掩护下一工作面顺槽的安全掘进，从而实现迈步的抽、掘、采衔接。

53101 巷钻场钻孔覆盖范围为 380 m×400 m，设计 5 个千米钻机钻场，每个钻场布置 1# ～13# 钻孔，每个钻孔设计 2～3 个分支，主孔深度为 345～550 m，钻孔平均长度为 475 m，总长度为 37 050 m，则 5310 工作面总工程量为 185 250 m；千米钻机钻孔开孔全部在 5310 工作面巷道内，但部分终孔点在 5310 工作面外。对于千米钻机钻孔区域预抽施工盲区，补充施工普通钻机顺层钻孔。

经过 15 个月的抽采，5310 工作面总计抽采瓦斯 3 177.17 万 $m^3$。采用残余瓦斯含量指标和可解吸瓦斯量指标对其抽采效果进行评判，5310 工作面残余瓦斯含量为 6.02～7.46 $m^3/t$，平均为 6.74 $m^3/t$，均小于《煤矿瓦斯抽采基本指标》(AQ 1026—2006)、《煤矿瓦斯抽采达标暂行规定》给定的参考临界值 7.52 $m^3/t$；可解吸瓦斯量为 2.50～3.94 $m^3/t$，均低于 4 $m^3/t$，满足《煤矿瓦斯抽采基本指标》第二十七条规定，判定 5310 工作面瓦斯预抽效果达标。

(2) 成庄煤矿 4321 工作面应用实例

4321 工作面位于四盘区大巷以南，开采 3# 煤层，工作面走向长 1 972 m，倾向长 287 m，平均煤厚 6.4 m。根据《成庄煤矿 3# 煤层瓦斯地质图》，工作面原始瓦斯含量为 14.2～15.5 $m^3/t$。工作面采用“二进一回”通风方式，综采大采高一次采全高采煤工艺，全部垮落法管理顶板。

4321 工作面优先利用千米钻机施工模块定向钻孔。在工作面 0～1 000 m 区域，煤层赋存稳定，地质构造简单，分别在 4104 盘区大巷、43213 顺槽布置 1#、2#、3#、4#、5# 钻场，每个钻场布孔数量约 15 个，终孔间距控制为 5 m，覆盖至 43212 巷道外 30 m 区域；工作面 1 000 m至停采线，由于地质构造复杂，断层、陷落柱等较多，在工作面底板施工 43211/2 巷、43213/4 巷底抽巷，在底抽巷布置 6#、7#、8#、9#、10# 钻场，每个钻场布孔数量约 12 个，终孔间距控制为 5 m。在定向长钻孔未覆盖的空白带利用普通钻机进行补孔，孔间距为 2 m。

现场对模块抽采 43213/4 底抽巷 100 m 钻场、43213/4 底抽巷 200 m 钻场瓦斯抽采数据进行统计，钻场瓦斯浓度、抽采纯量随时间变化关系如图 5-37、图 5-38 所示。

由图 5-37、图 5-38 可知，模块定向长钻孔抽采，钻场瓦斯抽采浓度在 40%～90%之间变

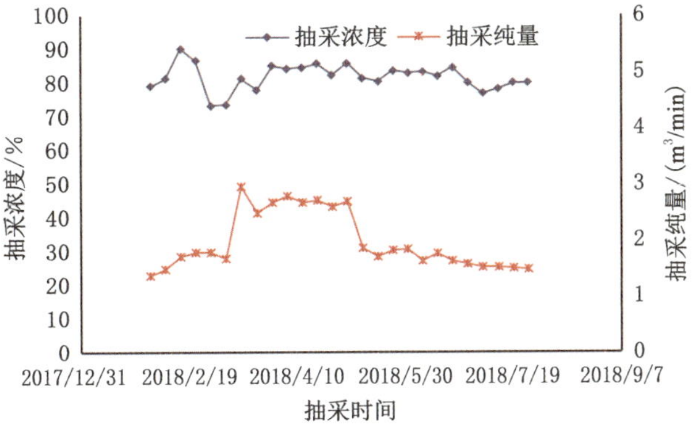


图 5-37 43213/4 底抽巷 100 m 钻场定向钻孔瓦斯抽采数据变化折线图

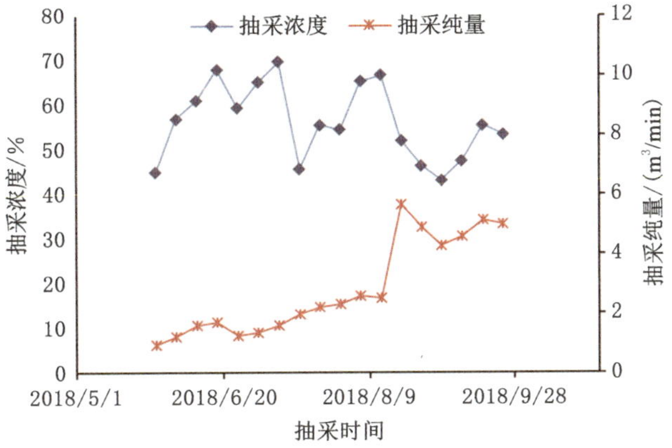


图 5-38 43213/4 底抽巷 200 m 钻场定向钻孔瓦斯抽采数据变化折线图

化，抽采纯量在 1～6 $m^3$/min 之间变化，抽采时间可持续 5 个月以上。区域递进模块定向长钻孔抽采浓度高、流量大、衰减慢，能够确保工作面瓦斯抽采指标尽快达标。

## 二、软硬复合破碎煤层区域递进钻孔成孔技术

成庄煤矿、长平煤业部分区域煤层强度低，煤质为原生结构、块状结构，煤层中分布有碎裂结构，碎粒结构煤体，坚固性系数 $0.5<f<1$，具有破碎松散的特点，属于软硬复合破碎煤层。定向钻进时，易出现塌孔、卡钻、丢钻等事故。常规钻进方法难以施工顺层长钻孔，一般清水钻进小于 50 m，卡钻不返水；压风钻进一般小于 80 m，最深 120 m。易塌孔、排渣难、无法施工顺层长钻孔，一直以来都是制约软硬复合煤层瓦斯抽采的技术难题。经过科技创新、实践检验，发明出适用于破碎松软煤层的专用螺旋螺杆马达及高强度大通径螺旋钻杆，设计了针对不同软弱岩层排渣护孔功能的可降解性冲洗液配方，实现了复合定向无线钻进控制，提出了软硬复合破碎煤层区域递进钻孔成孔装备与技术（表 5-8），并在多地推广应用。

表 5-8　软硬复合破碎煤层钻孔成孔技术装备及工艺

| 钻机 | 钻杆 | 定向钻头 | 测量系统 | 特殊成孔工艺 |
|---|---|---|---|---|
| 12000LD | $\phi$73 mm 高强度宽翼片螺旋钻杆 | $\phi$96 mm | 电磁波无线随钻测量系统 | 梳状孔技术、冲洗液护孔技术、无线随钻复合定向高效钻进技术 |

（一）施工装备

软硬复合破碎煤层钻孔成孔技术装备主要配置如表 5-9 所示。与前述软硬复合煤层钻孔成孔技术装备不同的是，为了增加排渣性能，这里采用螺旋钻杆，孔底与孔口信号传递采用无线传递方式。

表 5-9　12000LD 定向钻机及主要配套装备

| 序号 | 名称 | 型号 |
|---|---|---|
| 1 | 大功率定向钻机 | 12000LD |
| 2 | 泥浆泵 | 390 |
| 3 | 定向钻头 | $\phi$96 mm |
| 4 | 高强度宽翼片螺旋钻杆 | $\phi$73 mm |
| 5 | 无磁钻具 | $\phi$73 mm，无磁钢 |
| 6 | 螺杆马达 | $\phi$73 mm/1.25° |
| 7 | 测量系统 | 电磁波无线随钻测量系统 |

大通径整体式宽翼片螺旋钻杆外径为 73 mm，长度为 1.5 m（图 5-39）。钻杆外壁采用圆柱状整体铣削式螺旋结构，有利于辅助排渣，可提高成孔率；螺旋槽在杆体上直接铣出，克服了早期在杆体上焊接螺旋叶片强度不足的缺点，整体力学性能好，使用寿命长；接头采用双顶设计，并经过特殊热处理，抗扭强度高，抗黏扣性能好。可通过钻机直接拧卸钻杆，工人劳动强度低；钻杆螺旋翼片连续，排粉效果好。

图 5-39　$\phi$73 mm 大通径整体式宽翼片螺旋钻杆

外螺旋螺杆马达选用 1.25°弯角 $\phi$73 mm 三级螺杆马达，螺杆马达定子外壁上铣洗有螺旋槽，提高近钻头无磁钻具的排渣能力，实物如图 5-40 所示。采用螺杆马达进行钻进时，不需要钻杆旋转，泥浆泵输出的冲洗液经通缆钻杆进入螺杆马达，在马达的进出口形成一定压差，推动马达的转子旋转，通过万向轴和传动轴将转速和扭矩传递给钻头，从而达到碎岩的目的。外螺旋螺杆马达具有摩擦阻力小、动力损失小、钻进能力强的特点。

图 5-40　$\phi$73 mm 螺旋螺杆马达实物图

（二）成孔工艺

（1）冲洗液护孔技术

井下水平定向长钻孔施工通常以清水作为循环液来传输动力、冷却钻头和携带煤渣。这种排渣方式在一定程度上影响了在不完整或松软破碎的煤层以及水敏性岩层中施工近水平长钻孔的成孔深度。引起这种情况的主要原因有：清水的抑制性较差，钻遇泥页岩地层易引发缩径卡钻事故；清水黏度较低，携岩能力有限；不能有效保护冲洗壁、预防塌孔。针对清水循环液存在的不足，科技人员开展了煤矿井下定向长钻孔洗液技术研究，开发了可降解性冲洗液，提升梳状孔施工的有效进尺，提高了该工艺的适应性。

冲洗液处理剂的选择要结合地层的特性，泥页岩缩径地层需要抑制性降失水成分，破碎煤层应增加煤层胶结性来提高孔壁稳定性，松软煤层则需要提高冲洗液黏度使携渣增强并同时进行护壁。矿区企业研发了适合螺杆钻具的低固相、无固相、乳液型三种冲洗液配方，达到既能对煤层钻孔进行有效的排渣与护壁，又能恢复煤储层渗透率的目标。冲洗液配方设计与适用范围见表 5-10。

**表 5-10　冲洗液配方设计与适用范围**

| 冲洗液分类 | 适用地层 | 主要成分 | 作用机理 |
|---|---|---|---|
| 低固相 | 泥页岩 | 钙土、碱、XC、生物酶 | 强抑制性，减少侵入泥岩水量而抑制泥岩膨胀缩径，提黏加比重利于排渣 |
| 无固相 | 松软煤层 | 魔芋、XC、DFD、生物酶 | 孔壁形成胶皮，减少高压水冲刷煤壁，提黏利于排煤渣，生物酶可破胶，具有 46 h 后降解胶皮的特性，恢复煤层的渗透性 |
| 乳液型 | 破碎地层 | 单体、乳化剂、引发剂、消泡剂 | 乳化液使破碎岩层胶结，稳定孔壁，提高钻孔穿破碎岩层的能力 |

（2）无线随钻复合定向高效钻进工艺

无线随钻复合定向高效钻进工艺是复合定向钻进与无线随钻测量参数控制相结合的钻进工艺，主要通过控制螺杆马达来实现复合钻进。钻进主要参数包括泥浆泵压力、泥浆泵流量和钻机给进压力。泥浆泵压力决定螺杆马达输出扭矩的大小，泥浆泵流量决定螺杆马达的输出转速。螺杆马达的理论转速只与排量和结构有关，而与工况（钻压、扭矩等）无关，其转速与输入的冲洗液流量成正比；理论输出扭矩与马达进出口间的压降成正比，而与转速无关。压降越大，扭矩越大，但在压降与扭矩变化的同时，转速变化很小。因此，在具体使用过程中，只要控制泥浆泵的排量与泵压，就基本上控制了马达的输出扭矩和转速。使用螺杆马达进行钻进时，泵压表可作为孔底工况的监视器，由压力变化来判断和显示孔内工况，通过调节排量来进行转速调节。经过多年的实践探索，螺杆马达钻进工艺参数可参考表 5-11 选取。

**表 5-11　螺杆马达钻进工艺参数**

| 孔深/m | 钻压/MPa | 泵量/(L/min) | 泵压/MPa | 起拔压力/MPa |
|---|---|---|---|---|
| 0～200 | 0～1 | 200 | 2.5～3 | 0～2 |
| 200～400 | 1～3 | 200 | 3～4 | 2～5 |
| 400～600 | 3～4 | 200 | 4～5 | 2～5 |

（三）长钻孔区域递进技术在软硬复合破碎煤层的应用

寺河煤矿西井区整体以中硬煤层为主，局部区域软硬复合煤层、碎软煤层发育，影响钻孔成孔率。采用水力正循环和宽翼片螺旋钻杆搅动复合排渣技术，很好地解决了软硬复合煤层或碎软煤层中破碎带塌孔造成的卡钻问题，提高了钻孔成孔率，提升了排渣效果，降低了钻孔事故率，保证钻孔作业安全。通过无线随钻测量系统和螺旋螺杆马达定向钻进，实现了钻孔轨迹的人工控制，进一步提高了软硬复合局部破碎煤层的钻孔施工深度，扩大了抽采范围。W23014 巷 17# 横川绕道钻场施工地层为碎软煤层，采用软硬复合破碎煤层长钻孔成孔技术，完成了 2 个递进式本煤层瓦斯抽采定向钻孔，最大钻孔深度达到 249 m，总进尺 1 956 m。钻孔详细数据见表 5-12。

**表 5-12　W23014 巷 17# 横川绕道钻场试验钻孔详细数据**

| 钻孔编号 | 主孔深度/m | 分支孔 | | | 平均机械钻速/(m/h) | 孔径/mm | 钻进工艺 | 终孔原因 | 进尺/m |
|---|---|---|---|---|---|---|---|---|---|
| | | 总数 | 探顶次数 | 探底次数 | | | | | |
| 6# | 135 | 9 | 2 | 0 | 31.7 | 98 | 复合定向钻进 | 串孔 | 435 |
| 7# | 249 | 30 | 6 | 5 | 32.6 | 98 | 复合定向钻进 | 达到设计深度 | 1 521 |
| 合计 | | 39 | 8 | 5 | 32.2 | 98 | 复合定向钻进 | 达到设计深度 | 1 956 |

## 三、松软煤层定向长钻孔成孔及水力掏煤技术

矿区北部胡底、赵庄煤业所采 3# 煤层中间较硬，煤层顶板和底板均存在软分层，软煤坚固性系数在 0.1～0.5，在工作面防突检测中经常造成钻屑量超标甚至造成突出的危险，影响煤巷安全高效掘进和采面回采。如果采取底抽巷施工穿层钻孔对软分层进行水力掏煤，工程量巨大。为提升松软煤层瓦斯治理水平，将底抽巷普钻掏煤工艺进行技术革新，结合水力冲孔工艺、千米定向钻进工艺及无线测量技术，对松软煤层采煤工作面软分层进行治理，实现松软煤层瓦斯由局部向区域治理迈进。

（一）定向长钻孔水力掏煤成套装备

要实现千米定向水力掏煤工艺，参考穿层短钻孔水力掏煤技术参数，需使用 15～20 MPa 的高压水，而高压水会对千米钻机配套的通缆钻杆和有线测量系统造成破坏，因此需

选用配套的无线测量系统和无缆钻杆。为了减少施工工序，提高施工效率，需选用钻冲一体化水刀，实现低压水正常钻进、高压水冲孔掏煤，打钻时需使用低压大流量泵车，水力掏煤时需使用高压大流量泵车。

利用无线测量技术、钻冲一体化技术、大功率钻机及配套设备，通过现场试验，形成了千米定向钻机、BLY290/11 型泵车、无线测量技术相结合的千米定向钻孔装备，以及千米定向钻机、两台 BZWL200/31.5-XQ200/12 型泵车、钻冲一体化水刀相结合的定向钻孔水力掏煤装备，如图 5-41 所示。

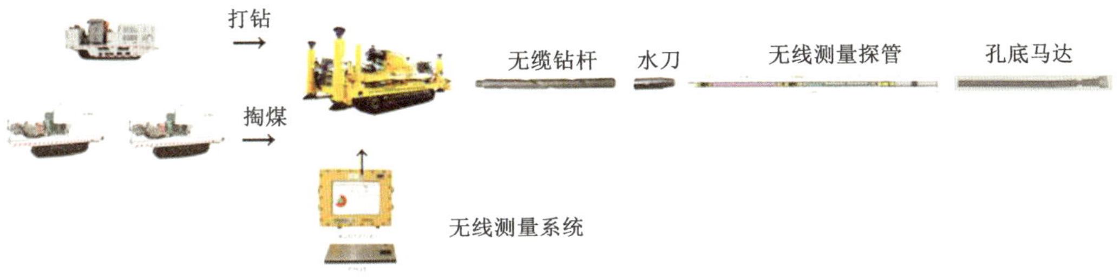


图 5-41　定向钻冲一体化水力掏煤装备示意图

电磁波无线随钻测量系统以钻杆柱和含煤地层为信号传输通道，由发射短节、电池短节、测量探管、绝缘天线和防爆计算机等组成。

探管中的振动检测单元实时检测钻具的振动状态。当检测到钻具状态由振动变为静止时，电磁波发射单元将采集探管姿态信息编码输出，通过驱动电路馈送至孔内绝缘天线绝缘带的两端，信号耦合后以无线电磁形式通过地层和钻杆的引导传送至孔口接收天线部分，接收天线拾取信号，对其进行数字处理并在终端显示。电磁波无线测量探管结构如图5-42所示。

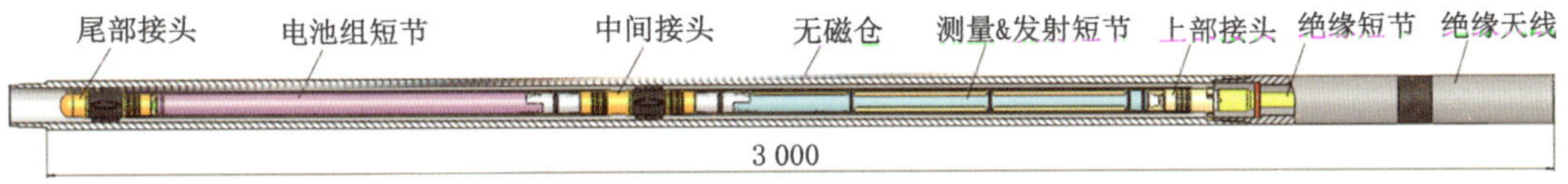


图 5-42　无线测量系统探管结构图

配套电磁波无线随钻测量系统的钻杆是无缆中空钻杆，选用 $\phi$89 mm 大扭矩高强度三棱螺旋钻杆作为配套钻杆，如图 5-43 所示。该钻杆兼具三棱钻杆和螺旋槽钻杆的优点，钻具强度高，在软煤钻进过程中，可以促进排渣，有效解决软煤塌孔问题。同时，钻杆在螺纹接口处采用金属密封设计，最高可以承受高达 40 MPa 的水压，保证钻杆密封不泄压。

图 5-43　无线测量系统配套三棱螺旋钻杆

定向水力掏煤使用的水刀能够实现钻冲一体化功能，在水力掏煤过程中，避免了施工完钻孔后，将孔内钻杆退出，再向孔内送水力掏煤设备施工的掏煤工艺，实现钻孔成孔后不退钻，直接进行水力掏煤的方法。定向水力掏煤钻冲一体化水刀如图 5-44 所示。

图 5-44　钻冲一体化水刀

钻冲一体化水刀工作原理为：当使用小流量时，切割小孔关闭，水路沿水力冲孔装备驱动孔底马达，正常打钻；当流量增加时，水力冲孔柱塞两侧压力差增大，推动弹簧，切割小孔打开；流量继续增加，柱塞密封面和前面弹簧座密封面结合，孔口封死，切割小孔提供高压水射流进行水力掏煤。

（二）定向长钻孔水力掏煤工艺

现场实施定向长钻孔水力掏煤，采用了两种施工工艺：一种是直接在软煤中进行施工；另一种是在硬煤或岩层中施工主孔，向软分层或软煤中开分支孔，进行定向水力掏煤，如图5-45所示。

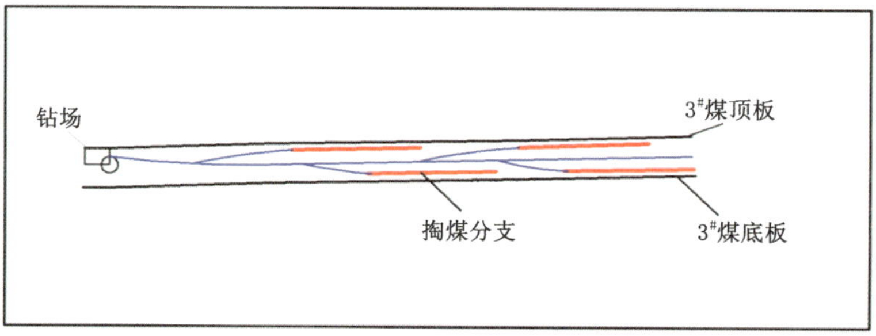


图 5-45　分支孔水力掏煤施工工艺

(1) 主孔掏煤施工工艺

① 使用千米定向钻机及钻具，配套 BLY290/11 型打钻泵车，采用钻冲一体化打钻模式，在软分层或软煤中施工主孔至设计孔深。

② 将打钻泵车切换成两台 BZWL200/31.5-XQ200/12 型泵车，加大水压，钻冲一体化水刀切换成冲孔模式，从孔底向孔口倒退冲孔，每米煤段出煤量不少于 0.2 $m^3$，直到冲孔至孔口 30 m 处。

③ 退钻，继续施工下一个钻孔。

(2) 分支孔掏煤施工工艺

① 施工主孔至设计孔深，并探明顶、底板及软分层位置。

② 从孔底向孔口倒退施工，开分支向软分层位置施工，并在软分层中施工 30～45 m。

③ 分支施工到位后切换高压清水泵车，边退钻，边冲孔。

④ 掏煤时，保持钻杆正常转动，转速略小于正常旋转速度，以便充分切割煤体，每 2 m 反复多次进、退钻杆，进行重复掏煤，直至返出清水。

⑤ 分支掏煤结束后切换 BLY290/11 型泵车施工下一个掏煤分支，循环作业，直至所有分支掏煤结束。

（三）定向长钻孔水力掏煤的应用

定向长钻孔水力掏煤技术在胡底煤业进行了现场应用，2020 年在井下 13091 巷开展了定向长钻孔水力掏煤工艺现场试验，省去了底抽巷以及相关钻孔工程。完成水力掏煤孔 27 个，覆盖范围 280 m×290 m，总进尺 7 244 m，总掏煤量 1 754.62 $m^3$，钻孔布置见图 5-46、图 5-47 所示。定向水力掏煤量平均每米 0.24 $m^3$，掏煤量占覆盖范围煤体总量的 3.79‰，消除区域性软分层，形成极薄"保护层"，起到卸压消突的效果。

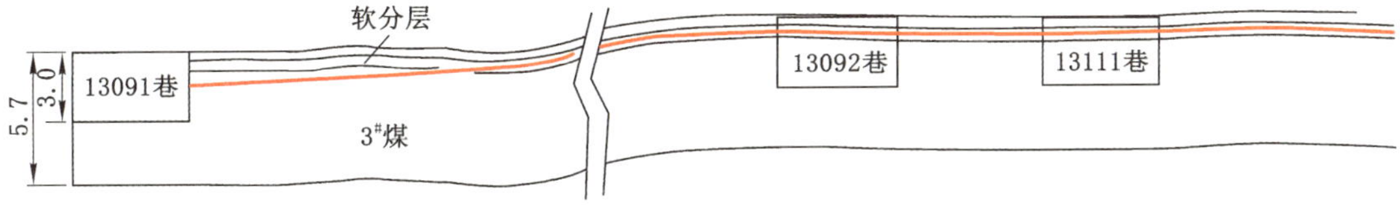


图 5-46　13091 巷定向水力掏煤设计剖面

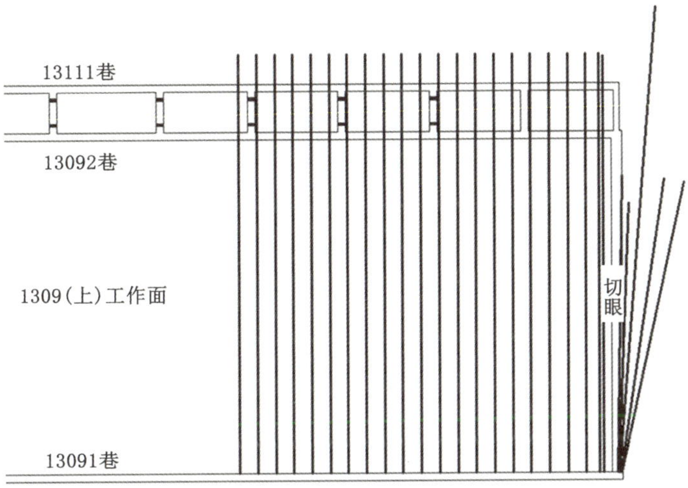


图 5-47　13091 巷定向水力掏煤布置及成孔图

对水力掏煤钻孔与未掏煤钻孔抽采效果进行了对比（表 5-13），可能看出，百米钻孔流量由 0.11 $m^3/(min·hm)$ 提高到 0.17 $m^3/(min·hm)$，流量增加了 54.56%。掏煤后百米钻孔流量提升明显，水力掏煤可以缩短本煤层瓦斯的预抽时间，提高了抽采效果。

**表 5-13　定向水力掏煤与未掏煤抽采效果对比**

| 钻孔类型 | 施工地点 | 进尺/m | 抽采纯量/($m^3$/min) | 百米钻孔流量/[$m^3$/(min·hm)] |
| --- | --- | --- | --- | --- |
| 未掏煤定向钻孔 | 1102 巷左 3 km 钻场 | 6 462 | 6.81 | 0.11 |
| | 113091 巷左 2 km 钻场 | 33 270 | 33.96 | |
| | 1102 巷 14# 横川千米钻场 | 8 208 | 9.38 | |
| 掏煤定向钻孔 | 13091 巷 | 77 244 | 112.5 | 0.17 |

定向钻孔水力掏煤不仅解决了采煤工作面的软分层，而且通过远距离水力掏煤解决了底抽巷掩护的两条煤巷的软分层问题。与底抽巷穿层钻孔水力掏煤以及煤巷顺层钻孔常压水洗孔相比，千米钻机定向水力掏煤具有卸压效果明显、工程量少、效率高的优点。

千米定向长钻孔成孔及水力掏煤技术在胡底煤业中硬煤层软分层工作面试验成功后，被赵庄煤业、长平煤业等松软煤层矿井积极引进。长平煤业六盘区排矸巷 1# 钻场使用 17 000 N·m定向钻机施工 3 个定向钻孔，单孔孔深 400 m，单孔冲孔掏煤量在 230 $m^3$ 以上，最大达到 287.6 $m^3$，冲孔结束后送 127 mm 打捞钻杆至孔底，钻杆内全长塞入 $\phi$75 mm 花管护孔。单孔最大抽采纯量为 3.5 $m^3$/min，实现了定向长钻孔水力增透区域递进式高效抽采。

千米钻孔定向水力掏煤为高瓦斯含量、高瓦斯压力、高地应力以及受煤体软分层制约的矿井提供一个全新且高效的瓦斯治理方法，为松软煤层矿井取消底抽巷、实现顺层区域递进式抽采提供了技术支撑。

## 第四节　松软煤层穿层钻孔抽采技术

### 一、穿层钻孔技术

赵庄煤业、长平煤业 3# 煤层属于难抽采煤层，与寺河煤矿、成庄煤矿相比，煤层松软，透气性差，地质构造和松软煤层分布，顺层钻孔施工困难。根据地质构造岩层分布，赵庄煤业和长平煤业目前采用穿层钻孔技术抽采瓦斯，即开掘顺槽底抽巷和中部底抽巷，在岩巷内向上施工 30～100 m 的穿层短钻孔(煤层段长度较短)掩护顺槽掘进和工作面回采，如图 5-48 所示。

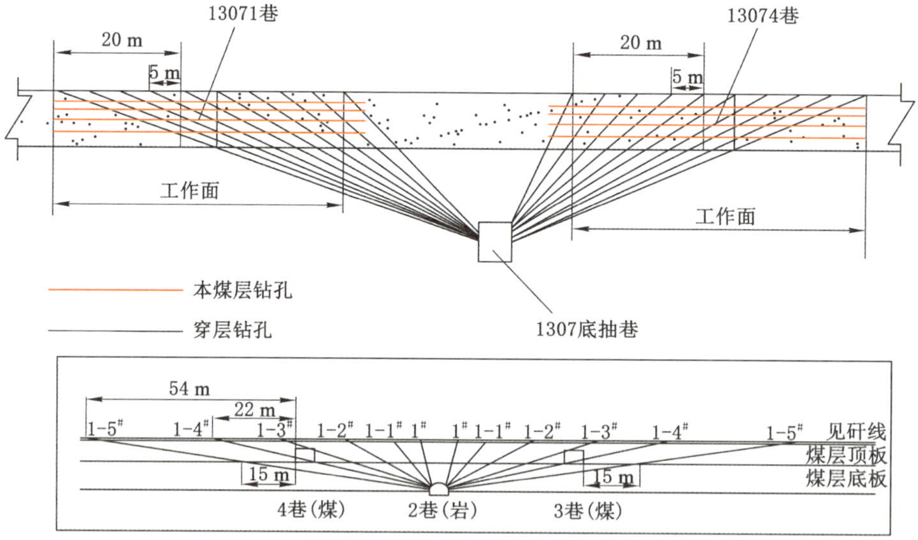


图 5-48　赵庄煤业、长平煤业穿层钻孔抽采示意图

确定顺槽底抽巷与工作面底抽巷的层位是穿层钻孔瓦斯抽采技术的关键问题，要根据地质构造岩层分布、抽采钻孔覆盖范围、钻孔钻进工艺以及钻孔施工的难易进行确定。

以赵庄煤业为例，根据赵庄煤业煤层综合地质柱状图，3# 煤层下距 $K_7$ 砂岩 0～12.80 m，平均为 7.20 m，层位稳定。$K_7$ 砂岩下部有一层砂质泥岩(厚 0～6.14 m)，平均为 2.38 m。砂质泥岩局部相变为粉砂岩，砂质泥岩下部为 $K_6$ 石灰岩(厚 0.13～6.70 m)，平均为 2.42 m，层位稳定，岩石硬度较大。通过地质构造岩层分布分析，将底抽巷层位布置在 3# 煤层下方 7～9 m 处比较合适，原因如下：

① 底抽巷布置在 3# 煤层下方 7～9 m 时，底抽巷正好处在 $K_7$ 砂岩和砂质泥岩中，$K_7$ 砂岩和砂质泥岩硬度相对较小，对于岩巷掘进较为容易。

② 底抽巷布置在 3# 煤层下方 7～9 m 时，通过钻孔的优化设计，底抽巷穿层抽采钻孔的抽采覆盖范围刚好能够满足穿层钻孔抽采的需要。

③ 底抽巷布置在 3# 煤层下方 7～9 m 时，底抽巷的顶板为砂质泥岩，底板为 $K_6$ 石灰岩，部分区域为砂质泥岩，巷道的支护容易，底板平整。

④ 假设底抽巷布置在 3# 煤层下方 9 m 以下，如果底抽巷选择在 $K_6$ 石灰岩的层位，巷道掘进比较困难，对掘进速度有较大的影响。如果底抽巷选择在 $K_6$ 石灰岩以下，穿层钻孔施工必须穿过 $K_6$ 石灰岩，钻孔效率明显降低。在穿层钻孔抽采的基础上，配套相应的水力化增透技术，能够进一步提升松软煤层的抽采效率。

## 二、穿层钻孔水力冲孔卸压增透技术

### (一) 水力冲孔技术原理

水力冲孔是防治煤与瓦斯突出的一种有效措施。在突出危险煤层中，通过冲刷煤体，冲出若干直径较大的孔洞，造成部分煤体破坏，引起应力重新分布，释放岩层、煤层的变形以及瓦斯的潜能，从而达到消突防突的目的。在冲孔过程中，一方面，排出了大量瓦斯和一定数量的煤炭，在煤体中形成局部卸压区域，卸压范围内应力降低，煤层得到充分变形，内部裂隙增加，煤层透气性增加，促进瓦斯解吸和排放，大幅度地释放了煤层和围岩中的弹性潜能和瓦斯的膨胀能；另一方面，水湿润了煤体，减弱了煤体的脆性，增加了可塑性，降低了煤体内部的应力集中，煤体骨架强度增加，从而达到消突防突的目的。其技术原理表现在以下三个方面：

① 冲孔：通过高压射流技术喷射高压水柱作用于煤层，使得煤层脱落、钻孔冲刷，实现扩孔，在煤体内实现“造穴”。

② 卸压：“造穴”形成的孔洞使得煤体膨胀变形，导致煤层原有的应力结构破坏，改变了煤体的原始应力集中现象，裂隙发生形变，钻孔周边煤体压力得以释放，游离的瓦斯随之释放。

③ 增透：随着煤体形变量的增加煤层的透气性得以有效提升，次生裂隙区域瓦斯得以释放排出。

### (二) 穿层钻孔水力冲孔工艺参数

水力冲孔的压力、流量是确保冲孔效果的两个重要参数，压力、流量太大容易造成堵孔、喷孔；压力、流量过小，煤体破碎小，冲刷量小，达不到卸压增透效果。为确定适合的压力、流量，以赵庄煤业 1309 底抽巷的穿层钻孔为研究对象进行了冲孔试验，得到了适合赵庄煤业水力冲孔采参数：

(1) 水力冲孔压力、流量的确定

参考类似矿井水力冲孔试验结果，考虑煤体结构差异的影响，经现场试验确定赵庄煤业的冲孔压力为15～20 MPa，流量为190～230 L/min。

(2) 水力冲孔出煤量的确定

水力冲孔应做到应冲尽冲，直至每根钻杆返出清水或返煤量明显减少为准，再更换钻杆直至冲孔结束、退钻。在确保返渣通畅、不憋钻的前提下，冲孔水压可在15～20 MPa之间根据冲孔效果(返煤量、返煤颗粒情况等)进行适当调整。

根据赵庄煤业底抽巷穿层钻孔的布置，钻孔间距为5 m，钻孔需覆盖的范围为25 $m^2$左右，煤体的容重按照1.42 $t/m^3$计算，水力冲孔的出煤量按照钻孔影响区域煤量的3%计算，赵庄煤业的水力冲孔出煤量确定为1.0 t/m。

(3) 水力冲孔的影响半径

在1309-2#底抽巷东段第四抽采单元北帮40 m范围内，进行了水力冲孔钻孔影响半径试验，布置3组钻孔，每组5个钻孔，每组试验只对中间钻孔进行冲孔。具体试验钻孔设计如图5-49所示。

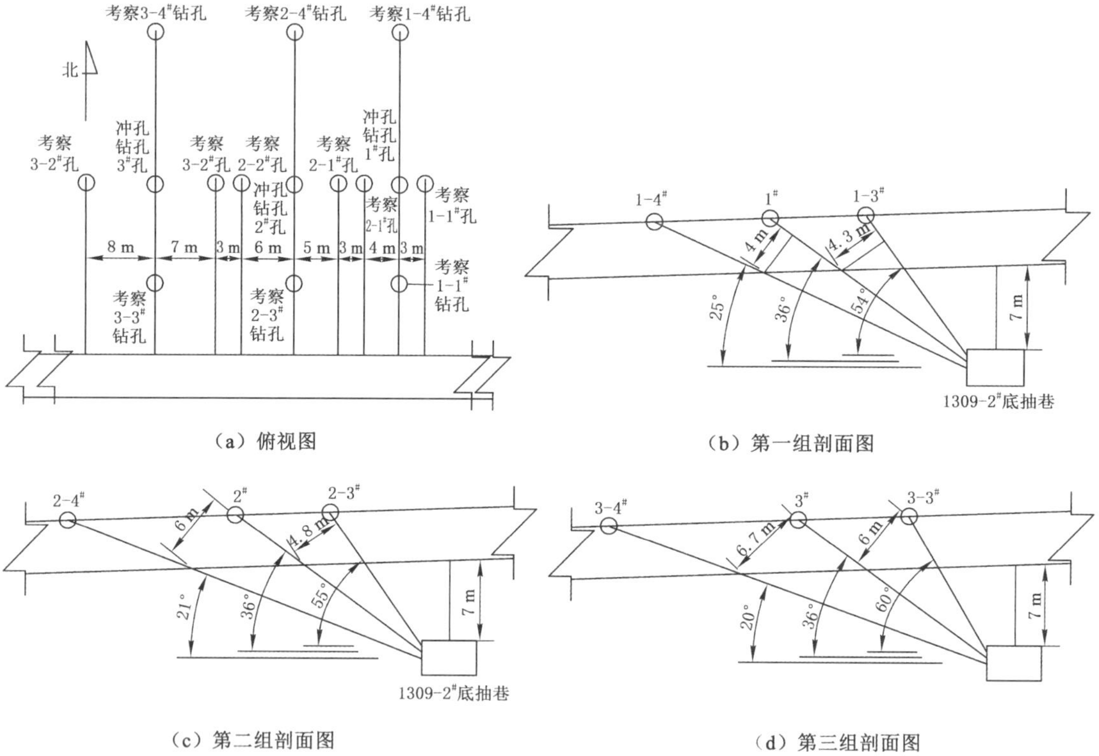


图5-49 冲孔影响半径试验钻孔布置图

第一组钻孔：1-1#孔与冲孔钻孔水平距离3 m，1-2#孔与冲孔钻孔水平距离4 m，1-3#孔与冲孔钻孔垂直距离4 m左右，1-4#孔与冲孔钻孔垂直距离4 m左右。

第二组钻孔：2-1#孔与冲孔钻孔水平距离5 m，2-2#孔与冲孔钻孔水平距离6 m，2-3#孔与冲孔钻孔垂直距离5 m左右，2-4#孔与冲孔钻孔垂直距离6 m左右。

第三组钻孔：3-1#孔与冲孔钻孔水平距离7 m，3-2#孔与冲孔钻孔水平距离8 m，3-3#

孔与冲孔钻孔垂直距离 6 m 左右，3-4[#] 孔与冲孔钻孔垂直距离 7 m 左右。

水力冲孔影响半径试验：先施工观测孔，并观察抽采数据，待抽采数据稳定后，再施工冲孔钻孔，进行水力冲孔。冲孔完成后，继续收集观测孔抽采数据，分析观测孔冲孔前后的抽采数据变化情况，得出水力冲孔影响半径。

第一组观测孔冲孔前后抽采数据如图 5-50 所示。水力冲孔前后观测孔瓦斯抽采数据发生明显的改变，表明第一组观测孔均在冲孔钻孔的影响区域范围内，得出水力冲孔的影响半径达到了 4 m。

第二组观测孔冲孔前后抽采数据如图 5-51 所示。得出水力冲孔的影响半径达到了 6 m。

第三组观测孔冲孔前后抽采数据如图 5-52 所示。得出水力冲孔对 7 m 及以上的钻孔影响较小。

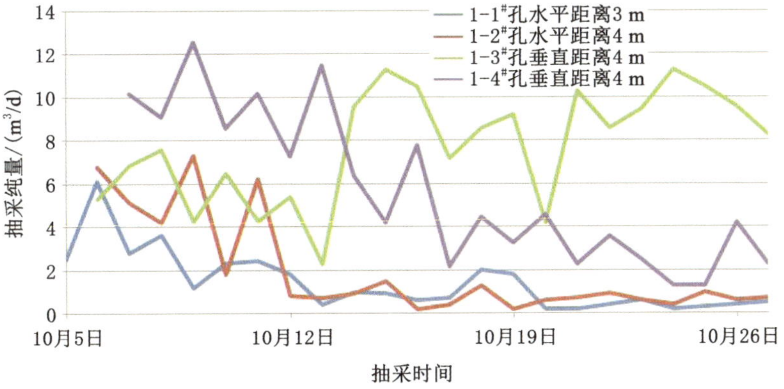


图 5-50　第一组半径试验观测孔抽采纯量

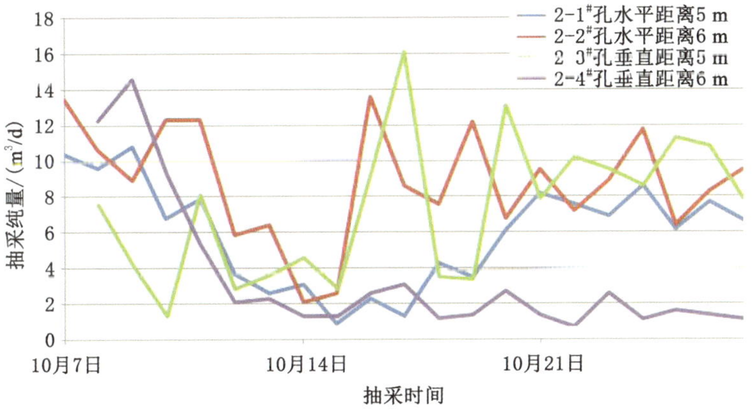


图 5-51　第二组半径试验观测孔抽采纯量

根据水力冲孔试验数据可知，水力冲孔影响半径确定为 6 m。

（三）穿层钻孔水力冲孔工业试验

水力冲孔工业试验在赵庄煤业 1309-2[#] 底抽巷东段第三抽采单元北帮 60 m 范围内进行，共布置 10 组钻孔，每组设计 3 个钻孔，每组钻孔间距为 6 m，钻孔布置如图 5-53 所示，钻

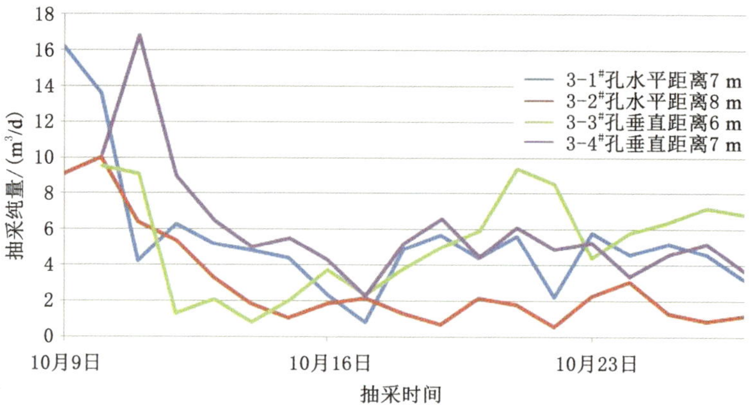


图 5-52　第三组半径试验观测孔抽采纯量

孔布置参数见表 5-14。其中，每组对 1#、2# 孔进行冲孔，水力冲孔压力为 15～20 MPa，流量为 190～230 L/min，平均每米冲出煤量为 1.15 t，平均每米冲孔时间为 25 min。

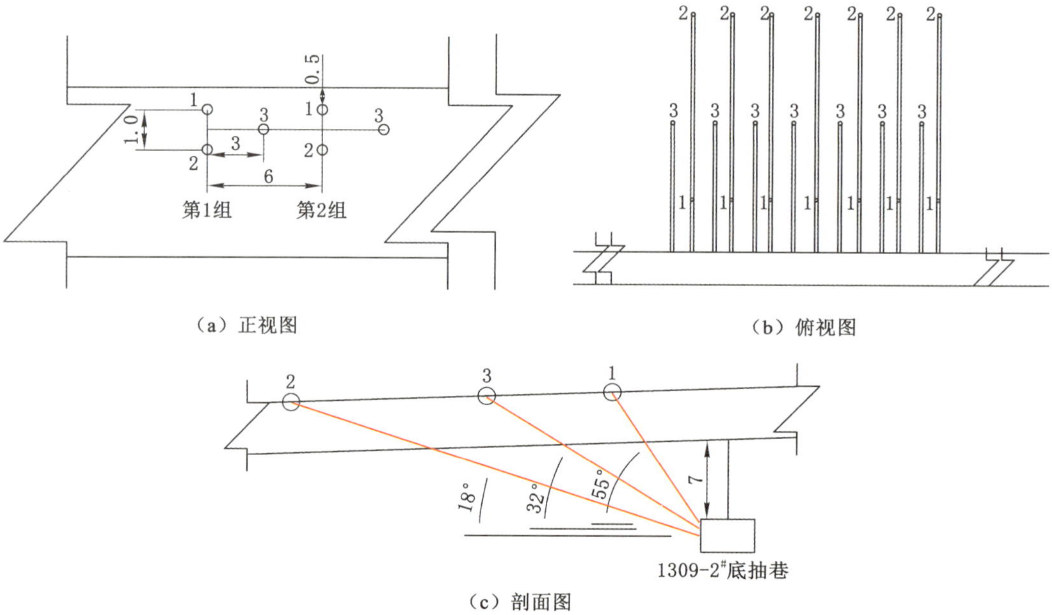


图 5-53　工业试验钻孔布置图

**表 5-14　水力冲孔工业试验钻孔布置参数**

| 孔号 | 孔径/mm | 设计开孔位置 | | 方位角/(°) | 倾角/(°) | 见煤/m | 止煤/m | 煤段/m |
|---|---|---|---|---|---|---|---|---|
| | | 距顶/m | 距帮/m | | | | | |
| 1 | 113/165 | 0.5 | 0 | 0 | 56 | 8.9 | 14.77 | 5.87 |
| 2 | 113/165 | 1.5 | 0 | 0 | 18 | 24.75 | 39.26 | 14.51 |
| 3 | 113/165 | 1 | 0 | 0 | 32 | 14.6 | 23.72 | 9.12 |

水力冲孔工业试验结束后，对试验单元 30 个钻孔的抽采总量和浓度进行了收集。将 1309-2# 底抽巷东段第三单元南帮作为试验对比单元，第三单元南帮共设计钻孔 120 个钻孔，在抽钻孔共计 91 个，对抽采总纯量和浓度进行了收集。对比数据如图 5-54 所示。

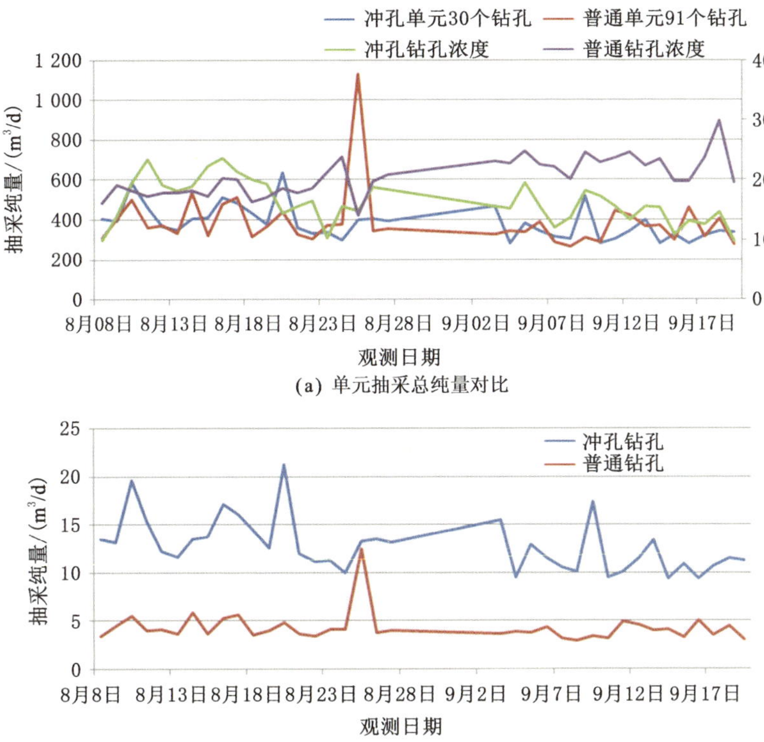


(a) 单元抽采总纯量对比

(b) 单孔抽采纯量对比

图 5-54　冲孔钻孔与普通钻孔抽采数据对比

水力冲孔工业试验后，30 个试验钻孔平均每天抽采瓦斯总纯量为 385 m³ 左右，91 个普通钻孔平均每天抽采瓦斯总纯量为 390 m³ 左右。通过计算，试验钻孔单孔平均抽采纯量为 12.8 m³/d，普通钻孔单孔平均抽采纯量为 4.3 m³/d，试验后钻孔的抽采纯量提高了 2 倍。

水力冲孔技术成熟后形成了适合赵庄煤业的水力冲孔技术。例如，1101 煤巷掘进需 1105 底抽巷穿层钻孔掩护，1101 巷掘进至 1105 巷 1 单元（普通穿层钻孔）、2 单元（普通穿层钻孔＋水力冲孔穿层钻孔）掩护区域，掘进前及掘进后相关抽采参数对比如表 5-15 所列。钻孔设计如图 5-55 所示，具体数据为：1 单元普通钻孔设计的组间距为 6 m，列间距为 3 m，每组 9 个钻孔；2 单元水力冲孔钻孔设计的组间距为 6 m，列间距为 3 m，每组设计 6 个钻孔，3 个钻孔冲孔。

**表 5-15　1105 底抽巷普通钻孔抽采单元与水力冲孔抽采单元效果对比表**

| 地点 | 单元长度/m | 单元进尺/m | 在抽钻孔数量/个 | 抽采时间/d | 累计抽放量/m³ | 平均日抽放量/m³ | 平均单孔抽放量/m³ | 下降瓦斯含量/(m³/t) |
|---|---|---|---|---|---|---|---|---|
| 1 单元 | 180 | 9 199 | 248 | 225 | 256 139 | 1 138 | 4.59 | 6.23 |
| 2 单元 | 120 | 4 192 | 128 | 206 | 226 370 | 1 099 | 8.59 | 8.26 |

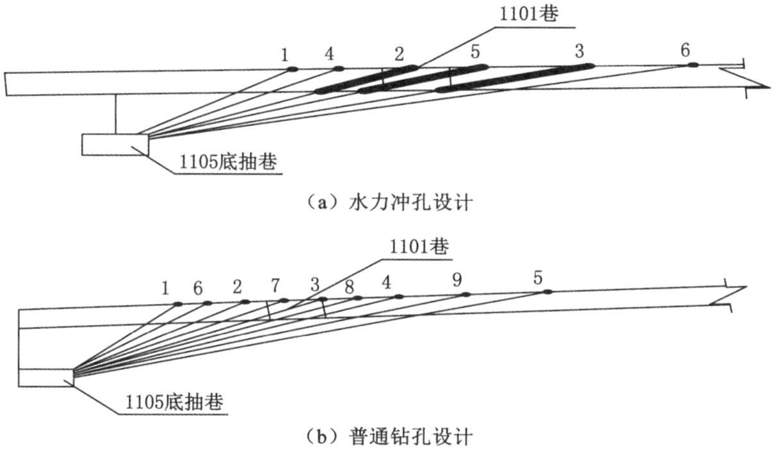


图 5-55 1105 底抽巷普通钻孔与水力冲孔布置示意图

从表 5-15 可以看出,水力冲孔效果明显,相同单元长度,水力冲孔单元穿层钻孔进尺减少了 31.6%,平均单孔抽放量提升了 87%,1 单元抽采时间 225 d 瓦斯含量下降了 6.23 $m^3/t$,2 单元抽采时间 206 d 瓦斯含量下降了 8.26 $m^3/t$。普通穿层钻孔掩护区域平均每月瓦斯含量下降 0.83 $m^3/t$,采取水力冲孔后平均每月瓦斯含量下降 1.20 $m^3/t$。

## 三、虚拟保护层水力掏煤技术

胡底煤业主采 3# 煤层,属于可以抽放-容易抽放煤层。煤层平均厚度为 5.72 m,瓦斯含量为 14.48～24.56 $m^3/t$,瓦斯压力 1.24～3.83 MPa,为煤与瓦斯突出矿井。3# 煤层赋存不均衡,煤层为中硬煤层,煤层顶板和底板均存在 300 mm 左右的软分层。软分层钻孔难以打到位,瓦斯抽采难度大,在工作面防突检测中经常造成钻屑量超标,影响煤巷安全高效回采和掘进,为此,设计了虚拟保护层水力掏煤技术。

虚拟保护层水力掏煤开采穿层钻孔设计如图 5-56 所示。在底抽巷上进行穿层钻孔,确定区域目标范围,喷嘴布置在虚拟保护层上。虚拟保护层上下分别为煤层上被保护分层和煤层下被保护分层,虚线的圆形为喷嘴有效射流范围,箭头指向为喷嘴射流方向。

穿层钻孔参数包括钻孔数量、终孔间距、孔长、倾角、方位角。终孔间距 $d$ 是设计穿层钻孔的关键参数,一般由水力掏煤开采钻头的有效开采半径 $R$ 确定,要求设计的全部钻孔水力掏煤开采范围能覆盖整个区域目标范围。

为了方便钻孔水力射流喷头安装角度的计算,所有水力掏煤开采钻孔方位角设计与底板巷道方向夹角为 90°。确定了水力掏煤开采钻头的有效开采半径、区域目标范围、钻孔间距、钻孔数量后,再根据底抽巷、钻场与目标区域范围相对位置关系计算孔长、倾角等钻孔参数。

### (一) 水力掏煤的系统组成

胡底煤业软分层水力掏煤试验使用的设备系统(图 5-57)主要有钻机、钻杆、钻头、高压水泵、水箱、高压喷头(图 5-58)、新型高压密封旋转装置(图 5-59)、高压内封闭钻杆(图

5-60)、钻孔掏煤防堵装置(图 5-61)、高压管、高压控制阀、高压密封三棱钻杆、防超限装置、煤气水分离装置等。

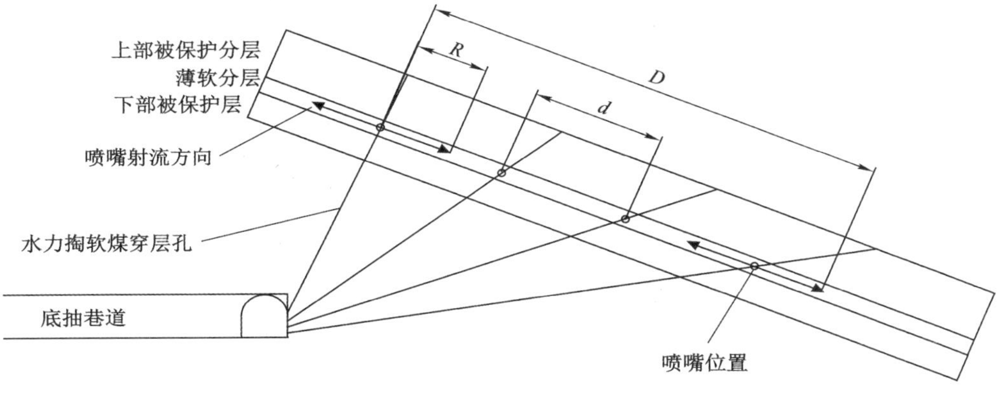


图 5-56　虚拟保护层水力掏煤开采示意图

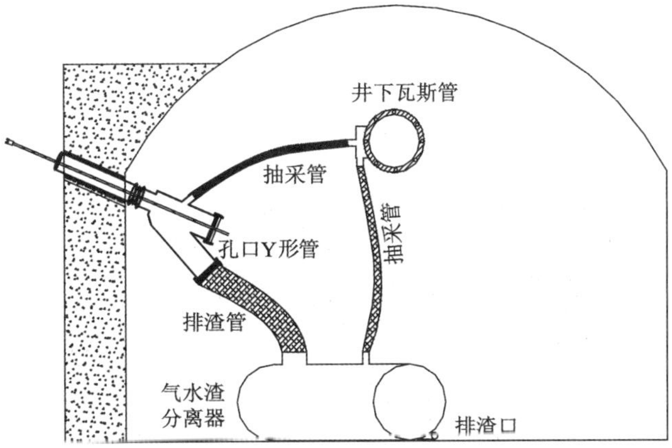


图 5-57　水力掏煤系统组成图

(1) 掏煤钻机

掏煤钻机采用矿方施工穿层钻孔用的 200LXS 型钻机，是一种履带自行式全液压动力头钻机，转速范围宽，扭矩大，能满足煤矿井下钻进各种用途的钻孔，配套钻杆直径 73 mm。

(2) 高压胶管

高压胶管连接乳化液泵和钻机，为钢丝缠绕式，最大耐压 40 MPa。与液泵连接选用内径 $\phi$32 mm 的高压胶管；与水辫尾端连接选用内径 $\phi$25 mm 的高压胶管。连接处均采用快速接头和 U 形卡加固，内径 $\phi$32 mm 的高压胶管与内径 $\phi$25 mm 的高压胶管通过变径结构相连。

(3) 水力掏煤开采钻头

超薄虚拟保护层水力掏煤开采钻头设计包括喷嘴安装数量、安装角度、喷嘴射流参数(射流角、射流厚度)等。

（a）打钻掏煤分离喷头

（b）打钻掏煤一体喷头

图 5-58 掏煤时使用的喷头

图 5-59 新型高压密封旋转装置

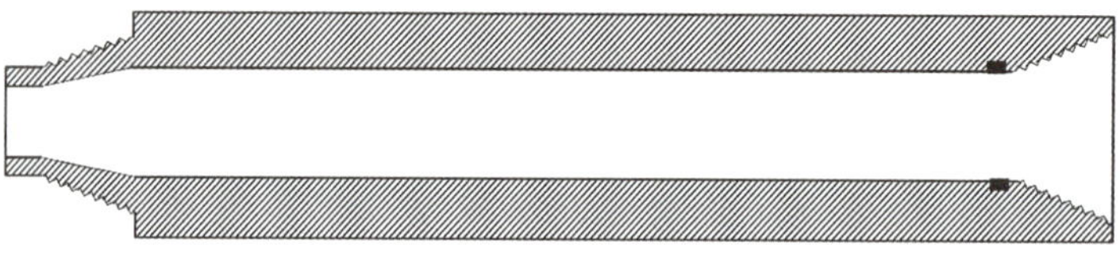

图 5-60 高压内密封钻杆

虚拟保护层水力掏煤开采钻头如图 5-62 所示，由三部分组成：前端为钻进钻头(20)；中间为水力掏煤开采射流喷头安装部位，安装不同角度的喷嘴(21)，并焊接排渣螺纹(25)，其中左右两侧喷嘴安装角度为 90°，上下两侧喷嘴安装角度等于钻进方向与煤层倾向的夹角；后端与密封钻杆(22)连接，密封钻杆之间采用钻杆接头(23)固定连接，钻杆接头上设有定位

图 5-61 钻孔掏煤防堵装置

插销(24)。

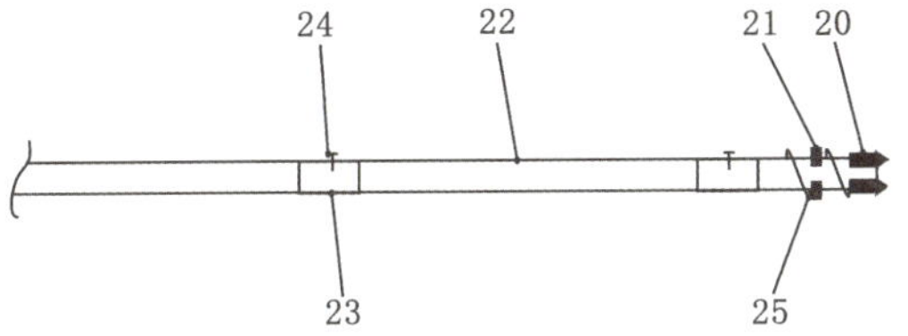


20—钻进钻头;21—喷嘴;22—密封钻杆;
23—钻杆接头;24—定位插销;25—排渣螺纹。

图 5-62 水力掏煤开采钻头

虚拟保护层水力掏煤开采喷嘴采用扁平扇形喷嘴,扁平扇形喷嘴的特点在于其喷射出的液体为扁平扇形,当喷嘴在虚拟保护层位平行煤层喷射时,在虚拟保护层上冲击形成一个扁平扇形空间。虚拟保护层水力掏煤开采喷嘴的结构如图 5-63 所示,虚拟保护层水力掏煤开采喷嘴射流角度 $\alpha$ 为 75°,$h$ 为喷嘴射流厚度(根据虚拟保护层厚度确定)。安装后的四个喷嘴的扁平扇形在同一平面,其中左右两侧的喷嘴射流沿煤层走向方向,上下两侧的喷嘴射流沿煤层倾向方向。

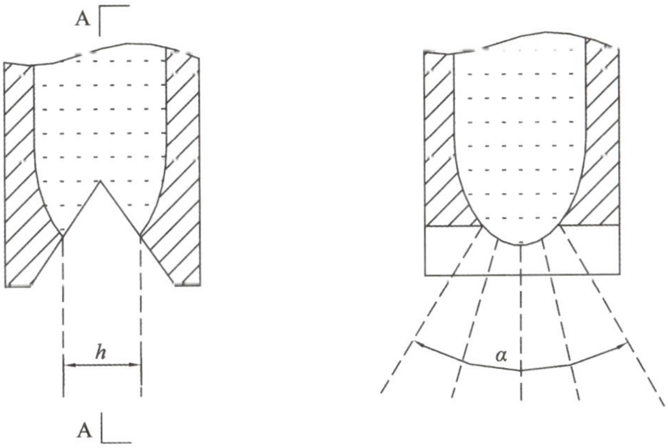


图 5-63 水力掏煤喷嘴结构示意图

(4) 注水泵

注水泵可以选择高压大排量泵,如 BRW400/31.5 矿用乳化液泵。当设计开采半径大或煤体硬度较大时,可采用 BYW50/315J 煤矿井下用压裂泵组。

（二）水力射流参数设计

煤体高压水射流破碎是射流的冲击载荷和射流准静态压力共同作用的结果，其中又以冲击载荷的作用为主，因而在时间层次上，煤体的水射流破碎过程可分为两个阶段：① 水射流冲击煤体，在煤体内部产生应力波，造成煤体损伤破坏，该阶段形成煤体损伤破坏的主体；② 水射流准静态压力作用后期，该阶段是在冲击载荷造成的煤体一次损伤基础上，产生二次损伤破坏，即在射流准静态压力作用下，煤体内已有的微孔隙、微裂纹等损伤继续发展，并形成宏观破坏。

试验发现，水力掏煤开采半径主要受煤体坚固性系数、射流压力、射流流量及时间控制，其中煤体坚固性系数最为关键，当煤体坚固性系数超过 0.6 时，水力掏煤开采难度较大。

定向水力射流设计包括水力定向射流水量、压力和时间等参数，应根据水力掏煤开采半径、煤体硬度来设计。定向水力射流设计参数值仅为第一个水力掏煤开采钻孔初次水力掏煤开采提供参考（表 5-16），其他钻孔水力掏煤开采的具体参数应根据实际水力掏煤开采情况进行调整。

**表 5-16　水力射流设计参数**

| 煤体坚固性系数 | 设计开采半径/m | 射流压力/MPa | 射流流量/(L/min) | 注水泵型号 |
|---|---|---|---|---|
| 0～0.2 | 1～2 | 10～18 | 180～200 | BRW400/31.5 |
| 0.2～0.4 | 0.5～1 | 18～22 | 200～220 | BRW400/31.5 |

（三）水力掏煤技术流程

为解决矿区软分层水力掏煤开采技术问题，结合胡底煤业瓦斯地质条件和现场试验情况，采用软分层作为虚拟保护层，建立如下虚拟保护层水力掏煤技术流程。

① 打钻取心，确定煤层参数。根据煤层参数来选择虚拟保护层水力掏煤开采类型，所述开采类型为软煤虚拟保护层开采或软分层虚拟保护层开采。

② 根据开采煤层厚度、煤层中软分层厚度及相关理论公式确定选取虚拟保护层的层位和最小开采厚度。

③ 设计穿层钻孔参数和虚拟保护层水力掏煤开采钻头。

④ 进行水力定向射流参数设计。

⑤ 按照以上设计参数施工穿层钻孔，穿煤后停止钻进。

⑥ 将虚拟保护层水力掏煤开采钻头退至设计的虚拟保护层水力掏煤开采层位，并将水力掏煤开采钻头旋转至设计的方向，进行水力定向射流。

⑦ 水力定向射流至出煤量很少且增大射流压力后出煤量变化不大时停止射流，退出钻杆及钻头。检验首次水力定向射流范围，如符合设计要求，则向下继续进行，如不符合要求转向步骤③。

⑧ 完成所有钻孔水力定向射流后，进行区域卸压效果检验。

⑨ 联入管路进行抽放。

⑩ 抽放结束后进行区域预抽效果检验，如达到预期效果则结束虚拟保护层水力掏煤开采，如未达到预期效果，则采取补充抽放措施，并优化虚拟保护层水力掏煤开采参数。

步骤①中，煤层参数为采煤工作面区域消突、煤巷条带区域消突、石门揭煤区域消突区域的煤层结构、煤体结构类型、煤层或煤层软分层硬度；针对煤层存在稳定软分层的单一突出煤层，采用软分层虚拟保护层开采；针对较软单一突出煤层，采用软煤虚拟保护层开采。步骤③中，穿层钻孔参数包括钻孔数量、终孔间距、孔长、开孔高度、孔径、倾角和方位角，虚拟保护层水力掏煤开采钻头的设计参数包括喷头上喷嘴安装数量、安装角度、喷嘴射流角和射流厚度。穿层钻孔的终孔间距设计应以开采分层的硬度、水力定向射流的额定功率和喷嘴的效率为依据，并通过试验进行优化设计。

（四）水力掏煤现场试验

胡底煤业 1305 底抽巷巷道净宽 4.6 m，净高 3.5 m，净断面为 16.1 $m^2$，设计支护形式为锚网＋钢筋托梁＋锚索组合支护，掏煤地点确定在矿井 1305 底抽巷往里 120 m 范围。掏煤地点受构造影响较大，煤厚 5.2～6.15 m，平均厚度为 5.7 m，底部和上部均存在 0.3～0.4 m软分层，水平构造应力较大，裂隙发育，煤体结构较为破碎，软分层上部煤层坚固性系数为 0.5～0.7，适合掏煤开采。

1. 胡底水力掏煤开采参数

① 水力掏煤软分层选取：根据地质调查及数值模拟，胡底煤业 3# 煤层上下软分层同时进行掏软煤，能够使煤岩应力释放，达到充分卸压和消突的效果，而单一上软分层或下软分层掏煤卸压范围较小。设计对胡底煤业 3# 煤层全部软分层进行掏煤。

② 水力掏煤钻孔布孔间距：根据水力掏煤钻孔数值模拟和现场测试，胡底煤业 3# 煤层水力掏煤钻孔影响范围为 3～4 m。为达到快速卸压消突效果，即不考虑软煤流变情况下，水力掏煤钻孔布孔间距设计为 5～6 m。

③ 水力掏煤量：根据水力掏煤现场测试，每米软煤掏煤量达到 2 t 以上时，瓦斯抽采和卸压消突效果较好，可以将 2 t/m 软煤作为胡底煤业水力掏软煤量标准。

④ 水力掏煤压力及流量：根据胡底煤业 3# 煤层水力掏煤现场测试，18～20 MP 压力、190～230 L/min 流量能够达到较理想的出煤效率。

⑤ 区域效果验证指标：采用水力掏煤技术措施后，区域消突达标时间缩短一半以上，煤巷掘进速度提高 1 倍以上。

2. 水力掏煤钻孔的布置

在胡底煤业 1305 底抽巷布置穿层钻孔 144 个，掏煤间距为 5 m，其中 1#、5#、12#、16# 为掏煤孔，1# 和 5# 孔布置在 1305 底抽巷东帮，12# 和 16# 孔布置在 1305 底抽巷西帮，东西帮掏煤孔呈对称布置，钻孔施工及布置如图 5-64 所示。

3. 水力掏煤作业流程

（1）水力掏煤过程

打好钻孔后，启动乳化液泵，压力从低压慢慢上调，观察掏煤出煤量，直到出煤量较大时保持泵压不动，后撤钻杆进行水力掏煤作业，记录压力和流量参数及时间。

水力掏煤时，禁止人员进入掏煤钻孔及参数测定孔附近 6 m 以内。水力掏煤时钻杆转速保持 120～180 r/min，出现憋孔或不出水、渣时，加快转速并来回拉钻杆，待返水正常时再减慢；若憋孔超过 1 min，应打开卸压阀，由卸压管路出一部分水，继续转动钻杆直至返水返渣。水力掏煤期间出现大量瓦斯涌出或造成巷道超限时，立即停泵，停止掏煤。

当该根钻杆掏煤不出渣，即返清水超过 2 min 时，卸一根钻杆。卸钻杆时，先停泵，停 2

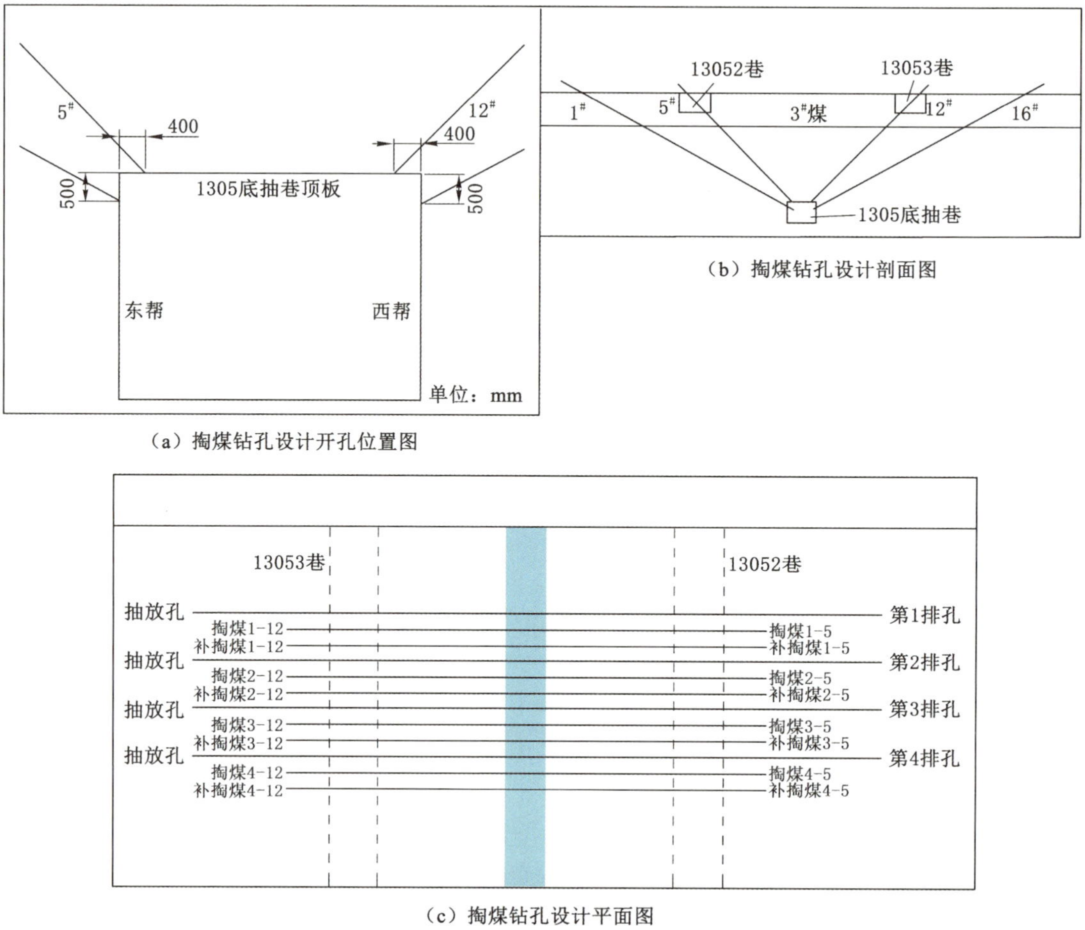


图 5-64　钻孔施工及布置图

min 后待钻孔不出水时，关闭水辫进水阀门，再进行卸钻杆操作。

（2）结束掏煤

当掏煤钻头已进入煤层底板、返清水后结束掏煤。结束掏煤操作与卸钻杆相同，即先停泵、关闭进水阀门，然后撤出钻杆。

（3）封孔联抽

卸下防喷装置，按照矿方施工穿层钻孔封孔方式进行封孔并连接抽放管路，安装抽采参数测定孔板，每天观测一次抽采参数。

（4）测定掏煤煤量

掏煤结束后清理沉淀池中冲出的煤泥，将煤泥装入编织袋中标定质量，通过铲车或皮带运出。

4. 水力掏煤结果分析

在井下进行了 144 个钻孔的掏煤试验，前期 10 个孔掏煤结果统计见表 5-17。

表 5-17　掏煤结果统计表

| 孔号 | 掏煤范围/m | 掏煤煤量/t | 每米出煤量/t | 掏煤压力/MPa | 掏煤结果 | 掏煤时间/min | 等效半径/m |
|---|---|---|---|---|---|---|---|
| 4-1# | 1.6 | 4.032 | 2.52 | 18～20 | 冲完 | 281 | 1.514 |
| 补 4-3# | 1.8 | 5.88 | 3.27 | 18～20 | 冲完 | 331 | 1.83 |
| 补 5-2# | 0.9 | 1.96 | 2.18 | 18～20 | 冲完 | 260 | 1.05 |
| 9-1# | 1.4 | 3.08 | 2.2 | 18～20 | 冲完 | 132 | 1.32 |
| 掏煤 5-5# | 1.2 | 1.68 | 1.4 | 18～20 | 钻机漏油 | 85 | 0.98 |
| 掏煤 4-11# | 1.8 | 4.03 | 2.24 | 18～20 | 冲完 | 275 | 1.56 |
| 掏煤 4-5# | 2.1 | 5.012 | 2.34 | 17～18 | 冲完 | 250 | 1.69 |
| 掏煤 6-6# | 0 | 0 | 0 | 18～20 | 未见软煤 | 200 | 0 |
| 掏煤 0-5# | 1 | 2.1 | 2.1 | 18～20 | 停水 | 224 | 1.09 |
| 掏煤 8-5# | 1.5 | 5.6 | 3.7 | 18～20 | 冲完 | 297 | 1.78 |

从表 5-17 中统计结果可知，正常掏煤时每个钻孔基本需要 3～4 h；钻孔的整体出煤量较大，最大出煤量达 5.6 t，每米煤段最大出煤量 3.7 t，平均每米煤段冲出 2.4 t。从出煤量的角度说明，胡底煤业的软煤能够被掏出，每米煤段出煤量较多，可以采用水力掏煤的技术治理矿井瓦斯。

5. 水力掏煤效果分析

选取 4-5# 和 8-5# 掏煤钻孔与普通钻孔进行抽采瓦斯浓度对比，如图 5-65 所示。从图中可以看出，掏煤后瓦斯抽采效率比以往明显提高，水力掏煤在胡底煤业试验过程中取得了较好的效果，能有效地应对胡底煤业低透性突出煤层瓦斯问题。

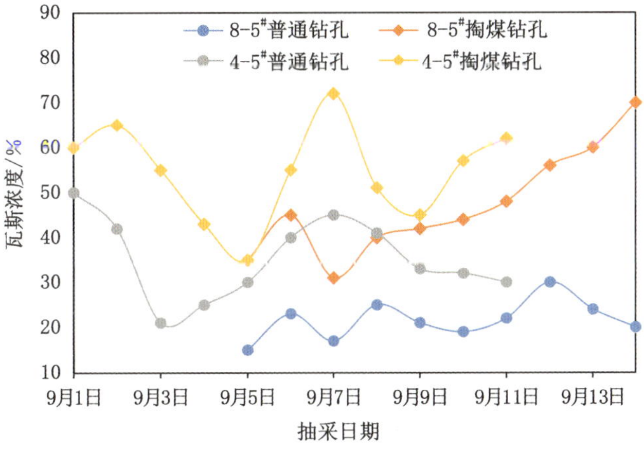


图 5-65　水力掏煤与未掏煤钻孔瓦斯浓度对比图

在水力掏煤之前，1305 底抽巷普钻打孔进行瓦斯抽采，但抽采效果不佳，13052、13053 煤巷掘进日进尺分别为 3.2 m、3.1 m，煤巷掘进效率低。在 1305 底抽巷水力掏煤之后，瓦斯抽采效果明显提升，13052、13053 煤巷掘进日进尺分别提高到 4.8 m、8.2 m(表 5-18)，有效地提高了煤巷的掘进效率。

**表 5-18 煤巷掘进效率对比表**

| 掏煤前后进尺对比 | 1305 底抽巷水力掏煤前 | 1305 底抽巷水力掏煤后 | 效率提高 |
|---|---|---|---|
| 13052 煤巷日进尺/m | 3.2 | 4.8 | 50% |
| 13053 煤巷日进尺/m | 3.1 | 8.2 | 164.5% |

## 四、松软煤层超高压水力割缝技术

超高压水力割缝技术是利用高压水射流的切割作用，在钻孔煤段人为再造裂隙，增大煤体的暴露面积，改善煤层中的瓦斯流动状态，为瓦斯排放创造有利条件，改变煤体的原应力，使煤体得到充分卸压，提高煤层的透气性和瓦斯释放能力。

在穿层或顺层钻孔中，首先采用低压水，利用矿用钻机带动水力割缝浅螺旋整体钻杆、高低压转换割缝器及金刚石复合片钻头旋转钻进至设计位置；然后开启超高压清水泵，调节至指定压力，通过高低压转换割缝器上的喷嘴射出高压射流，对钻孔煤段的煤层进行切割、冲击，在煤体中形成一定宽度和深度的不规则的扁平缝槽，切割下来的煤体在超高压水射流的冲刷及螺旋钻杆的扰动作用下被排出孔外，钻孔内煤体的暴露面积显著增大。切割形成的缝槽使钻孔内的煤体得以充分卸压，为煤体中的瓦斯排放创造了有利条件，达到煤层卸压增透的目的。超高压水力割缝工艺系统如图 5-66 所示。

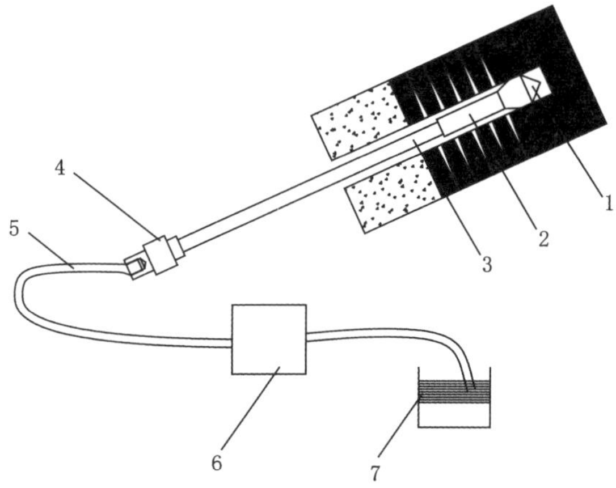


1—金刚石复合片钻头；2—高低压转换割缝器；3—水力割缝浅螺旋整体钻杆；
4—超高压旋转水尾；5—超高压软管；6—超高压清水泵；7—水箱。

图 5-66 超高压水力割缝装置工艺系统图

### （一）水力割缝卸压增透机制

普通抽采钻孔施工后，由于钻孔直径小，钻孔内煤体暴露面积小，钻孔周围裂隙发育不明显[图 5-67(a)]，卸压影响范围小，钻孔内瓦斯流动主要为径向流动[图 5-68(a)]，抽采过程中存在“瓶颈效应”。为了增大抽采卸压范围，达到快速均匀卸压的目的，需要施工大直径钻孔或施工密集钻孔[图 5-69(a)]，钻孔工程量大，施工成本高。

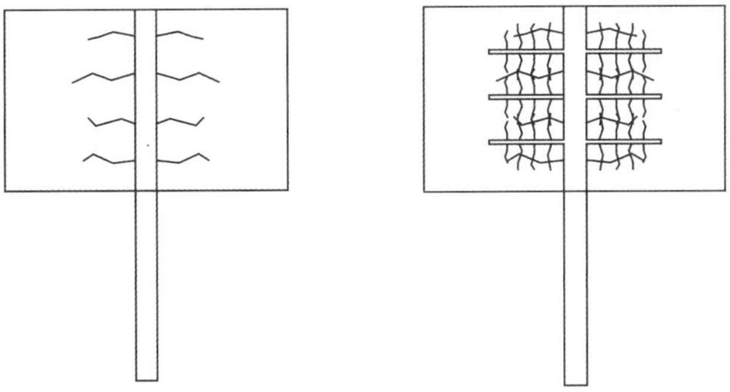


图 5-67　割缝前后钻孔周围裂隙发育示意图

超高压水力割缝后，高压水射流在钻孔内切割煤体，形成一定宽度和深度的扁平缝槽，一方面增大了煤体的暴露面积，另一方面提供了煤岩变形空间。缝槽附近煤岩卸压，应力重分布，缝槽的上下侧面还会产生大量的次生裂隙，煤体透气性提高。缝槽和大量的次生裂隙共同构成了解吸瓦斯的流动路径[图 5-67(b)]，瓦斯流动状态由径向流动转变为钻孔间环形网状流动[图 5-68(b)]，煤体卸压充分，整体透气性系数得以大幅度提高，瓦斯抽采范围增大[图 5-69(b)]。

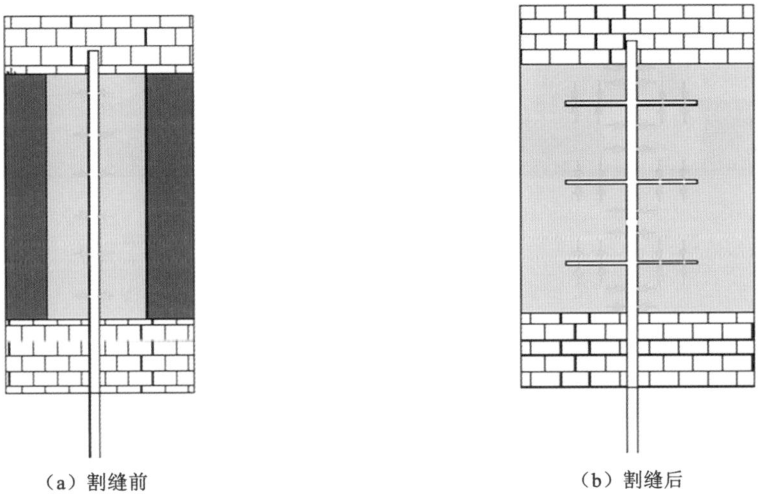


图 5-68　割缝前后钻孔周围瓦斯流动示意图

(二) 水力割缝装备集成

超高压水力割缝钻割一体化装备主要包括金刚石复合片钻头、高低压转换割缝器、水力割缝浅螺旋整体钻杆、超高压旋转水尾、超高压软管、超高压清水泵、高压远程操作台等，设备组成如图 5-70 所示。

(1) 金刚石复合片钻头

钻头为三翼加强型金刚石复合片钻头(图 5-71)，依据刮削剪切原理进行岩层破碎，适

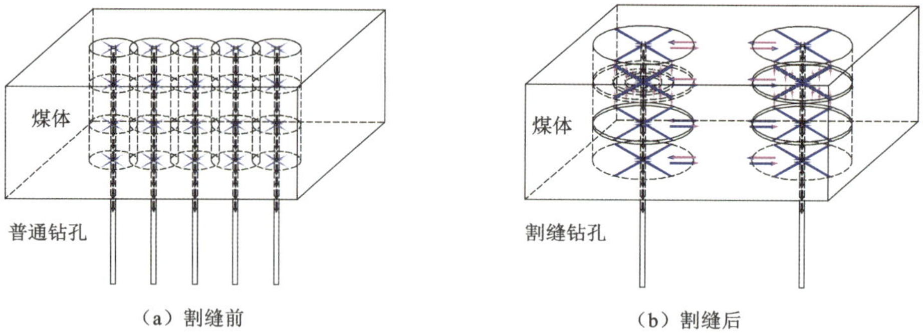


图 5-69　割缝前后钻孔抽采范围示意图

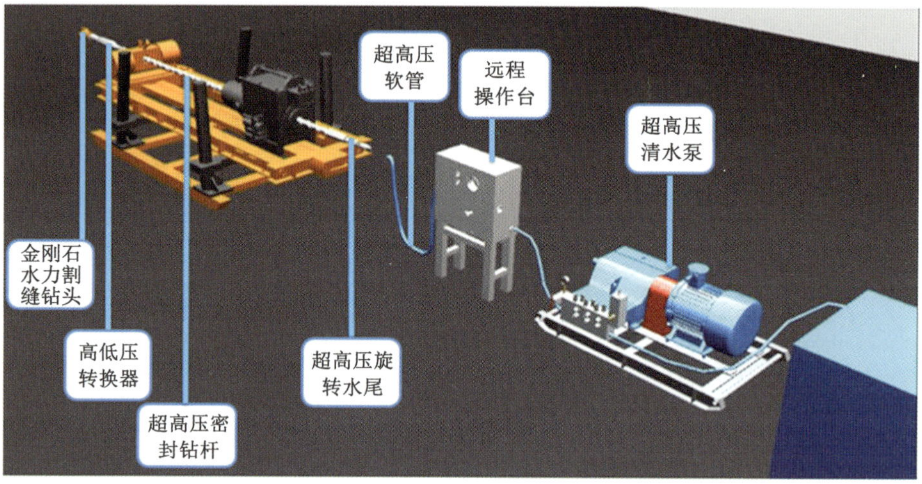


图 5-70　超高压水力割缝钻割一体化设备组成

用于软-中硬地层的钻进，且在克服不完整地层钻进时具有更好的优势。金刚石复合片钻头具有高耐磨性和高抗冲击性，使用寿命长、时效高。

（2）高低压转换割缝器

高低压转换割缝器是超高压水力割缝装置的核心部件，连接于金刚石复合片钻头与水力割缝浅螺旋整体钻杆之间。主要功能是实现高压与低压的自由切换，低压状态（压力低于15 MPa）对钻孔进行正常钻进，高压状态（压力大于15 MPa）时，水从径向喷嘴射出形成射流，对煤体进行割缝。高低压转换割缝器的喷嘴直径下限根据钻孔排渣需求确定，喷嘴直径上限依据设备输出功率确定。图 5-72 为高低压转换割缝器实物。

（3）水力割缝浅螺旋整体钻杆

水力割缝浅螺旋整体钻杆（图 5-73）主要承担钻孔钻进过程中扭矩输出功能，以及超高压力割缝过程中高压水输运功能、排渣功能。在光钻杆基础上采用整体敦粗铣凹槽加工工艺，保证了钻杆的强度，承受扭矩大于 7 200 N·m；设计钻杆螺纹主要是为了满足割缝排渣需求，割缝过程中钻杆转动时产生的煤渣随着螺纹的转动而被运移出钻孔。

（4）超高压旋转水尾

超高压旋转水尾(图 5-74)连接于水力割缝浅螺旋整体钻杆和超高压软管之间,重载型不锈钢结构,采用间隙密封设计。间隙密封由内、外套筒实现,内套筒外径略小于外套筒内径,保证套筒间的间隙既不产生水尾转动阻力,又能通过间隙节流实现水尾的密封。

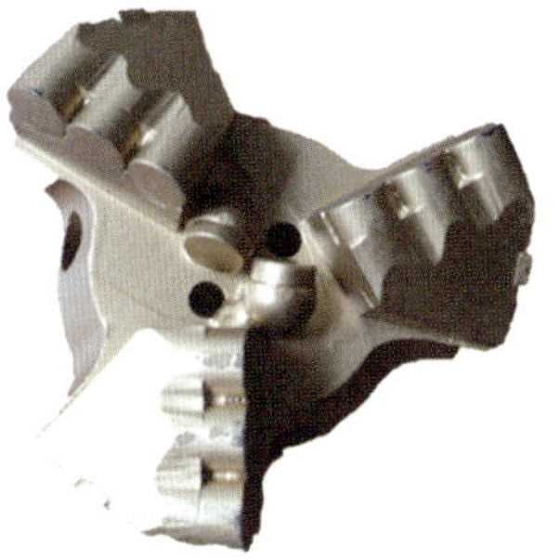

图 5-71　金刚石复合片钻头

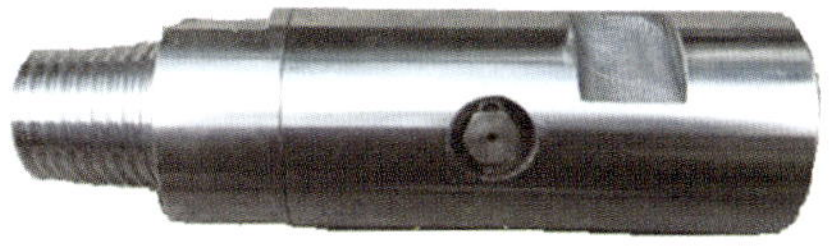

图 5-72　高低压转换割缝器

图 5-73　水力割缝浅螺旋整体钻杆

图 5-74　超高压旋转水尾

(5) 超高压清水泵

高压泵是产生高压水的设备,在选型上首先根据试验现场条件确定泵的型式,再由实际割缝作业需求确定泵的压力、流量等主要参数。卧式柱塞泵具有重心低、运行平稳、脉冲击小、体积小、拆装方便等特点,适合于井下巷道施工。

(三) 超高压水力割缝效果主控因素

超高压水力割缝是在超高压(100 MPa)水射流的切割作用下在钻孔煤段人为制造裂隙,增大煤体的暴露面积,改善煤层中的瓦斯流动状态,改变煤体的原应力,煤体得到充分卸压,提高煤层的透气性和瓦斯释放能力。

影响钻孔的卸压增透效果的因素主要包括煤层硬度、水射流压力及流量、水射流旋转速度、钻孔每次割缝时间、钻孔割缝间距、割缝钻孔间距等。

(1) 煤层硬度

高压射流破煤主要有两种破坏形式:一种是断裂破坏,拉伸应力达到煤的抗拉强度,煤破碎失效;另一种是剪切破坏,剪切应力超过煤的抗剪强度发生剪切破坏,煤破碎失效。这两种破坏形式,对不同的射流类型,可能是某一种破坏起主导作用,也可能在不同的破煤时间段,两种破坏形式交叉作用。在煤的强度非常接近的情况下,孔隙率越高和渗透性越好,相同条件射流破煤效果要好得多。

(2) 喷嘴直径

随着喷嘴直径的增大,射流的断面直径增加,在单位时间内冲击试块的流体增多,煤体破坏的直径和深度均有所增加。因此,在泵压一定的条件下,通过控制喷嘴直径,能够达到较好的打击破碎效果。

(3) 水射流压力及流量

水射流压力大小主要影响破煤效率，而流量高低则主要影响排渣效率。水射流冲击煤岩时，存在一个使煤体产生破坏的最小喷射压力。当水射流压力小于这个压力时，煤体只能产生变形而几乎不被破坏。当射流压力超过这个压力时，煤体产生跃进式破坏。煤体的这个最小破坏压力也不是一成不变的，它与煤体的坚固性系数和抗拉强度等特性有关。

(4) 水射流旋转速度与割缝时间

水射流旋转速度主要影响割缝深度，水射流横移速度越小，水射流冲击煤体的时间就越长，割缝深度越大。水射流冲击煤体时，煤的初始破坏发生在极短的几毫秒内，随着时间的增加，割缝深度不断增加。割缝深度的增长率随冲击时间的增加而逐渐减小，是由于水射流冲击的时间越长，缝槽内聚集的压力水越多，这些压力水起到"水垫"的作用，而削弱了射流的破碎能力。

(5) 割缝间距

超高压水力割缝间距主要影响割缝后煤体应力分布及卸压范围。钻孔割缝后，缝槽周围产生裂隙，煤层透气性增加。割缝间距越小，相邻缝槽裂隙相互作用越大，割缝间距增大；相邻缝槽的相互影响作用逐渐减小。

(6) 割缝钻孔间距

超高压水力割缝钻孔间距主要影响煤体应力分布及抽采时间。相邻钻孔间距小，钻孔割缝后周边应力分布相互影响，产生裂隙范围增大。在相同的抽采范围内，钻孔间距小，需要的钻孔工程量大，抽采时间短；钻孔间距大，需要的钻孔工程量小，抽采时间长。

(四) 超高压水力割缝工艺

超高压水力割缝施工主要包括割缝前准备、钻孔施工、割缝作业三个阶段。

(1) 割缝前准备

① 供水系统准备，供水流量需满足割缝作业所需的水流量，并确保连续供水。

② 超高压清水泵及清水箱摆放地点需平整，且清水箱的摆放平面不能低于超高压清水泵的摆放平面。

③ 排水系统准备，主要包括排水沟、沉淀池等。

④ 供电系统准备，满足清水泵 1 140 V 或 660 V、功率 250 kW 的用电要求。

⑤ 封孔、抽采材料准备，进行钻孔施工、割缝时需提前安装抽采管路及抽采监控计量装置，准备好封孔及抽采所需材料。

(2) 钻孔施工

依次连接金刚石复合片钻头、高低压转换割缝器、水力割缝浅螺旋钻杆、矿用低压水尾，利用低压水对钻孔进行钻进，施工至钻孔设计深度。

加接钻杆时需注意加装密封圈，并且保证钻杆外锥螺纹及其内腔清洁。

(3) 割缝作业

钻孔施工完后，卸下低压水尾，换接上超高压旋转水尾及超高压管路，安设警戒线，按一定的割缝间距退钻进行割缝作业。

开启清水泵直至钻孔正常返水后，开启钻机带动钻杆以适当速度旋转，控制调压阀，将泵压缓慢匀速调至 60～70 MPa，水经过超高压软管进入钻杆内，由高低压转换割缝器上的喷嘴射出形成射流，煤体进行切割，每刀旋转切割时间为 20～25 min。

每刀割缝结束后，将泵压回零后再关停，根据设定的割缝间距，将高低压转换割缝器退至下一刀割缝位置，继续进行割缝作业。

割缝完成后，关闭超高压清水泵，撤卸水力割缝浅螺旋整体钻杆并堆放整齐，将高低压转换割缝器、金刚石复合片钻头、超高压旋转水尾妥善保管。

超高压水力割缝操作流程如图 5-75 所示。

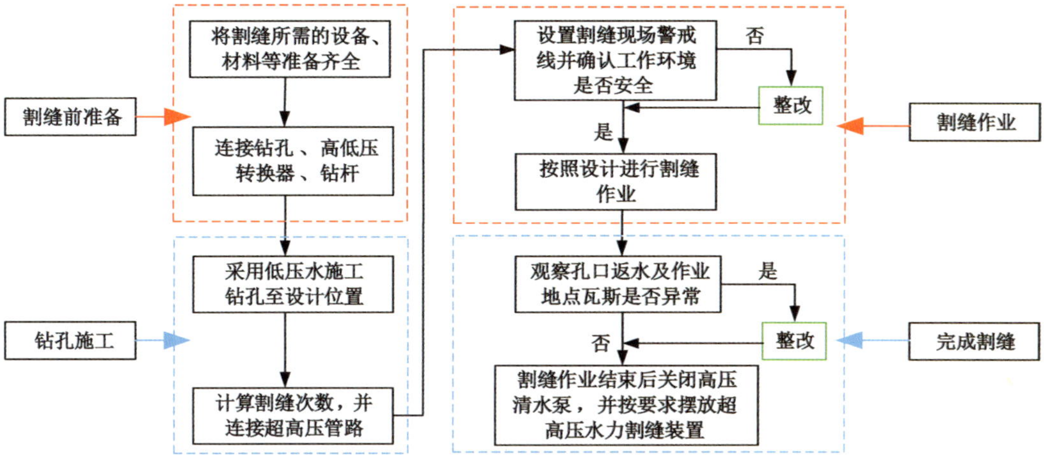


图 5-75　超高压水力割缝操作流程图

超高压水力割缝过程中，水量大，割出的煤渣多，为避免发生堵孔喷孔、瓦斯超限和伤人事故，在超高压水力割缝试验过程中制定了相应的松软煤层排渣工艺，主要包括以下几个方面：

① 钻孔施工之前，抽采管应接到打钻地点，并安设防喷装置、除渣器，安装好孔口防喷装置，钻机前方加装皮带机并设置防喷挡板。

② 超高压水力割缝过程中，为了防止瞬时出煤量太大，调压过程应缓慢进行，调压流程为 10 MPa→20 MPa→30 MPa→40 MPa→60 MPa，每次调压后需等待 1 min 以上方可继续调高压力。

③ 钻孔施工过程中，应适当控制钻进速度和给进压力。

④ 割缝过程中，钻机操作人员应密切观察孔口和钻机压力表变化情况。当出现钻孔返水量减小、排渣不畅时，应及时通知超高压清水泵操作工将泵压回零，然后操作钻机在前后 1 m 范围内来回拖动钻杆疏通钻孔，待钻孔正常返水返渣后方可继续割缝。

⑤ 每次加接钻杆后，要缓慢开启控水闸阀，控制水量，防止孔内积聚瓦斯短时间排出，造成瓦斯超限，需待孔口排渣正常后，方可正常钻进。

⑥ 钻孔终孔后必须开启控水闸阀冲洗钻孔 10～15 min，防止发生煤岩粉堵孔及延期喷孔事故。

（五）超高压水力割缝现场试验

超高压水力割缝试验地点选择在赵庄煤业二盘区北回风巷，二盘区 3# 煤层原始瓦斯压力为 0.594 MPa，原始瓦斯含量为 7.90～11.80 $m^3/t$，坚固性系数 $f$ 为 0.5 左右，3# 煤层透气性系数为 0.463 5～1.747 4 $m^2/(MPa^2 \cdot d)$。百米钻孔初始瓦斯涌出量为 0.005 2～0.010 5 $m^3/min$，百米钻孔瓦斯流量衰减系数为 0.143～0.29 $d^{-1}$。普通穿层钻孔按照抽放半径 3.8 m 设计，列间距计算为 3.5 m，为了确保全覆盖无盲区，实际按照 3.0 m 取值。穿层钻孔百米抽采纯量为 0.024～0.039 $m^3$/min,抽采时间为 6 个月。

在北回风巷南帮,共设计 13 排钻孔,每排设计 4 个钻孔(每排中 1# 钻孔开孔高度为 4 m,2# 钻孔开孔高度为 3.5 m,3# 钻孔开孔高度为 3 m,4# 钻孔开孔高度为 2.5 m)。第一排到第四排为第一组,排间距为 4 m;第五排到第八排为第二组,排间距 5 m;第九排到第十三排为第三组,排间距为 6 m,排间法距 5 m;组间距为 10 m。钻孔设计及施工参数如图 5-76所示。

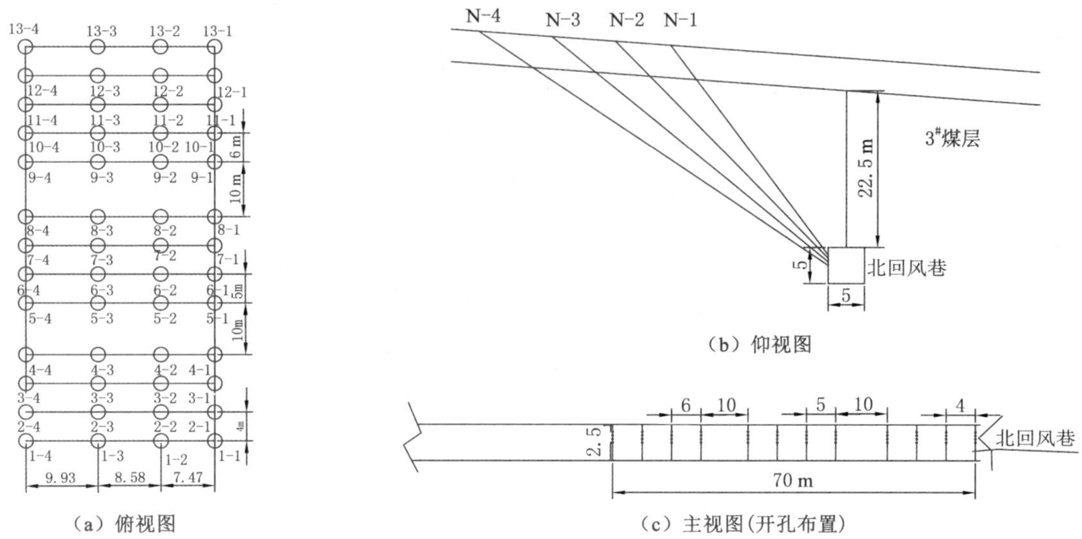


图 5-76 钻孔布置图

1. 水力割缝合理参数试验方案

在超高压水力割缝过程中,不同的割缝参数选择将直接影响割缝效果,为达到最佳割缝效果,分别对割缝时间、割缝压力、割缝转速以及割缝间距取不同的标准进行现场试验,考察钻孔的出煤量,并对观测孔瓦斯抽采数据进行实时监测,以确定最佳的水力割缝参数。

割缝压力:60 MPa、80 MPa、100 MPa;

割缝时间:5 min、9 min、11 min;

割缝转速:40 r/min、60 r/min、80 r/min;

割缝间距:1 m/刀、2 m/刀。

2. 试验结果分析

(1) 出煤量统计(表 5-19)

表 5-19 水力割缝出煤量统计

| 割缝压力 /MPa | 出煤量 /t | 割缝时间 /min | 出煤量 /t | 割缝转速 /(r/min) | 出煤量 /t |
|---|---|---|---|---|---|
| 60 | 0.52 | 5 | 0.43 | 40 | 1.14 |
| 80 | 0.88 | 9 | 0.91 | 60 | 0.84 |
| 100 | 0.97 | 11 | 0.98 | 80 | 0.56 |

随着割缝压力的增加，平均单刀出煤量也随之增加。但是在割缝压力增大到 100 MPa 后，割缝过程中出现了严重堵孔、喷孔现象，为保障割缝安全进行，选择割缝压力为 70～80 MPa。随着割缝时间的增加，平均单刀出煤量也随之增加。但是在割缝时间由 9 min 增加到 11 min 时，单刀割缝出煤量并没有显著提升。

（2）抽采纯量统计

图 5-77、图 5-78、图 5-79 分别为不同割缝压力、不同割缝时间、不同割缝间距情况下钻孔瓦斯抽采纯量的变化情况。

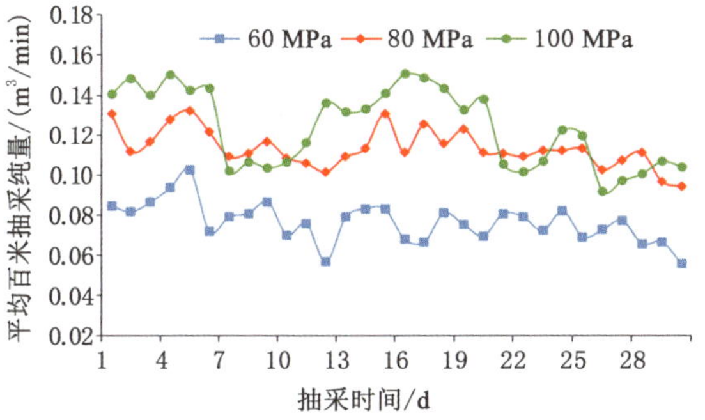


图 5-77　不同割缝压力钻孔瓦斯抽采纯量变化曲线

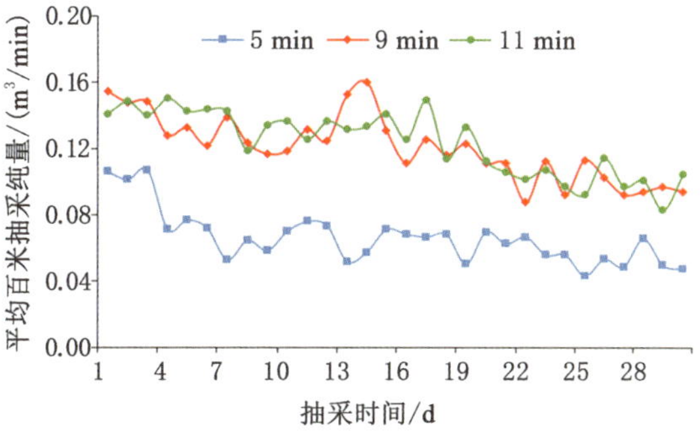


图 5-78　不同割缝时间钻孔瓦斯抽采纯量变化曲线

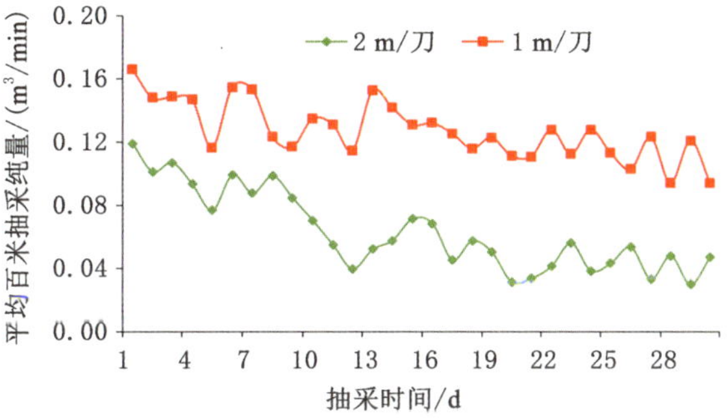


图 5-79　不同割缝间距下钻孔平均瓦斯抽采纯量变化曲线

从图 5-77 可以看出，随着割缝压力的增加，瓦斯抽采纯量也在增加，压力越大，对煤体的破坏越强烈，瓦斯流动也越活跃。

从图 5-78 可以看出，随着单刀割缝时间的增长，抽采纯量也逐步提高，但是在单刀割缝时间由 9 min 增加到 11 min 后，钻孔平均瓦斯抽采纯量变化不大，这是由于高压水射流对煤体的有效打击距离是一定的，在单刀割缝 9 min 时射流基本已经达到最大有效打击距离，此时再增加割缝时间也不会明显提高出煤量和抽采效果。

从图 5-79 可以看出，割缝间距 1 m/刀比 2 m/刀抽采纯量提高约 94%。

通过试验可得，针对赵庄煤业煤层基本特点的最优割缝参数为：割缝压力为 70～80 MPa，单刀割缝时间为 9 min，割缝转速为 60 r/min，割缝间距为 1 m/刀。

3. 水力割缝效果对比

北回风巷水力割缝钻孔与2319-2#底抽巷对比钻孔在接抽7个月时间内钻孔瓦斯抽采平均浓度如图5-80所示。从图中可以看出，割缝钻孔在第一阶段割缝期间（2018年8月19日至2018年9月9日），钻孔瓦斯平均抽采浓度在27.7%～37.8%之间，平均为33.0%，之后割缝期间由于钻孔未及时封孔导致瓦斯抽采浓度下降。在2018年10月9日左右割缝钻孔全部封孔接抽后，割缝钻孔瓦斯浓度迅速上升，2018年10月9日至2019年3月19日期间，割缝钻孔瓦斯平均浓度在28.7%～50.3%之间，平均为40.2%。在排除由于未及时封孔而导致钻孔瓦斯抽采浓度下降原因后，可得出个钻孔在接抽时间内瓦斯平均浓度为33.0%。同样，由图可知对比钻孔在接抽时间内钻孔瓦斯平均浓度在14.8%～32.2%之间，平均为22.2%。割缝钻孔平均抽采浓度是对比钻孔的1.49倍。

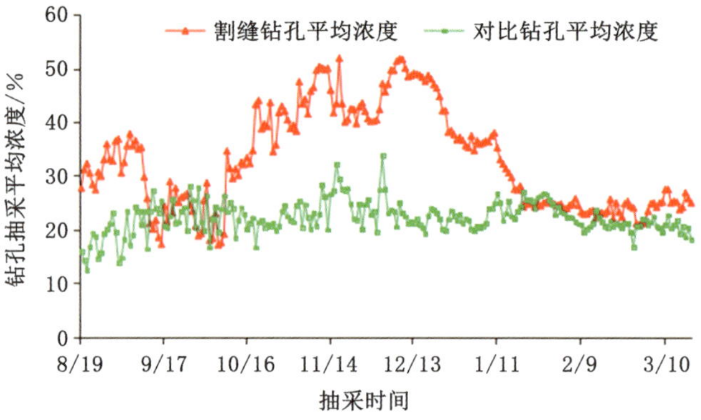


图5-80 割缝钻孔与对比钻孔瓦斯抽采浓度变化曲线

割缝钻孔与2319-2#底抽巷对比钻孔在接抽时间内百米钻孔瓦斯平均抽采纯量数据情况如图5-81所示。从图中可以看出，由于割缝后钻孔内煤体暴露面积急剧增大，割缝钻孔在割缝初期钻孔瓦斯平均百米抽采纯量较大，在2018年8月19日至2018年9月10期间，割缝钻孔瓦斯平均百米抽采纯量在0.510～0.260 $m^3$/min之间，平均为0.337 $m^3$/min。之后，同样由于未及时封孔导瓦斯致抽采纯量降低。在全部封孔接抽后，割缝钻孔瓦斯平均百

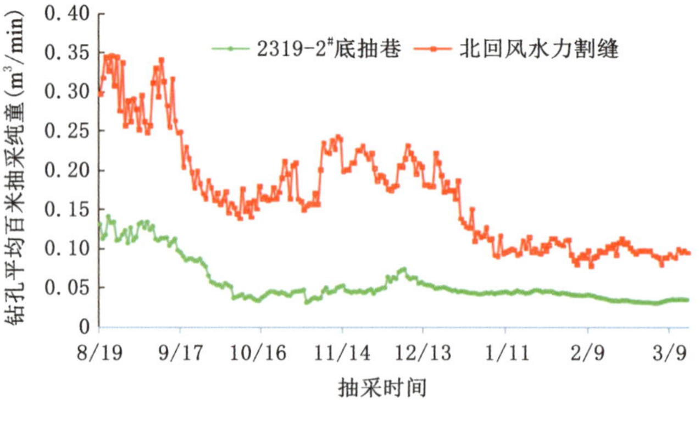


图5-81 割缝钻孔与对比钻孔瓦斯平均百米抽采纯量变化曲线

米抽采纯量明显上升，2018 年 10 月 9 日至 2019 年 3 月 19 日期间，割缝钻孔瓦斯平均百米抽采纯量在 0.220～0.145 $m^3$/min 之间，平均为 0.197 $m^3$/min。

总体上讲，对比抽采钻孔瓦斯平均百米钻孔抽采纯量在 0.030～0.142 $m^3$/min 之间，平均为 0.056 $m^3$/min；超高压水力割缝钻孔瓦斯平均百米钻孔抽采纯量在 0.107～0.510 $m^3$/min，平均为 0.169 $m^3$/min。可以得出，超高压水力割缝钻孔瓦斯平均百米钻孔抽采纯量是对比钻孔的 3.02 倍。

4. 工程量对比(表 5-20)

**表 5-20　割缝钻孔与对比钻孔工程量对比**

| | 普通钻孔 | 割缝钻孔 | 对比值 |
|---|---|---|---|
| 钻孔布置参数 | 排距 3 m,法距 4 m | 排距 4 m,法距 5 m | 相同区域钻孔工程量减少 46% |
| 6 个月内单孔百米瓦斯平均抽采纯量 | 0.056 $m^3$/min | 0.169 $m^3$/min | 3.02 倍 |
| 相同区域瓦斯抽采总量提高 | — | — | 71.6% |
| 抽采 6 个月钻孔抽采有效半径 | 4.76 m | 2.69 m | 1.76 倍 |

根据钻孔设计参数可知，割缝钻孔设计参数为排间距 4 m，钻孔排间法距 5 m，对比钻孔设计参数为排间距 3 m，钻孔排间法距 4 m。从而可计算出割缝钻孔在同等控制区域内钻孔工程量减少 46% 的基础上，钻孔瓦斯抽采总量增加了 71.6%，抽采有效半径增加了 76%。

# 第六章　煤炭生产区井上井下抽采技术

煤炭开采生产区经历了规划区、开拓区瓦斯治理，煤层瓦斯含量小于 8 $m^3/t$，但受煤炭生产的采动影响，煤层中的残余瓦斯会大量涌出。工作面回采后，采空区顶板垮落，邻近煤层、围岩中的瓦斯也会涌入工作面。各矿井按照“能抽尽抽、边抽边采”的原则，开发了顺层密集钻孔、地面采动垂直井、地面采动 L 形井、大孔径高位定向钻孔、采空区横川埋管等适合于生产区的瓦斯治理技术，实现了多层位全时段立体精准抽采，保障工作面安全生产。

一是通过实施顺层密集钻孔、穿层钻孔等手段，在采面、切眼等抽采时间相对较短区域补充施工加密顺层钻孔强化抽采，在工作面回采过程中保持正常抽采，努力做到瓦斯抽采最大化。

二是利用地面采动井抽采采空区瓦斯。从地面施工大孔径采动垂直井、采动 L 形井、改造现有地面垂直井进行采动区瓦斯抽采。岳城煤矿施工的采动直井日抽采瓦斯量最高超过 1 万 $m^3$，寺河煤矿施工的采动 L 形井日抽采瓦斯量最高超过 3 万 $m^3$，开创了煤矿采煤工作面瓦斯地面抽采的新模式。

三是综合运用多种采空区瓦斯治理技术。针对采面上隅角瓦斯治理，通过大孔径高位钻孔、中位钻孔和新建井下移动泵站、横川埋管等综合手段治理采空区瓦斯；特别是在顶板条件复杂的赵庄煤业和长平煤业，施工的高位钻孔孔径达到 300 mm，抽采量达到 10～20 $m^3/min$，代替了传统的高抽巷，实现了以孔代巷，节省巷道施工费用，取得了明显的经济效益。

## 第一节　地面钻井抽采采动区煤层气

地面钻井抽采采动区煤层气是在煤炭生产采动区从地面向采煤工作面上方施工地面钻井或对原有的煤层气预抽井进行改造，用来抽采煤层、上覆煤层和围岩中受采动影响而解吸出来的煤层气。煤炭生产采动煤层已经历了生产规划区地面煤层气预抽、开拓准备区井上下强化抽采，煤层瓦斯含量已降至 8 $m^3/t$ 以下，瓦斯压力小于 0.74 MPa，达到了煤炭开采的要求。但是，一旦工作面开始回采作业，煤炭大量产出，煤层中残留瓦斯会大量涌入工作面，势必会对工作面通风造成压力。按照“能抽尽抽、边抽边采”的原则，要利用煤炭采动的影响，尽可能地将煤层、岩层中的瓦斯资源抽采并加以利用。

地下煤层及围岩在开采之前处于原岩应力平衡状态，采掘活动导致应力重新分布和岩层移动，在采空区上方形成了垮落带、裂隙带、弯曲下沉带。垮落带岩层断裂、破碎，堆积在采空区内，石块间存在较大空隙，形成贯通采煤工作面的空洞与裂隙网络通道，具有很好的导气性。垮落带的高度通常为采出煤层厚度的 3～5 倍，由于垮落带岩石破碎膨胀，裂隙带岩层允许下沉空间逐渐变小，岩层断裂成为较规则的大块块体堆积在垮落带岩石的上方。裂隙带岩层中形成了层向与垂向交错的裂隙网络通道，岩层透气性增加，为邻近煤层中由于卸压解吸出的瓦斯和采矿区遗煤释放的瓦斯形成了存储和运移的空间。裂隙带高度一般为采高的 10～30 倍，裂隙带上方则是弯曲下沉带，距离采空区远，受采动影响小，一般在岩层中形成离层裂隙而缺乏与裂隙带连通的破断裂隙。如寺河煤矿 4301 综采工作面煤层顶板上方 22.93 m 高度范围为垮落带，从垮落带往上 64.45 m 高度范围为裂隙带，裂隙带上方则进入弯曲下沉带范围。矿区内工作面最长达到 300 m，顶板冒落高度更大。地面钻井抽采采空区煤层气正是将钻井布置在适当层位，利用采动影响形成的裂隙网络，施加抽采负压，抽采本煤层及开采卸压范围的煤层瓦斯。

采动区地面抽采早期采用地面直井抽采，随着抽采理论与钻井技术的进步，L 形水平井也应用于采动区瓦斯治理。采动区地面井瓦斯抽采是在采煤工作面上方超前施工垂直地面井，当采煤工作面推至距井位一定距离，采集管位于采煤扰动产生裂隙影响范围时，负压抽采裂隙带内瓦斯；待采煤工作面推过地面井位后，继续抽采采空区、邻近层卸压解吸瓦斯，以解决采空区瓦斯隐患。采动区地面 L 形水平井瓦斯抽采是通过地面施工形似 L 形的地面井，其水平段位于煤层上方裂隙带内，随采煤工作面的推进，抽采集聚在裂隙带岩层内的瓦斯气体。

## 一、采动区地面直井抽采技术

矿区内寺河煤矿、成庄煤矿、岳城煤矿施工垂直采动井 50 口，其中岳城煤矿 1303(下)工作面 YCCD-02 采动井，日均产气纯量达到 18 000 $m^3$，最高单日接近 37 500 $m^3$；成庄煤矿 5310 工作面 CZCD-02 采动井运行期间日均产气纯量为 1 440 $m^3$。地面采动井瓦斯治理，大大减少了采空区瓦斯涌出，解决了上隅角瓦斯超限问题，对于分层开采的高瓦斯工作面，不仅有利于上分层工作面的回采，同时一定程度上解决了下分层回采时的采空区瓦斯治理问题。晋城矿区在地面采动井优化布置、井身结构设计、钻井完井工艺等方面积累了丰富的经验。

### （一）采动区直井抽采瓦斯的适用条件

① 采空区瓦斯涌出量大，顶板高位钻孔与横川埋管抽采无法满足瓦斯治理要求的采煤工作面。

② 下分层工作面回采期间瓦斯影响主要来自上分层采空区，无法继续使用高抽钻场、高位钻孔等治理模式。

③ 工作面存在地面预抽直井，可将预抽直井改造为采动直井，对采空区瓦斯进行有效抽采的工作面。

### （二）采动区地面井布置的原则

① 布井应综合考虑有利于地面井井身结构稳定和有利于抽采煤层气与治理瓦斯效果。

② 由于采场上覆岩层最大剪切位移发生在岩层沉降拐点附近，最大离层拉伸位移发生在地表沉降区中线位置，因此，从地面井井身结构稳定性上考虑，地面井应尽可能回避剪切和离层拉伸位移最大区域，应选择在地表沉降拐点和采场中线之间的区域。

③ 受采场通风系统风流流向的影响，地面井布置在靠近回风巷侧时能更好地起到瓦斯

抽采与上隅角瓦斯治理效果。

④ 综合考虑以上多种因素,煤矿采动区地面煤层气抽采井井位应优先选择布置在采煤工作面回风巷侧且在地表沉降拐点连线和采场中心线之间的区域,不同矿区应根据具体的工程地质条件和通风系统布置进行具体分析和计算。

(三) 地面采动井井身结构

采动区地面井在岩层移动影响下容易发生切断、拉断、堵塞等破坏,失去抽采瓦斯的功能。通过对晋城矿区单一厚煤层采场上覆岩层移动的分层组合特点进行分析,地面钻井的变形主要呈现几种形式:单一岩层内钻孔主要发生拉伸缩径,单一组合岩层内的交界面处钻孔主要发生剪切破断,两组合岩层交界处钻孔主要发生拉剪综合变形。岩层移动的剪切滑移位移量、离层拉伸位移量是岩层运动对地面井产生影响的关键参量。

为了保证地面井在采动影响下的贯通,提高瓦斯抽采效果,应适度增大地面井各级井段的钻井直径,使得各分级段的钻井直径在岩层移动发生后仍能够保证钻井的有效通径大于"0"。同时,应采取适当的固井技术提高地面井的有效通径,以增强地面井的抗拉剪能力。根据不同的地形条件和设计需要,地面井结构主要包括全井固井、自重完井直井结构,局部固井、悬挂完井直井结构,两级固井、悬挂完井直井结构(文光才,2015)。具体井型结构如图 6-1所示。

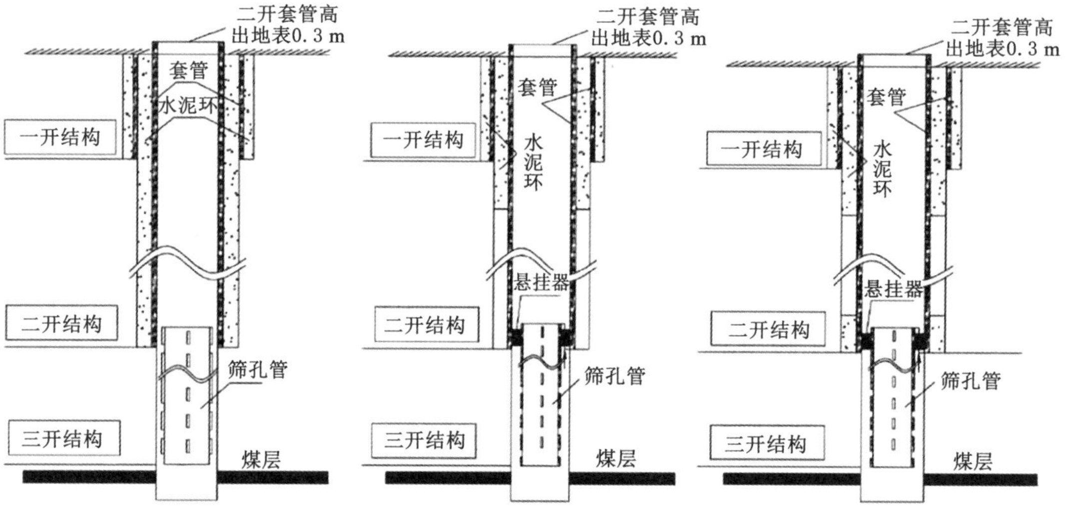


(a) 全井固井、自重完井直井结构　(b) 局部固井、悬挂完井直井结构　(c) 两级固井、悬挂完井直井结构

图 6-1　三种典型地面井井型结构

图 6-1(a)为全井固井、自重完井直井。自地表到二开全部用固井水泥固结,井筒完整,刚度大,抗剪切变形能力弱,在地层变形作用下容易发生破坏。此种井型结构在成庄煤矿 2318 工作面、4308 工作面和 4306 工作面各施工一口地面井,在寺河煤矿 3303 工作面施工一口地面井。在实际应用过程中,此 4 口井均在工作面推过钻井 10～30 m 后迅速发生了破坏,钻井报废。

图 6-1(b)为局部固井、悬挂完井。该井型结构一开及二开上部采用水泥固井,设置悬挂器挂在套管底部,筛孔管挂在悬挂器下部。整个井身上半部由水泥固井,刚度较大,下半

部只有钢套管，可以随着岩层产生一定的变形，而不至于发生脆性破坏。此种井型应用于岳城煤矿 1303 工作面和寺河煤矿 4303 工作面、W2301 工作面，共施工 9 口井，采煤工作面推过 800 m 以后仍保持畅通，抽采瓦斯最高浓度达 86%，日抽采量最高在 1 万 $m^3$ 以上。

图 6-1(c)为两级固井、悬挂完井。此种井型与局部固井、悬挂完井不同的是在二开井底增加了部分水泥固井，增加二开、三开连接处的刚度，对悬挂器和筛孔管起到一定的保护作用。该结构中的两级固井模式更适用于采动区钻井施工过程中保障套管稳定性和钻井安全的需求。此种井型结构应用于成庄煤矿 4311 工作面的 2012ZX-CZCD-03 井和 4318 工作面的 2013ZX-CZCD-04 井，4318 工作面的 2013ZX-CZCD-04 井最高瓦斯抽采量达 11 000 $m^3/d$。悬挂筛孔管完井更易于覆岩渗水、泥沙的下沉，保障采动区地面井生产套管段透气筛孔的畅通，提高抽采效果；同时，也避免煤层回采过程中的采煤机碰撞、切割套管穿煤段的风险。

（四）地面采动井现场应用

岳城煤矿 1311 工作面布置有四条顺层巷道，其中，13111 巷位于工作面东侧，担负进风兼运煤任务；13113 巷位于工作面西侧，担负进风兼运料任务，13112 巷和 13115 巷为回风巷。

经过现场踏勘和对地层条件分析，确定 2018ZX-YCCD-13 地面井在工作面的相对位置如图 6-2 所示，该井位距回风侧 42 m，距停采线 161 m，距切眼侧 89 m。

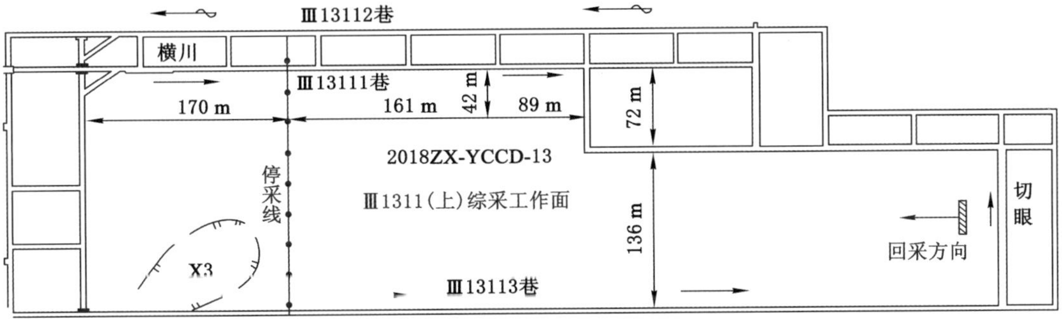


图 6-2　工作面及地面采动井布置图

(1) 钻井工艺

一开采用 $\phi$444.5 mm 钻头，钻入基岩层 20 m，安设 $\phi$406.4 mm×12.57 mm J55 型 API 套管，固井水泥浆返至地面。

二开采用 $\phi$347.6 mm 钻头钻进至 397 m，安设 $\phi$298.4 mm×13.56 mm N80 型套管，上端固井 120 m，二开、三开重叠 5 m，三开筛管采用悬挂完井结构。

三开采用 $\phi$269.9 mm 钻头钻至煤层以下 10 m，安设 $\phi$177.80 mm×19.05 mm N80 型 API 筛管，筛管下至煤层上方 5 m，不固井，筛管段以下为裸孔。

(2) 固井工艺

一开钻井结束后，下入表层套管，固井封固地表松散层，固井水泥浆返至地面。

二开钻井结束后，下入生产套管时，在设定上端固井位置的套管处(150 m)安设扶正器，并在其上方缠绕海带及膨胀剂；局部固井时，用调制好的水泥从地表井口环空处灌入，水泥浆返至地面。

三开钻井结束后，下入筛管，不固井。

为了加强套管的强度安全并保障抽采透气效果，三开套管透气孔尺寸为：十字交叉套管长槽 200 mm×20 mm，十字交叉间距 30 mm，同时布置十字交叉的 25 mm 直径圆孔。三开套管如图 6-3 所示。

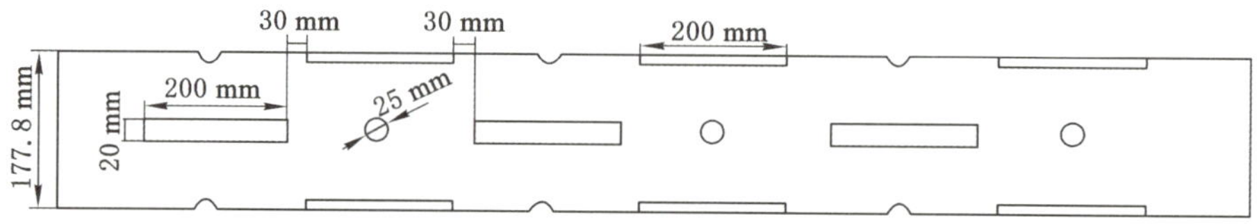


图 6-3　三开筛孔管透气钻孔加工尺寸规格

(3) 抽采效果

地面直井瓦斯抽采技术应用于岳城煤矿采动区瓦斯治理，上分层开采时 YCCD-13 地面井瓦斯抽采量为 0.81 万 $m^3$/d，抽采浓度为 58.5%，累计抽采瓦斯 141.5 万 $m^3$，具体数据如图 6-4 所示。待下分层采动卸压后，地面井将抽采更多的煤层气。

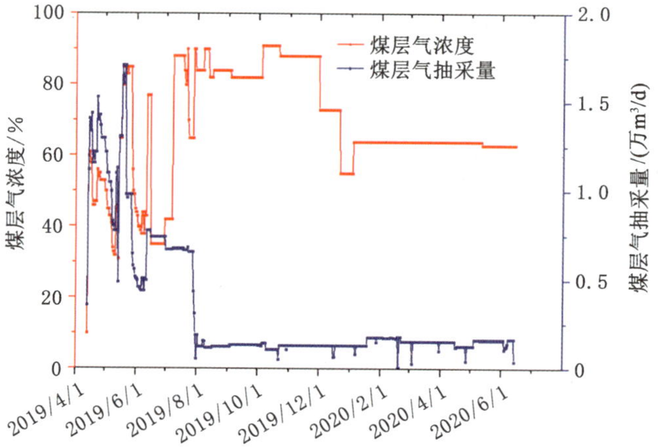


图 6-4　岳城煤矿 YCCD-13 井抽采煤层气数据

## 二、地面垂直预抽井改造技术

目前，地面抽采井已经基本覆盖晋城矿区的所有矿井。随着井下采掘活动的不断进行，地面预抽井的报废井数每年逐渐增加。如何对这些预抽井进行技术改造，并进行瓦斯抽采，以达到节约采动井工程投入、解决井下瓦斯高和通风压力大的问题，对井下采煤工作面瓦斯治理、地面煤层气开发的可持续发展具有重要的意义。

地面垂直预抽井改造技术是指选择合适的地面预抽井，进行技术改造，将其改造成采动区地面井，使其重新发挥作用。主要内容包括煤层气地面预抽井优选、地面井稳定性理论、采动区地面井改造理论及工艺、安全保障及安全抽采等。矿区科技人员经过多年的探索实践，开发了集地面预抽、采动活跃区、采动稳定区为一体的"一井多用"的地面井瓦斯抽采技术。

（一）地面垂直预抽井改造工艺

按照地面井结构稳定、煤层气抽采通道畅通的改造原则，制定了一套煤层气预抽地面井改采动区地面井的方法，如图 6-5 所示。

根据预抽煤层气地面井和采煤工作面条件，优选满足条件的预抽煤层气地面井

↓

采用通井规通井并洗井，采用钻孔电视探明地面井内的情况，判断是否具备改造为采动区瓦斯地面井的条件

↓

确定抽采瓦斯井段位置

↓

采用射孔装置进行生产井段射孔作业，形成抽采瓦斯通道

↓

安设地面井井身防护措施

↓

根据采动卸压瓦斯涌出能力，安设适宜的负压抽采设备及配套设施

↓

控制改造后的地面井的抽采运行时间、抽采参数

图 6-5　地面垂直预抽井改造工艺

1. 地面垂直预抽井井位选择要求

① 井位要满足采动区地面井井场 20×20 m 矩形尺寸，利于布置地面井瓦斯安全抽采系统。

② 地面垂直预抽井之前抽采煤层气属于正常运行状态，无其他影响井身结构破坏的问题。

③ 井位应靠近采区回风巷一侧(0.15～0.5)$L$($L$ 为工作面倾向长度)区域内，以便更好地抽采采煤工作面的瓦斯。

④ 满足方便通车的要求，满足布置地面井瓦斯安全抽采系统。

2. 地面垂直预抽井通井、洗井、堵漏方法

（1）通井作业

由于预抽地面井报废后，采用了水泥浆封孔，因此通井要特别注意保直，避免对套管产生损坏。预抽地面井生产套管一般采用 J55 钢、外径 139.7 mm、内径 124.26 mm，采用 $\phi$118 mm×1.2 m 的通井规限速通至井底，若遇阻则在该段进行磨洗，直至通井规能顺利到达井底为止。通井规长度应大于或等于 1.2 m，防止通井不彻底。通井规下放速度应小于 0.5 m/s，防止顿、溜钻事故。

（2）洗井作业

由于预抽地面井报废后，采用了水泥浆封孔，因此，应在通井结束后采用清水进行反复洗井，直至没有岩屑、煤粉、铁粉返出为止。保证留有足够的口袋，以便后续下桥塞、填砂、注浆等作业能够顺利进行。洗井作业需制订详细的实施细则和安全保障措施。

(3) 井下防漏处理

为保证井下安全及射孔作业顺利进行，务必确保井底防漏处理完好。因此，在通洗井合格后，进行井下防漏处理。首先采用填砂作业，采用多粒径的砂子进行充填，填砂量 0.12 $m^3$(约 10 m)。待砂子沉淀稳定 1 h 后，进行探砂面(防止裂缝过大，砂子流失)，并进行记录。然后进行注浆作业，采用 G 级水泥、大比重水泥浆进行注浆(必要时采用速凝水泥)，注浆高度约 20 m，注浆量约 0.24 $m^3$。候凝 48 h 后，注水至井口，检测封堵情况，若漏失量较小，则进行下一步的射孔作业；若漏失量较大，则钻开水泥柱，下入桥塞，封堵好，需保证堵漏质量。

3. 确定抽采瓦斯井段位置

为建立改造地面井的抽采通道，对地面井的防护套管进行射孔作业，射孔段应布置在裂隙带，射孔长度约为裂隙带高度，确保地面井的护孔管与裂隙带沟通形成瓦斯抽采通道。根据煤层地质情况和井下煤炭开采方式，确定采高、冒落带高度、裂隙带高度，确定射孔段长度。

4. 射孔工艺

① 选择合适的射孔器材，包括聚能射孔弹、电雷管、导爆索、传爆管、射孔枪。

② 确定射孔参数，安全完成射孔作业。

5. 安设地面井井身防护措施

(1) 安全防护套管

预抽地面井生产套管一般采用 J55 钢、外径 139.7 mm、内径 124.26 mm。根据地面井通井的情况，优先选择外径 114.3 mm 的无接箍螺纹套管，套管钢级为 P110，套管壁厚选择 12.7 mm，能够方便安设于预抽井生产套管内，且具有较高的强度和刚度。

(2) 安全防护套管的筛管

地面井筛管设计如图 6-6 所示，长条孔采用十字交叉布置，长条孔的长度为 100 mm，宽度为 15 mm，在两个长条孔中间布置一个圆孔，圆的直径为 10 mm。两个长条孔之间的水平间距为 20 mm。抽采套管筛管实物如图 6-7 所示。

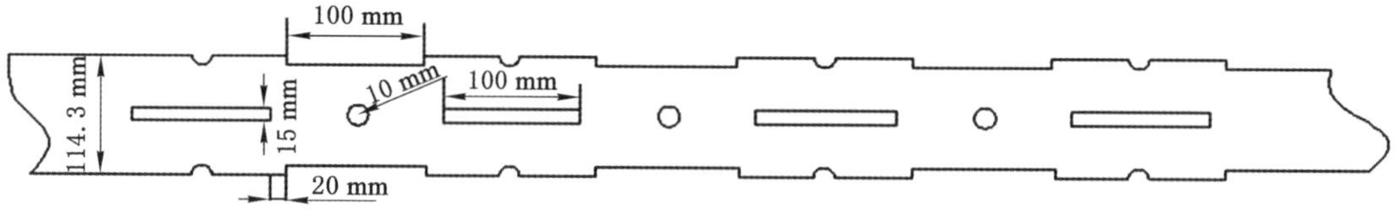


图 6-6　瓦斯抽采筛孔的加工尺寸

6. 地面煤层气抽采设备的选型

根据采动卸压瓦斯涌出能力，对地面瓦斯抽采系统进行设计，购置安全监控及控制设备、抽采基础设备、抽采数据采集设备、消防设备及电源动力辅助设备。

图 6-7　抽采套管筛管实物图

7. 控制改造后地面井的抽采运行时间和抽采参数

① 运行期间密切关注系统中各组件的工作性能，发现工作不稳定组件，应及时停机并上报进行维修。

② 运行期间应密切监测 $CH_4$浓度、$O_2$浓度、温度、抽采负压及水阻式卸爆装置的水位。

③ 应根据相关标准对以上监测传感器设置报警界限值，以杜绝安全事故的发生。

④ 若对抽采管道进行维护，需对管道进行注氮，置换管道中的 $CH_4$气体，避免因 $CH_4$气体引发的窒息或爆炸现象的发生。进行置换时，管道中氮气的排放应防止大量氮气聚集造成人员的窒息，并且管道中氮气量过大时应考虑提前排放。

⑤ 监测传感器的读数应以次/60 min 的频率进行读数，当采煤工作面通过钻孔前后 150 m 范围内或者数据出现剧烈波动时应至少每 30 min 进行一次读数。

(二) 地面垂直预抽井改造现场应用

岳城煤矿 2301(上)工作面布置长度 180 m，推进长度 1 174.6 m，可采煤量约 82.58 万 t，上分层开采工作面通风方式采用“三进一回”。2301 工作面上布置有 5 口采前预抽地面井，编号分别为 YC-50、YC-51、YC-52、YC-53 及 YC-54。

**表 6-1　2301 工作面预抽地面井基本情况**

| 井号 | 运行时间 | 累计排采量/(万 $m^3$) | 最高排采量/($m^3$/d) | 平均排采量/($m^3$/d) | 距回风巷距离/m |
|---|---|---|---|---|---|
| YC-50 | 2008.10～2016.3 | 2 147 166 | 1 500 | 793.78 | 33.1 |
| YC-51 | 2008.10～2015.8 | 1 547 044 | 1 824 | 621.30 | 101.4 |
| YC-52 | 2008.10～2015.9 | 5 885 746 | 6 000 | 2 335.61 | 90.76 |
| YC-53 | 2008.10～2015.11 | 2 454 321 | 1 880 | 1 305.5 | 92.3 |
| YC-54 | 2008.10～2015.12 | 1 947 156 | 2 231 | 872.77 | 111.4 |

(1) 选井

2301 工作面 5 口预抽地面井排采的基本数据见表 6-1；预抽地面井完井情况类似，表 6-2为 YC-51 井完井数据，井身结构如图 6-8 所示。

**表 6-2　预抽地面井 YC-51 井完井数据**

| 参数 | 数值 | 备注 |
|---|---|---|
| 一开深度 | 地表以下 24.45 m | |
| 一开套管 | J55 $\phi$244.5 mm×8.94 mm | 内径 226.62 mm |
| 一开固井 | 全固 0～24.45 m | |
| 二开深度 | 地表以下 267 m | 煤层底板以下 40 m |
| 二开套管 | J55 $\phi$139.7 mm×7.72 mm | 内径 124.26 mm |
| 套管下深 | 地表以下 264.61 m | 采煤时需采取措施 |
| 二开固井 | 地表以下 7.3～264.61 m | |
| 煤层底板深度 | 225.98 m | |
| 煤层厚度 | 6.38 m | |

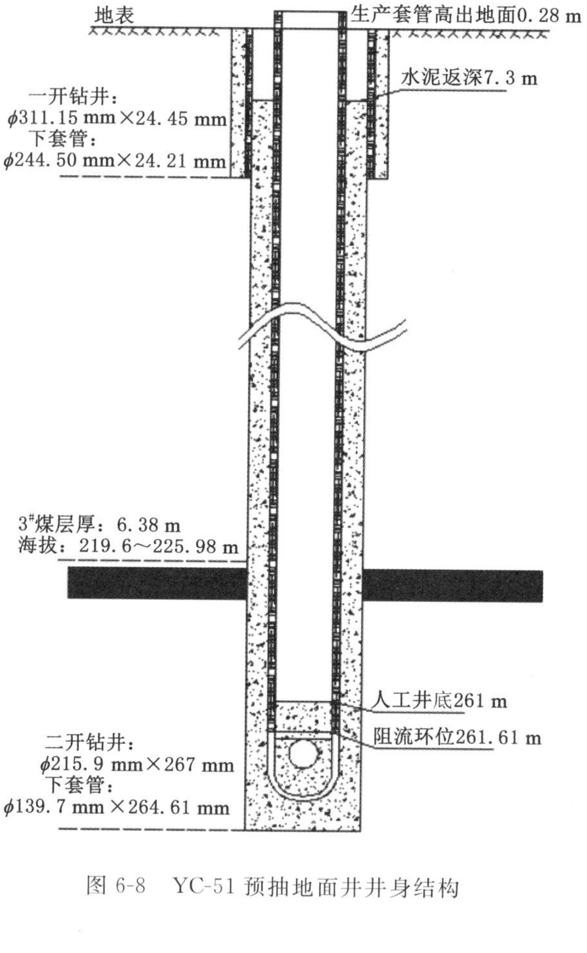


图 6-8　YC-51 预抽地面井井身结构

(2) 井位布置

对 5 口井分别进行通井、洗井、测井作业。由于 YC-51 和 YC-53 井存在井内严重变形和地面位置不满足改造条件(井上布置有高压线)等问题,确定对 YC-50、YC-52 及 YC-54 三口预抽地面井进行改造设计,井位布置见图 6-9。

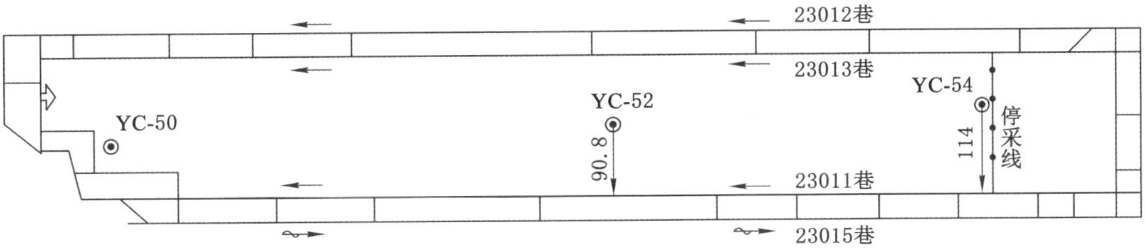


图 6-9　YC-50、YC-52、YC-54 地面井位置图

(3) 射孔段长度

岳城煤矿分层开采 6.02 m 厚的煤层，先采上分层 3 m，再采下分层 3.02 m，冒落高度为 16.48 m。上分层开采裂隙带高度为 35.7 m，上下分层均开采完的裂隙带高度为 62.1 m，结合煤层上方地面井深度 225.98 m 和射孔对液面高度的要求等方面，综合确定射孔段长度为 51～56.5 m。

(4) 射孔参数

岳城煤矿 2301 工作面射孔参数：射孔段为煤层顶板内 51～56.5 m，射孔枪弹密度为 24 孔/m。3 口预抽地面井射孔参数见表 6-3。

**表 6-3　射孔参数**

| 井号 | 煤层厚度/m | 射孔段(作业深度)/m | | 射孔长度/m | 孔密/(孔/m) | 总孔数/发 |
|---|---|---|---|---|---|---|
| | | 起 | 止 | | | |
| YC-50 | 6.02 | 204.70 | 255.90 | 51.20 | 24 | 1299 |
| YC-52 | 5.1 | 220.39 | 169.09 | 51.3 | 24 | 1 231 |
| YC-54 | 6.1 | 287 | 232 | 55 | 24 | 1 320 |

(5) 防护套管的布置

射孔完成后，在井内安设 $\phi$114.3 mm×12.7 mm 的套管以防止地面井变形破坏。由于煤层埋深较浅，可以将地面井在地表处悬挂，裂隙带以下部分采用筛孔布置，裂隙带高度约 52 m，筛孔管端上部布置 $\phi$114.3 mm 的套管，在地表向下第二根采用筛孔布置，防护筛管最底端布置于煤层上方 5 m 左右。

(6) 抽采效果分析

YC-50 地面井在 2019 年 8 月 22 日开始正常负压抽采，此时采煤工作面推过地面井井位 3 m，如图 6-10 所示。当采煤工作面推过地面井 3～38.1 m 时，地面井抽采瓦斯量和浓度逐渐上升，最高浓度为 85%，说明覆岩裂隙逐渐增多。当采煤工作面推过地面井 43～121 m 时，抽采瓦斯流量为高峰区域，最高抽采量为 1.77 万 $m^3$/d，浓度为 82%。当采煤工作面推至 122 m 时，覆岩发生周期来压，覆岩大面积下沉，抽采瓦斯量从 1.1 万 $m^3$/d 下降至 0.4 万 $m^3$/d，但抽采瓦斯浓度从 58%上升至 80%左右。随着工作面继续推进，覆岩卸压裂隙逐渐贯通，抽采量逐渐增大。在采煤工作面推进至 250～375 m 时，抽采瓦斯量平均为 0.73 万 $m^3$/d。当采煤工作面推至 380 m 时，覆岩再次大面积下沉，抽采瓦斯量降至 0.41 万 $m^3$/d。随着采煤工作面推进，抽采瓦斯量维持在 0.41 万 $m^3$/d 左右，抽采瓦斯浓度维持在 50%左右。地面井运行后，井下采煤工作面未发生瓦斯超限现象。

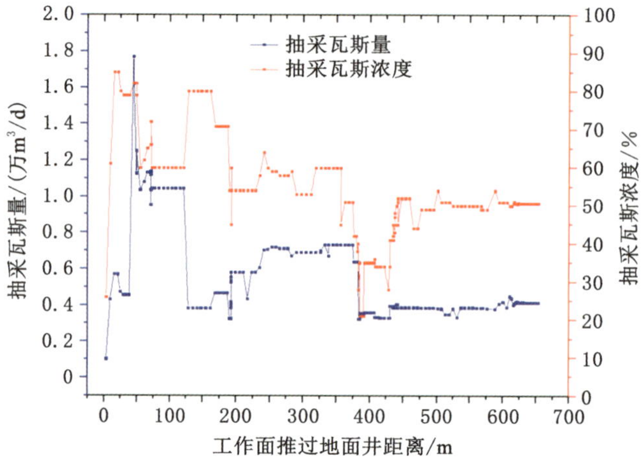


图 6-10　YC-50 地面井抽采瓦斯推进度部分数据

截至 2020 年 8 月 23 日，YC-50 井累计抽采瓦斯量为 145.44 万 $m^3$(图 6-11)，抽采瓦斯进入集输站，全部被利用。

该地面井井身未发生影响抽采的变形破坏，待下层回采时，改造井仍能抽采瓦斯。实现治理采煤工作面瓦斯和煤层气资源利用的双重目的。根据岳城煤矿采动区地面井改造的经验，下分层回采时，抽采瓦斯效果更为凸显。

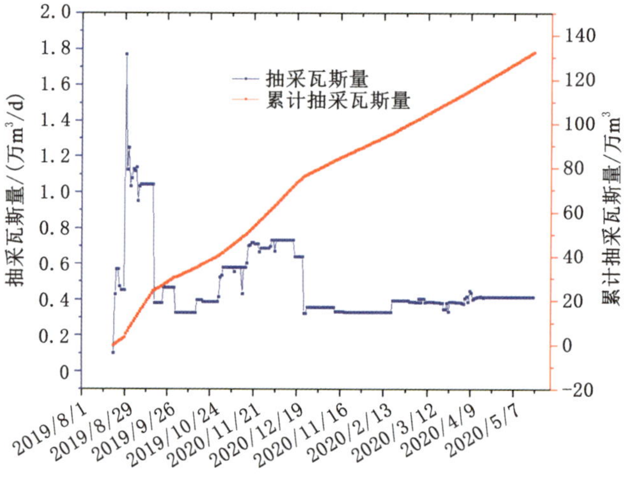


图 6-11　YC-50 地面井抽采瓦斯数据

2301(上)工作面自 2019 年 7 月 1 日开始回采，YC-50 井距工作面第一切眼 87 m，距第二切眼 21 m，距回风巷 33 m。图 6-12 为 YC-50 改造井抽采运行前后采煤工作面上隅角瓦斯变化情况，在工作面采至 YC-50 地面井前，工作面上隅角瓦斯浓度出现两次较高的现象，其浓度分别为 0.77%和 0.7%，在 YC-50 改造井运行后，工作面上隅角瓦斯浓度再未出现较高浓度的现象。经比较，上隅角瓦斯浓度最大值从 0.77%降至 0.4%，降幅为 48.05%；

上隅角瓦斯浓度最小值从 0.1%降至 0.05%，降幅为 50%。上隅角平均瓦斯浓度从 0.30%降至 0.24%，降幅为 20%，对采煤工作面上隅角瓦斯治理发挥了重要作用。

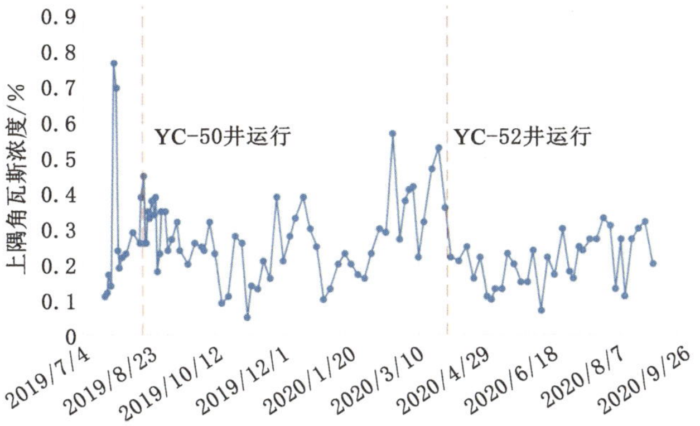


图 6-12　YC-50 改造井抽采运行前后采煤工作面上隅角瓦斯变化情况

## 第二节　采动区地面 L 形水平井抽采技术

### 一、采动区地面 L 形水平井抽采技术原理

L 形钻井抽采瓦斯技术是我国近年来发展起来的一种新型高效瓦斯抽采技术，除了在煤炭生产规划区广泛应用外，在生产采动区瓦斯治理中的应用也在逐步开展，并取得了很好的治理效果。地面 L 形水平井瓦斯抽采就是利用定向钻井技术，在煤矿裂隙带施工 L 形井，抽采采煤工作面采空区瓦斯，抽采基本原理同采动直井，不同之处在于采动直井属于“点式”抽放，抽采效果随距离的加大而逐步变差，而 L 形井属于“线式”抽放，随着采掘塌陷逐步紧跟工作面，抽采效果长期稳定，工作面回采后，能继续抽采采空区瓦斯，其基本原理如图 6-13 所示。

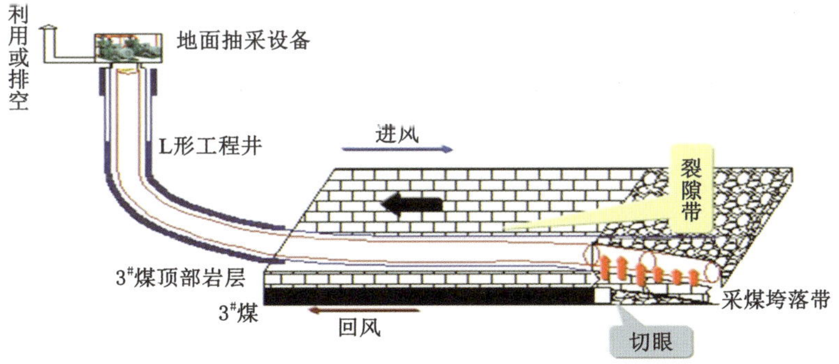


图 6-13　L 形井采动区瓦斯抽采示意图

采动区地面 L 形水平井垂直段布置原则同垂直钻井，但其水平井段层位布置既要考虑井身结构稳定性，又要考虑地面井产气效果。近水平煤层开采条件下采动区 L 形地面井的

布置方法为(图 6-14)(李国富,2019):

① 根据导水裂隙带计算方法计算出裂隙带高度。

② 根据组合岩梁理论对垮落带和裂隙带高度进行分析,组合岩梁的基本原理是其下部关键层破断下沉,其上覆岩层同步下沉,可根据该理论修正垮落带和裂隙带的高度。

③ 由于裂隙带内从下向上裂隙发育程度逐渐减小,因此,将裂隙带分为 3 个部分,即裂隙带上部、裂隙带中部和裂隙带下部。

④ 将采动区地面 L 形井水平段分成 3 个部分,各段长度分别为:第 1 段长 $0.1L$,第 2 段长 $0.8L$,第 3 段长 $0.1L$($L$ 为水平井段总长度),且水平井段设计为单斜向下布置,倾角为 1°～2°。

⑤ 分析裂隙带中部的岩层情况。在裂隙带中部寻找厚度及强度均较大的岩层,将水平井段的第 2 段主要布置在此区域内,而将第 1 段主要布置在裂隙带上部内,第 3 段主要布置在裂隙带下部内。采动区 L 形水平井水平层位布置如图 6-15 所示。

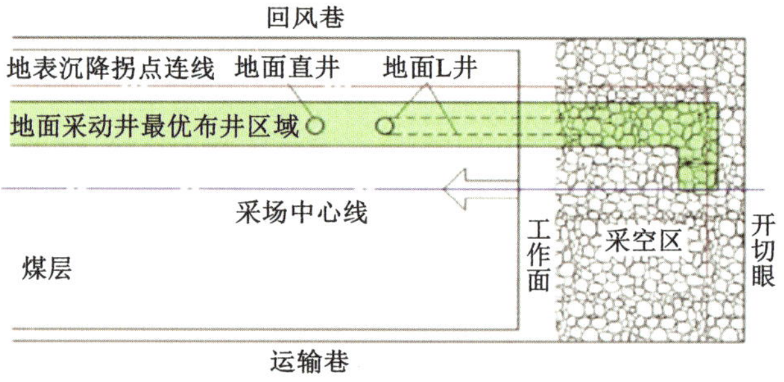


图 6-14　采动区地面井井位布置图

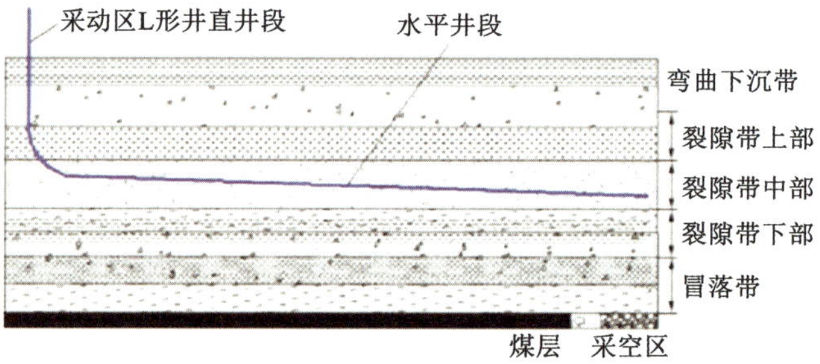


图 6-15　采动区 L 形地面井水平井段层位布置图

根据试验地质条件,结合水平井钻井技术、设备及工具能力,采用“单弧剖面”(直-增-水平)三段制剖面形式,如图 6-16 所示。图中,1 点表示地表,2 点表示直井段,3 点表示水平段,4 点表示煤层;$a$ 表示 L 形井地表井位,$b$ 为 L 形井造斜点,$A$ 为 L 形井水平井段起始点,$cd$ 段为弧形井段;$h_1$ 为直井段深度,$h_2$ 为第 1 弧形井段深度,$h_3$ 为第 2 弧形井段深度,$h_4$ 为第 3 弧形井段深度。单弧剖面井结构相对简单,工具选择方便,施工易于控制;弯曲井段相对较短,利于降低钻柱下入摩阻,确保钻具能够安全顺利通过弯曲段,利于钻井成本控制。经过现场实践,矿区 L 形井造斜率取 7°～9°/30 m,水平段距煤层垂直距离取 40～70 m 较为合适。

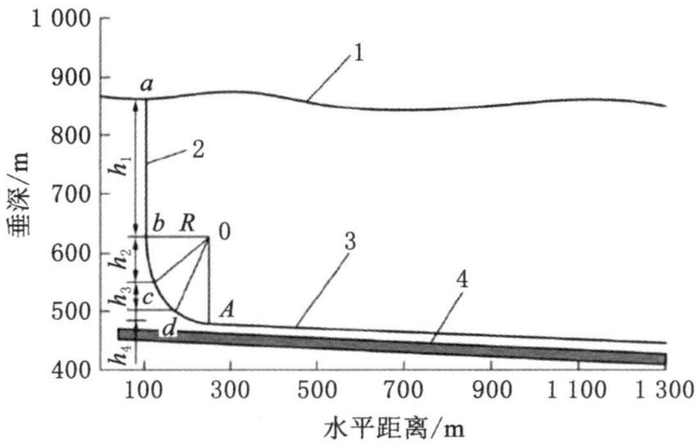


图 6-16　采动区 L 形地面井井身结构示意图

## 二、地面采动区 L 形井现场应用

（一）寺河煤矿应用实例

1. 3313 工作面概况

寺河煤矿 3313 工作面埋深 302～554 m，走向长 1 252.26 m，倾向长 301.5 m。工作面开采 3# 煤层，煤层厚度约 6.13 m，平均煤层倾角为 5°，使用一次采全高综合机械化开采工艺。东为 4305 工作面，南为东三盘区北翼辅助运输巷、东三盘区北翼胶带巷，西为东区北翼辅助运输巷、东区北翼胶带大巷，北为东四西翼中部回风二巷。

工作面开采煤层直接顶为厚 3.41 m 的砂质泥岩，层理发育，富含有植物化石。基本顶为 6 m 厚的粉砂岩，无层理，质地较坚硬，含黄铁矿结核。直接底为厚 11.28 m 的砂质泥岩，层理发育，富含有植物化石。老底为 1.25 m 厚的粉砂岩，含黄铁矿结核。

工作面处地压为 8.25～12.65 MPa，煤尘无爆炸性，煤体无自燃倾向性，工作面回采时的瓦斯绝对涌出量为 29.73 $m^3$/min。

2. 地面 L 形井优化设计

（1）L 形地面井位置的选择

根据采空区瓦斯储集分布规律，结合试验工作面条件及相邻面的采动影响情况，将地面井布置在 3313 工作面采空区内侧距离回风巷 45 m、距离工作面开切眼 1 203 m 左右，地面高程 963.7 m，煤层埋深 411.57 m。

（2）L 形煤层气地面井井眼轨迹设计

根据工作面地质条件，结合当前水平井钻井技术、设备能力，采用“单弧剖面”（直-增-水平）三段制剖面形式，造斜率取 7°～9°/30 m。

试验工作面采高 6 m，测算覆岩导气裂隙带位于 6～10 倍采高顶板岩层内，L 形井水平段布置在厚为 3.5 m 的中粒砂岩中，水平段至煤层垂直距离为 40～70 m。

（3）L 形地面井井身结构设计

采动区地面 L 形井钻井技术，地面钻井采用三开定向钻井工艺。以试验确定的导气裂隙带作为钻遇目的层，沿运输大巷向切眼位置方向进行钻进，具体参数见表 6-4。

**表 6-4 钻井及套管规格说明**

| 开钻次序 | 套管尺寸/mm | 设计说明 |
|---|---|---|
| 一开 | 377.7 | 采用 $\phi$444.5 mm 牙轮钻头，钻穿基岩风化带 10 m 后，预计井深 50.00 m(以实钻地层为准)，下入 $\phi$377.7 mm 表层套管，下入深度约 50 m，注水泥全封固 |
| 二开 | 244.5 | 采用 $\phi$311.1 mm 钻头钻进至井深 150 m，井斜 1°左右，开定向导眼 300 m，水泥封导眼孔后，定向钻进至 466 m 后下入 $\phi$244.5 mm 技术套管，固井注水泥返至地面 |
| 三开 | | 采用 $\phi$215.9 mm 的钻头钻进水平段，水平段钻至 1 466 m 完钻 |

3. 试验效果

工作面推过切眼 323.7 m 时，地面 L 形井开始运行，安全抽采瓦斯 155 d，抽采周期涵盖了工作面回采全程。采出气浓度高达 96%，平均为 80%，纯量最高为 3 160 $m^3$/d，平均为 2 200 $m^3$/d，总抽采瓦斯量 300 万 $m^3$，显示出了良好的煤矿区煤层气抽采效果。地面井抽采气浓度及流量参数走势如图 6-17 所示。

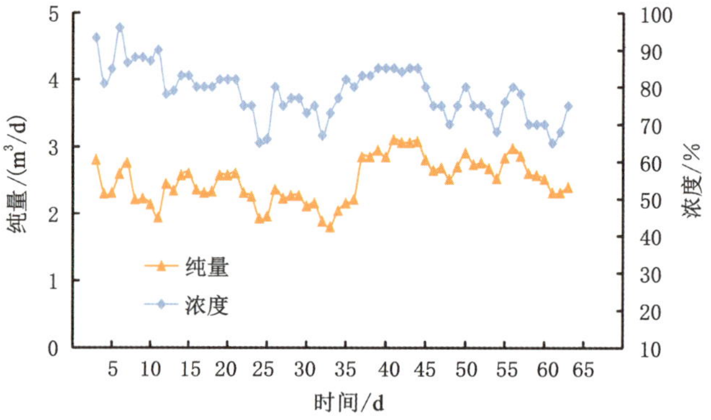


图 6-17 L 形井抽采瓦斯浓度及纯量变化曲线

地面 L 形井运行后，水平井段附近 14#、13# 等横川的高位钻孔瓦斯抽采量随地面井气量的增长呈递减趋势，在 L 形井抽气 5 d 后，高位钻孔抽采总量由 26 $m^3$/min 降至 5 $m^3$/min；风排瓦斯量在 L 形井抽气 10 d 后，由原稳定 65 $m^3$/min 降至 40 $m^3$/min。在煤炭日产量增加约 2 500 t 的情况下，回风平均瓦斯浓度降低约 0.11%，上隅角瓦斯平均降幅为 46.5%，说明 L 形井对解决工作面瓦斯起到积极的作用，为工作面瓦斯涌出治理起到关键作用。地面井运行前后工作面瓦斯浓度变化如图 6-18 所示。

（二）成庄煤矿应用实例

1. 4322 工作面概况

成庄煤矿 4322 工作面位于成庄煤矿四盘区，为“孤岛”工作面，周围 4320 面、4308 面、2321 面、2322 面都已回采完毕，开采煤层为 3# 煤，煤层底板标高为+498～+545 m，工作面走向长度为 1 137.65 m，倾向长度为 278.3 m，煤层平均厚度为 6.41 m，煤层倾角为 1°～5°，平均为 3°，为近水平煤层。工作面采用“两进一回”通风方式，其中 43221 巷为主要进风巷，43223 巷为辅助进风巷，43222 巷为回风巷。

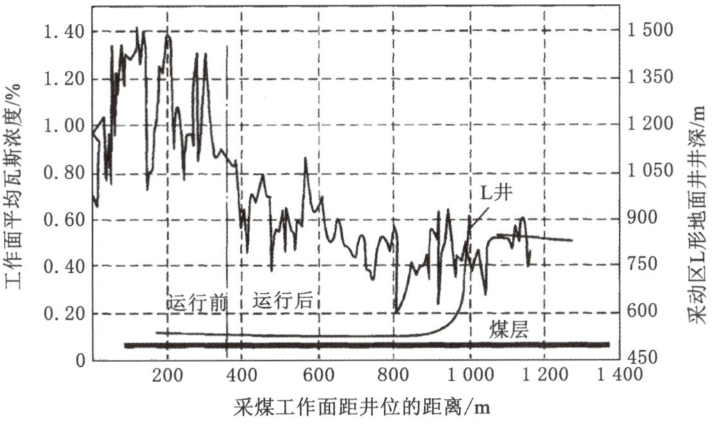


图 6-18　地面井运行前后工作面瓦斯浓度变化曲线

2. 地面 L 形井优化设计

(1) L 形地面井位置的选择

为了确保 4322 大采高工作面 U 形通风运行更可靠，从工作面地面施工 L 形井，增加采空区抽放量。L 形井终孔距切眼 173 m，终孔距 43223 巷 53 m，终孔层位在 3[#] 煤层顶板以上 43 m，距 43223 巷最近距离只有 9 m，水平段整体呈向下趋势，利于井内积水排进采空区。

(2) L 形地面井井身结构设计

采动区 L 形井采用三开井身结构，目的层水平段采用裸眼完井的方式，具体井身结构如图 6-19 所示。

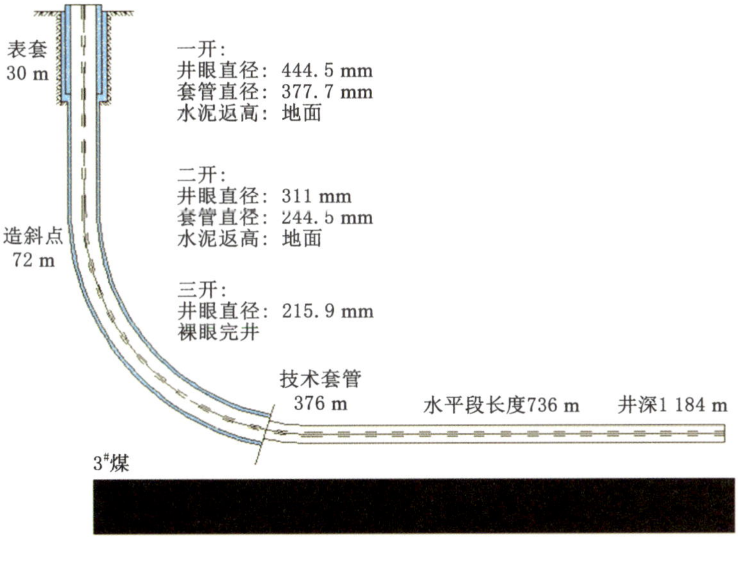


图 6-19　成庄煤矿 L 形井井身结构示意图

一开：采用 $\phi$444.5 mm 牙轮钻头，钻穿基岩风化带 10 m 后，井深 30.00 m，下入 $\phi$377.7 mm J55 钢表层套管，封固地表疏松层，下入深度约 30 m，注水泥全封固。

二开：采用 $\phi$311.1 mm 钻头钻进至煤层顶板 50 m，下入 $\phi$244.5 m J55 钢技术套管，固井注水泥返至地面。

三开：采用 $\phi$215.9 mm 钻头进行钻进，先钻竖直穿煤段，探明煤厚及埋深等以便更好地钻水平段，然后从造斜点到穿煤段充填好后，再从增斜段到水平段钻至靶点并延伸，完钻。

3. 效果考察

4322 工作面地面 L 形井抽放运行期间瓦斯浓度最高达 89%，抽采纯量约 20 $m^3$/min。随着工作面即将推过 L 形井及 4322 工作面推进速度等因素影响，后期 L 形井抽采瓦斯浓度由 46%逐渐降到 26%，抽采瓦斯纯量降至 5 $m^3$/min。工作面推过 L 形井后，L 形井关闭。

## 第三节 大直径高位定向钻孔抽采技术

煤层开采后，在上覆岩层中形成离层裂隙和竖向破裂裂隙，并在采空区上覆岩层由下至上依次存在冒落带、裂隙带和弯曲下沉带。随着工作面的推进，采空区顶板充分垮落，采空区中部的裂隙被压实，而四周关键层下部形成一个横向连通的采动裂隙发育区，称之为“O”形圈，这一区域成为瓦斯运移的主要通道，也是瓦斯积聚的主要场所。在通风负压的作用和大气压力变化的情况下，存储的瓦斯可能会通过密闭墙或煤柱裂隙进入采区或矿井巷道中，增加通风负担和不安全因素，采空区瓦斯治理一直是矿山瓦斯治理的重中之重。

高抽巷和高位钻孔是两种常用的采空区瓦斯抽采方法，可以很好地解决工作面上隅角瓦斯突出和回采风流瓦斯超限问题。但高抽巷存在掘进成本高、施工周期长的弊端，其推广应用受到一定的限制。高位钻孔在我国很多矿区都进行了应用，并取得了很好的效果，但是由于其不具备钻孔轨迹测控能力，无法确保钻孔轨迹在采空区裂隙带延伸，钻孔深度浅且有效孔段短，覆盖面积小，工程量大，影响煤炭的高效开采。

高位定向长钻孔抽采是利用已经发展成熟的千米钻机定向钻进技术，通过回风巷在煤层顶板向工作面采空区施工定向长钻孔，以工作面回采时采动压力形成的顶板裂隙作为通道来抽采工作面、上隅角及采空区涌出的瓦斯的技术，主要用来解决回采过程中采空区瓦斯涌出量大、上隅角瓦斯超限及回风巷瓦斯浓度偏高等问题。

针对瓦斯抽采及井田地质现状，矿区企业研制了大孔径高位定向钻孔替代高抽巷进行采空区瓦斯抽采技术。先利用井下大功率定向钻进装备配合随钻测量定向钻进技术施工小孔径先导定向孔，充分发挥随钻测量定向钻进孔眼轨迹精确可控的优势，使先导孔沿设计轨迹长距离延伸，施工到预定深度后更换扩孔钻具进行扩孔并最终形成大孔径高位孔。研发的适合于该矿区煤层顶板定向高位大直径钻孔瓦斯抽采的装备和技术，是晋城矿区在瓦斯治理领域的又一项科技创新。

### 一、大直径高位定向钻孔施工装备及工艺

（一）施工装备

根据晋城矿区煤质软硬程度及扩孔直径要求，分别研制了三种大直径高位定向钻孔施工装备。

(1) 12000 施工装备

扭矩 12 000 N·m 全液压坑道钻机，最大扩孔孔径 203 mm，主要配套装备明细见表 6-5。

**表 6-5　12000 定向钻机及主要配套装备**

| 序号 | 名称 | 型号 |
|---|---|---|
| 1 | 全液压钻机 | 12000L |
| 2 | 泥浆泵 | BW-132 |
| 3 | 内凹复合片钻头 | $\phi$96 mm、$\phi$120 mm、$\phi$133 mm |
| 4 | 扩孔复合片钻头 | $\phi$96/133 mm、$\phi$133/165 mm、$\phi$165/203 mm |
| 5 | 外平扩孔钻杆 | $\phi$89 mm |
| 6 | 中心通缆钻杆 | $\phi$73 mm、$\phi$89 mm |
| 7 | 螺杆马达 | $\phi$73 mm/1.25°、$\phi$89 mm/1.25° |
| 8 | 测量系统 | YSX15 矿用本安型随钻测量系统 |

(2) 15000D 定向钻机及配套装备

扭矩 15 000 N·m 煤岩混合钻机，最大扩孔孔径 203 mm，主要配套装备明细见表 6-6。

**表 6-6　15000D 定向钻机及主要配套装备**

| 序号 | 名称 | 型号 |
|---|---|---|
| 1 | 煤岩混合钻机 | 15000D |
| 2 | 泥浆泵 | BW-132 |
| 3 | 内凹复合片钻头 | $\phi$96 mm、$\phi$120 mm、$\phi$133 mm |
| 4 | 扩孔复合片钻头 | $\phi$96/133 mm、$\phi$133/165 mm、$\phi$165/203 mm |
| 5 | 外平扩孔钻杆 | $\phi$89 mm |
| 6 | 中心通缆钻杆 | $\phi$73 mm、$\phi$89 mm |
| 7 | 螺杆马达 | $\phi$73 mm/1.25°、$\phi$89 mm/1.25° |
| 8 | 测量系统 | YSX15 矿用本安型随钻测量系统 |

(3) 25000D 定向钻机及配套装备

扭矩 25 000 N·m 煤岩混合钻机，最大扩孔孔径 300 mm，主要配套装备明细见表 6-7。

**表 6-7　25000D 定向钻机及主要配套装备**

| 序号 | 名称 | 型号 |
|---|---|---|
| 1 | 煤岩混合钻机 | 25000D |
| 2 | 泥浆泵 | BW-132 |
| 3 | 内凹复合片钻头 | $\phi$89 mm、$\phi$140 mm |
| 4 | 扩孔复合片钻头 | $\phi$165/203 mm、300 mm |
| 5 | 外平扩孔钻杆 | $\phi$89 mm |

表 6-7(续)

| 序号 | 名称 | 型号 |
|---|---|---|
| 6 | 中心通缆钻杆 | $\phi$73 mm、$\phi$89 mm |
| 7 | 螺杆马达 | $\phi$73 mm/1.25°、$\phi$89 mm/1.25° |
| 8 | 测量系统 | YSX15 矿用本安型随钻测量系统 |

(二) 扩孔工艺

大直径高位定向钻孔施工工艺是此项技术能否成功的关键。大直径钻孔施工常规方法主要有两种:一种是一次钻进成孔的方法,另一种是扩孔钻进成孔。一次钻进成孔是采用大直径全面钻进钻头,钻进扭矩大,一般采用回转钻进工艺,主要应用于大直径短钻孔钻进。扩孔钻进成孔工艺采用较小直径的钻头,先采用回转或定向钻进工艺施工先导孔,再采用较大直径的扩孔钻头经过一次或多次扩孔最终形成大直径钻孔;该工艺钻进需要的扭矩较小,适用于定向大直径长钻孔施工需要。

大直径高位定向钻孔施工一般采用多次分级扩孔成孔工艺,即先用和通缆钻杆直径接近的 $\phi$96 mm 先导钻头接稳定组合钻具按设计钻孔轨迹钻出一个先导钻孔,然后再用扩孔钻头沿先导钻孔扩孔,直至达到设计要求为止(由于不是一颈到底,实际钻孔施工中扩孔是由小到大分 2～3 次完成),这样既可以加快施工速度,又可以保证钻孔的精度。

## 二、大直径高位定向钻孔技术应用

(一) 赵庄煤业大直径高位定向钻孔“以孔代巷”技术

针对高抽巷瓦斯抽采技术存在的施工成本高、周期长、劳动强度大等问题,赵庄煤业开展在复杂地层中采用定向钻机施工大直径高位定向钻孔代替高抽巷的技术研究。

(1) 配套装备

考虑 3# 煤层顶板上覆岩层分布有 3 层煤线及泥岩层、小构造等因素,易塌孔,成孔难度大,在施工过程中,选择使用 12000、15000D 大扭矩定向钻机,确保在出现塌孔、压钻现象后的处理能力。

(2) 高位定向孔施工工艺

① 先导孔施工:使用 $\phi$73 mm 螺杆马达+$\phi$98 mm 钻头施工定向先导孔。

② 分级扩孔施工:第一次扩孔($\phi$89 mm 扩孔钻杆+$\phi$98 mm/$\phi$133 mm 扩孔钻头)→第二次扩孔($\phi$89 mm 扩孔钻杆+$\phi$133 mm/$\phi$165 mm 扩孔钻头)→第三次扩孔($\phi$89 mm 扩孔钻杆+$\phi$165 mm/$\phi$203 mm 扩孔钻头)。

③ 大直径钻孔中开分支工艺:主孔直径达到 $\phi$203 mm 后,采用 $\phi$89 mm 螺杆马达+$\phi$120 mm 钻头,在大直径钻孔中成功开出分支。

(3) 效果考察

经过一年多的现场工业试验,开发了特殊地质条件下大孔径高位长钻孔施工装备及技术,在赵庄煤业、长平煤业、胡底煤业采用“定向先导孔+正向分级扩孔”成孔工艺,累计施工钻孔进尺 9 048 m,扩孔 7 544 m,最大孔深突破 600 m,最大孔径达到 $\phi$203 mm。其中,赵庄煤业 1309 工作面施工的高位钻孔,单孔最高日抽采瓦斯量突破 3.3 万 $m^2$,瓦斯抽采能力达到 20 $m^3$/min,达到了取代高抽巷的效果。

（二）成庄煤矿采空区瓦斯治理

（1）工程概况

成庄煤矿 4321 工作面走向长 1 972 m，倾向长 287 m，采用综采大采高一次采全高采煤工艺，全部垮落法管理顶板。为治理该工作面回采过程中上隅角、采空区瓦斯问题，采用千米钻机在 43212 回风巷向工作面顶板施工大直径定向长钻孔，对该工作面回采过程中的上隅角、采空区瓦斯进行抽采。

（2）钻孔布置

在 43212 回风巷每隔 350～400 m 布置一个钻场，共布置 5 个钻场，每个钻场施工 4 个顶板高位长钻孔，分别布置在采空区顶板竖直方向 30 m、40 m、50 m、60 m 层位，钻孔长度 400 m 左右。5# 钻场布孔参数如表 6-8 所示。

（3）扩孔工艺

钻孔首先采用直径 120 mm 钻头进行施工，再用 165 mm、195 mm 钻头扩孔，对开孔段煤体进行注浆加固，保证煤体破碎段的安全施工。

**表 6-8　5# 钻场布孔参数**

| 钻孔编号 | 孔深/m | 距 3# 煤层顶板距离/m | 距回风巷距离/m |
|---|---|---|---|
| 1# | 358 | 30 | 15 |
| 2# | 361 | 40 | 25 |
| 3# | 382 | 50 | 44 |
| 4# | 384 | 60 | 50 |

（4）效果考察

成庄煤矿大直径高位定向长钻孔抽采负压约为 15 kPa，图 6-20 为 2# 钻孔瓦斯抽采浓度及纯量变化曲线。随着工作面的回采，钻孔浓度逐步升高至 50%，并能一直维持此浓度。鉴于 2# 钻孔浓度较高，将其从采空区抽放管路导至本煤层抽放管路，混量由 0.6 $m^3$/min 提升至 1.4 $m^3$/min，而高浓度未变化。初步判断钻孔终孔位置在“O”形圈内。

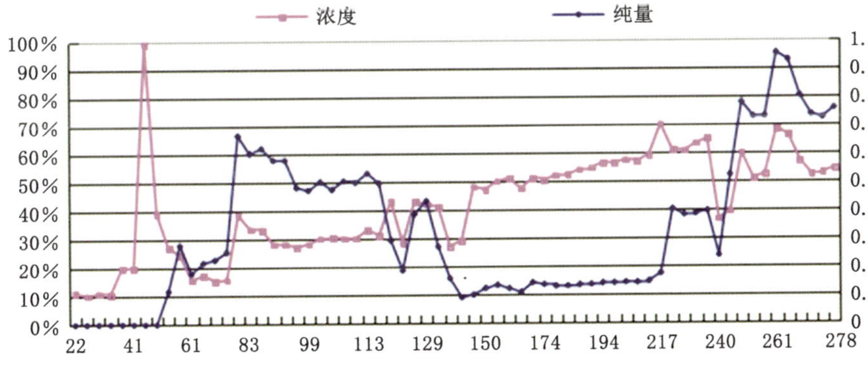


图 6-20　2# 钻孔抽采瓦斯浓度、纯量变化曲线

（三）$\phi$300 mm 大直径高位钻孔试验

2020 年，成庄煤矿引进 25 000 N·m 钻机，首次试验成功 $\phi$300 mm 大直径高位钻孔一

次成孔工艺。成庄煤矿 4312 工作面走向长 2 500 m，倾向长 210 m，采用综采放顶煤采煤工艺，全部垮落法管理顶板。为有效防治回采过程中采空区瓦斯向工作面的涌出，在 43152 回风巷 15# 横川设钻场，向采空区上方施工大直径高位钻孔。图 6-21 为钻孔实钻剖面图。$\phi$300 mm 大直径高位钻孔技术是瓦斯抽采领域“以孔代巷”取得的又一技术突破，具体钻孔成孔工艺如下：

① 使用 $\phi$140 mm 钻头、$\phi$89 mm 钻杆完成 4 个顶板高位孔 500 m 孔深定向钻进施工。

② 使用 $\phi$300 mm 钻头对钻孔一次扩孔至 500 m。

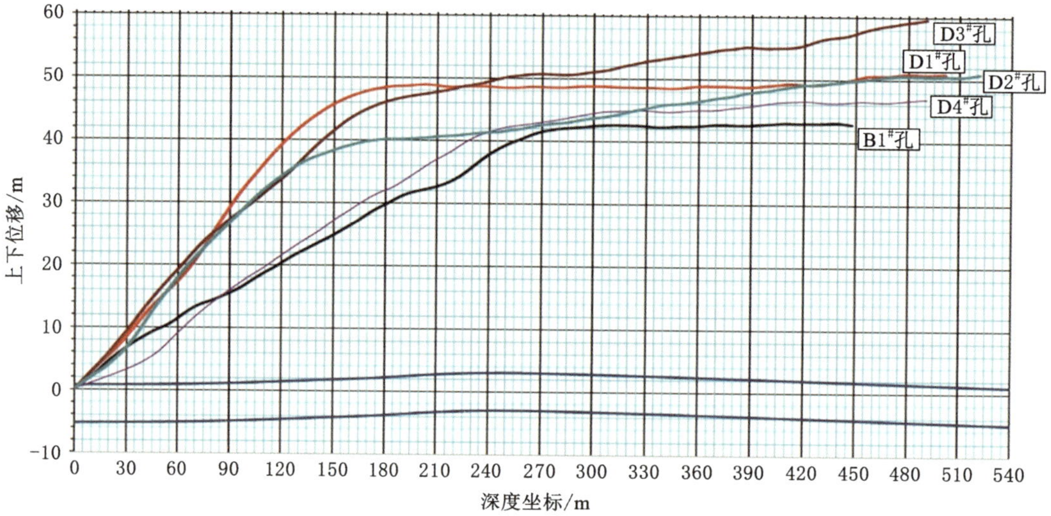


图 6-21 大直径高位钻孔实钻剖面图

## 第四节 采空区大流量抽采技术

采空区与工作面的通风网络系统是相互连通的，在压力差的作用下采空区的瓦斯会经过工作面并汇入回风流排出。如果采空区瓦斯积聚较多或工作面瓦斯涌出量大时，上隅角和回风流瓦斯容易处于超限状态，当顶板大面积垮落时，会引起采空区瓦斯大量涌出，威胁煤矿安全生产。针对各矿煤层的赋存条件和巷道布置情况，采用改进通风系统、地面钻井、顶板高位钻孔、采空区埋管法等多种措施对采空区瓦斯进行综合治理。

偏 Y 形通风方式中，新鲜风流分别从上下两条进风巷进入工作面，然后从采空区中的沿空留巷流出，可以较好地解决上隅角瓦斯超限的问题。但是，Y 形通风需要沿空留巷，支护成本和维护成本较高，也不符合《煤矿安全规程》中“采掘工作面的进风和回风不得经过采空区或冒顶区”的规定要求。需将工作面原有的偏 Y 形通风方式(图 6-22)，改造成 U 形通风方式(图 6-23)，同时辅助以其他效率高的通风方式，经济合理地对上隅角瓦斯进行治理。矿区企业结合工作面特点，创造了上隅角插管、横川闭墙埋管及大直径钻孔等技术对采空区瓦斯进行综合治理，保障工作面安全生产。

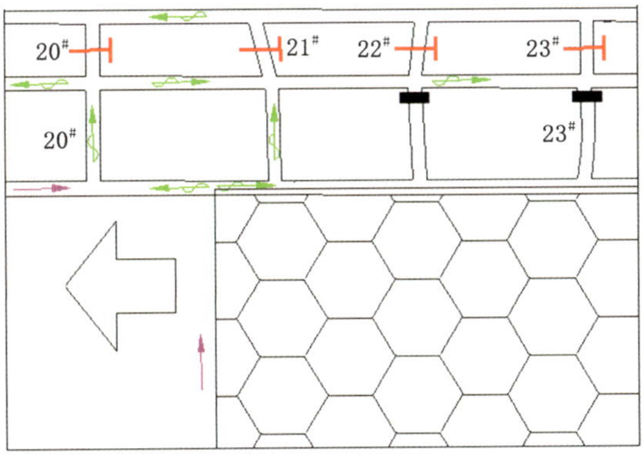


图 6-22　偏 Y 形通风方式

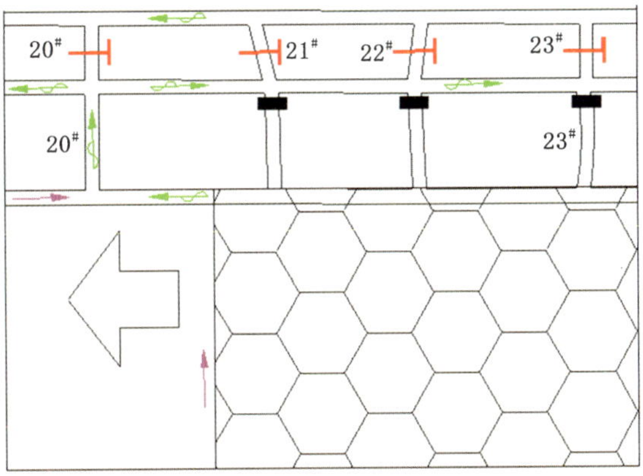


图 6-23　U 形通风方式

## 一、上隅角插管抽采及横川闭墙埋管

### （一）上隅角插管抽采瓦斯措施

采煤工作面采空区上隅角埋管抽采的主要原理是，在采煤工作面上隅角形成一个负压区，由抽采管路抽走该区域的瓦斯，可以避免因采煤工作面上隅角处局部位置因风流不畅（或微风）引起的瓦斯超限，还可解决因漏风使采空区向上隅角涌出瓦斯而造成瓦斯超限。上隅角埋管抽采瓦斯工艺如图 6-24 所示，在采煤工作面采空区上隅角插入负压风筒，负压风筒另一端与主抽采管路连接，为保证吸入口处于上隅角的上部（上部瓦斯浓度较高），用铁丝将负压风筒吊挂在支架上，同时悬挂挡风帘，以提高瓦斯抽采浓度及抽采效果。软管可采用 D400 负压风筒，抽采管要深入采空区 3～5 m，也可根据实际抽采效果，不断调整，得到更合理的参数。

### （二）横川密闭墙埋管抽采瓦斯措施

密闭墙埋管抽采管路如图 6-25 所示。密闭墙施工要选择顶底板坚固的岩（煤）层巷道，施工时要做到密闭墙周边掏槽、见硬帮硬底，符合通风设施质量标准要求。最好是打双层密闭，双层密闭之间距离大于 0.5 m，两道密闭墙（砖或料石）中间充填砂或黄土，为保证气密

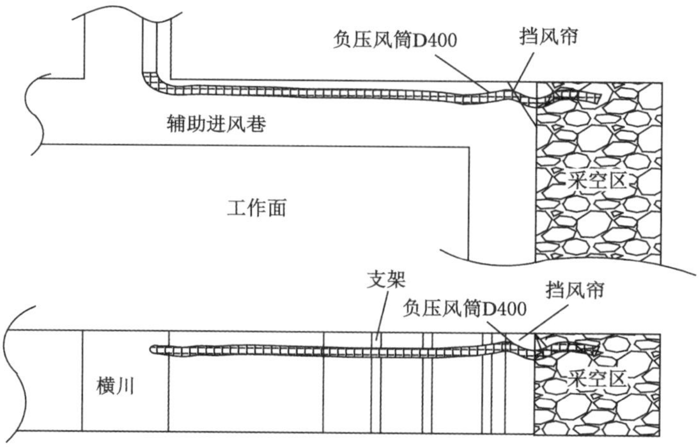


图 6-24　上隅角埋管抽采瓦斯管路布置示意图

性，密闭墙前及附近 2～3 m 巷道四周进行喷浆封闭。埋管抽采的密闭上还应设置注砂（泥浆）管和采气测温管等观测管。密闭墙厚度不小于 1 m，四周掏槽深度不小于 0.3 m。抽采管口位置距离密闭里墙面不得小于 0.5 m，高度应大于巷道高度的 1/3。抽采管口应设防止杂物进入的保护设施，如果巷道的淋水较大，还应在密闭底部安设排水管或反水池。

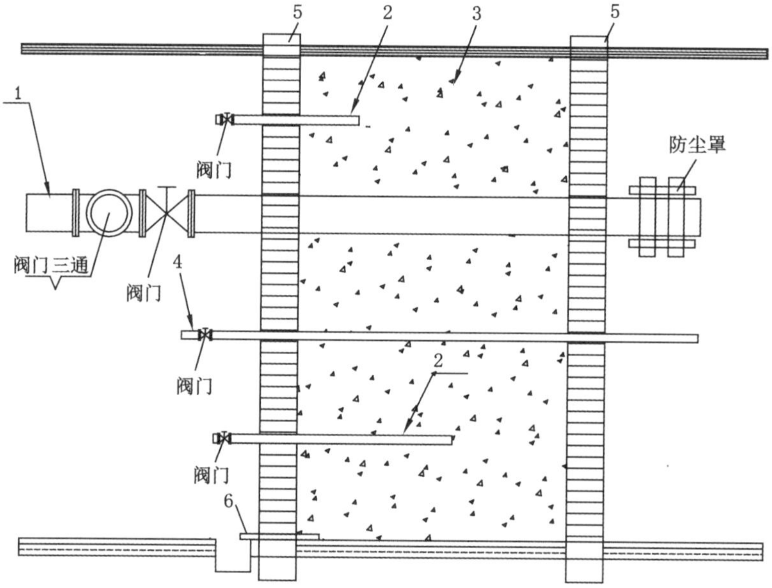


1—抽采瓦斯管路；2—注浆管；3—砂（泥浆充填物）；4—观测管；5—密闭墙；6—放水管及放水池。

图 6-25　密闭墙插管抽采瓦斯施工设计示意图

针对五盘区采煤工作面 U 形通风条件下的采空区瓦斯涌出问题，寺河矿对地面泵站进行优化布置，采用专用瓦斯抽采泵（潘庄泵站一台 2BEC100 水环式真空泵）、专用瓦斯抽采管路（主管路采用 DN1000 管路，干管路采用 DN700 管路，顺槽巷道采用 DN530 抽采管接至闭墙埋管），建立上隅角抽采系统，通过工作面后部封闭横川的闭墙埋管进行抽放。当上一个通风横川封闭前，开启闭墙 $\phi$400 mm 管路阀门对采空区瓦斯进行抽放，并随着工作面的推进逐步调控阀门角度。泵站标态混量平均为 350 $m^3$/min。

（三）成庄煤矿通风系统改造

成庄煤矿现开采四、五盘区，采煤工作面均采用两进两回 Y 形或偏 Y 形通风方式，可解决采煤工作面上隅角瓦斯浓度超限问题，但存在"采煤工作面采空区通风""采煤工作面采空区漏风"和"尾巷横川中瓦斯浓度较高"等安全隐患。为了贯彻《煤矿安全规程》和《山西省煤矿瓦斯综合治理规定》中"煤矿采煤工作面严禁采用尾巷排放瓦斯及多巷进风多巷回风的通风方式"的规定，将四、五盘区采煤工作面两进两回 Y 形或偏 Y 形的通风方式改为 U 形通风。

(1) 采煤工作面通风系统改造方案

根据成庄煤矿采煤工作面采掘方式、通风方式、瓦斯涌出量等因素，确定采用采煤工作面采空区插管和横川密闭墙埋管的抽采方法来对采煤工作面采空区瓦斯进行治理，同时也将工作面 Y 形通风改为 U 形通风方式。

改造方案如图 6-26 所示，回风巷尾部横川封闭时在闭墙上插入两趟 DN350 非金属抽采瓦斯管路，同时在采煤工作面前方横川中再敷设一趟 D400 负压风筒（埋入到采煤工作面上隅角中），两趟管路同时进行采煤工作面采空区抽采瓦斯，避免采煤工作面上隅角因风流不畅（或微风）引起的瓦斯超限。随着采煤工作面的推进，埋管（负压风筒）逐渐向采煤工作面推进方向移动，当采煤工作面推过前部横川后，在下一个横川处进行以上操作，如此循环来达到采煤工作面采空区抽采瓦斯的目的。

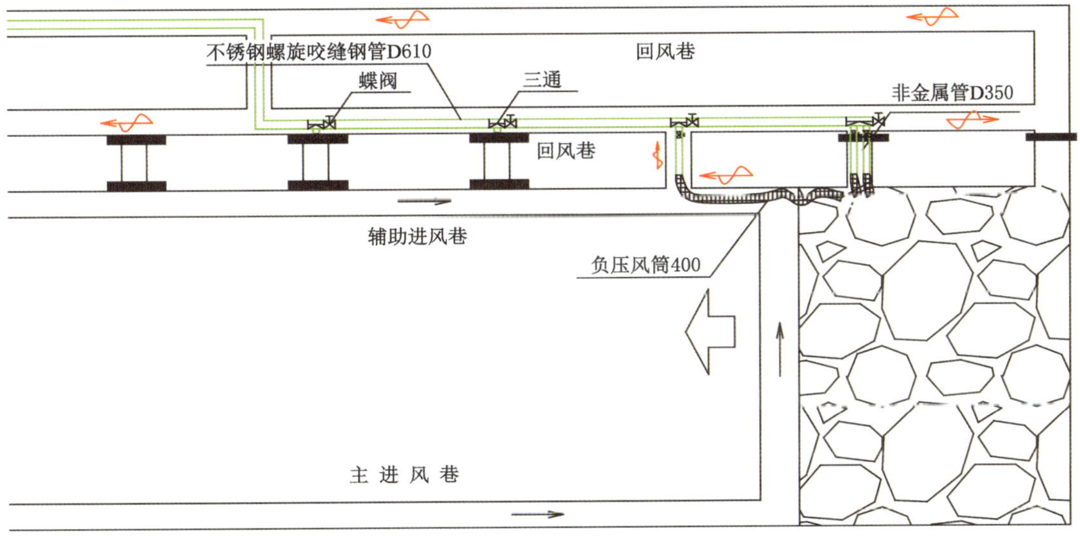


图 6-26　采煤工作面采空区瓦斯抽采方案

(2) 瓦斯抽采系统最优管路参数的确定

通过采煤工作面瓦斯涌出量预测、盘区配风量等进行计算（计算过程从略），对采煤工作面采空区抽采瓦斯系统进行设计及设备选型。

回风巷中敷设的采煤工作面采空区抽采瓦斯管路，每个横川处预留三通和蝶阀，密闭墙插入的抽采瓦斯管路(深入采空区长度约 1 m)规格为 DN350 的非金属管(两趟),上隅角埋入的抽采瓦斯管路(埋入采空区长度 3～5 m)规格为 D400 的负压风筒,回风巷到井下临时抽采瓦斯泵站的抽采瓦斯管路规格为 D610×2.5 mm 的不锈钢螺旋咬缝钢管,井下临时抽采瓦斯泵站出口段管路规格也为 D610×2.5 mm 的不锈钢螺旋咬缝钢管,插入到采空区的抽采瓦斯管路需要安装防尘罩。

瓦斯抽采真空泵需要两台(一台工作,一台备用),型号为 ZJW500,吸气压力为 72 kPa,抽气量为 420 $m^3$/min。其他附属设备有阀门、测压嘴、放水装置、排渣器、自动监测装置(流量传感器、温度传感器、负压传感器、$CH_4$ 浓度传感器及 CO 浓度传感器)。

## 二、大直径钻孔代替横川埋管技术

设计工作面采空区瓦斯抽采系统时,需要将横川密闭埋管进行抽采。由于每隔一定距离打一个横川,数量多,工程量大,贯通时角联通风,管理难度大,且抽采过程中矿压大,横川密闭容易压坏,造成漏风,甚至可能造成邻近的抽采巷道瓦斯超限。如采用钻机打一条大直径钻孔,在钻孔内插入大直径抽采管路,封孔接抽,代替横川埋管,则可大大减小投资,易于管理,且提高抽采效果,这种技术需求在高瓦斯矿井具有广泛的实践意义。胡底煤业利用现有设备,经过试验,开发了大直径钻孔代替横川埋管技术,并取得了很好的应用效果。

(1) 施工设备

为减少资金投入,胡底煤业未购买专用的大直径钻机,试验使用现有的 ZDY-4200LXS 普通钻机施工大直径钻孔。其他钻具有 $\phi$73 mm 钻杆,$\phi$94 mm、$\phi$240 mm 钻头和 $\phi$480 mm 反向钻头,$\phi$450 mm 扇叶形螺旋钻杆。

(2) 成孔工艺

首先使用 $\phi$94 mm 钻头施工钻孔,成孔后换 $\phi$240 mm 钻头、$\phi$480 mm 反向钻头扩孔,最后使用 $\phi$450 mm 扇叶形螺旋钻杆清理煤渣。具体步骤及工艺要求如下:

① 为避免直接施工大直径孔轨迹偏移产生废孔,先施工 $\phi$94 mm 小孔径钻孔,确保按设计位置穿透煤柱后方可扩孔。

② 设计加工带导向钻头和扶正器的 $\phi$240 mm 钻头、$\phi$480 mm 反向钻头逐步扩孔。用 $\phi$240 mm 钻头施工时,钻头前安装 $\phi$94 mm 导向钻头;施工到位后,在钻孔另一端卸下用 $\phi$240 mm 钻头,安装带有 $\phi$240 mm 扶正器的 $\phi$480 mm 钻头反向扩孔。该工艺可防止钻孔轨迹偏移,确保钻孔质量。$\phi$240 mm＋导向钻头、$\phi$480 mm 钻头＋$\phi$240 mm 扶正器实物分别如图 6-27、图 6-28 所示。

③ $\phi$480 mm 钻头扩孔完毕后,使用 $\phi$450 mm 扇叶形螺旋钻杆进行套孔,清理孔内煤渣,避免煤渣影响埋管。$\phi$450 mm 扇叶形螺旋钻杆实物如图 6-29 所示。

(3) 埋管工艺

钻孔埋设 $\phi$377 mm×6 mm 钢管,单管长 1 m,敷设完毕后,将管与孔之间的孔隙进行封堵,封堵长度为 1.5 m,抽采管路侧加装阀门,工作面侧加装挡板。钻孔即将进入采空区前取下挡板,根据采面推进情况适时开启阀门进行抽采。

① 为避免外法兰额外增加管径和埋管阻力,管与管之间采用内法兰进行连接。管两端螺丝固定座采用错位校正装置,使用套管交错安装螺丝,可增加整趟管路的平衡性(图 6-30)。

图 6-27　$\phi$240 mm+导向钻头

图 6-28　$\phi$480 mm 钻头+$\phi$240 mm 扶正器

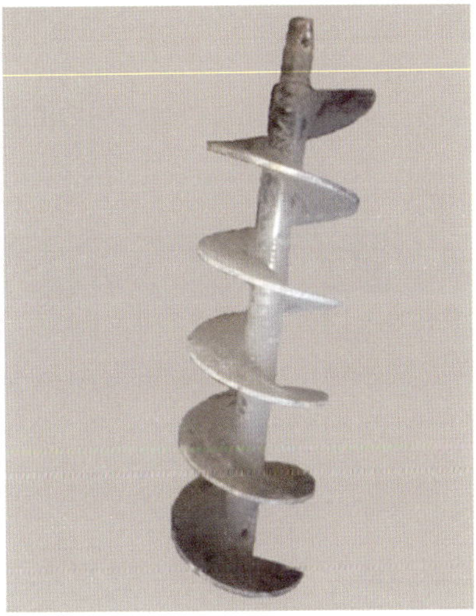

图 6-29　$\phi$450 mm 扇叶形螺旋钻杆

② 为适应钻孔轨迹微弯曲，埋管单管长度选择 1 m，并对管路两端螺丝眼进行设计，一侧螺丝眼为光面，异侧螺丝眼加螺旋丝扣，螺丝安装好后，可有一定活动空间，使整趟管路可微弯曲，避免因钻孔轨迹弯曲而无法埋管。

③ 在管路两端设计 30°倒角(图 6-31)，两管可进行无缝连接，靠近孔口端为内导角，埋管拉动管路过程中可避免煤粉进入管路。

(4) 现场应用及效果

胡底煤业 1307(上)采煤工作面在回风巷 13091 与 13072 之间，每间隔 60～70 m 施工 3 个大直径钻孔，孔间距为 5 m(图 6-32)，长度为 30 m，倾角为 3°。当工作面推进至大直径钻孔时，打开大直径钻孔与抽采系统连接的阀门，大直径钻孔发挥作用。3 个孔总抽采混量在

300 m³/min 左右，抽采纯量为 7.5～10 m³/min，抽采浓度为 2.5%～3.33%，与之前采用的横川闭墙埋管抽采效果相当。

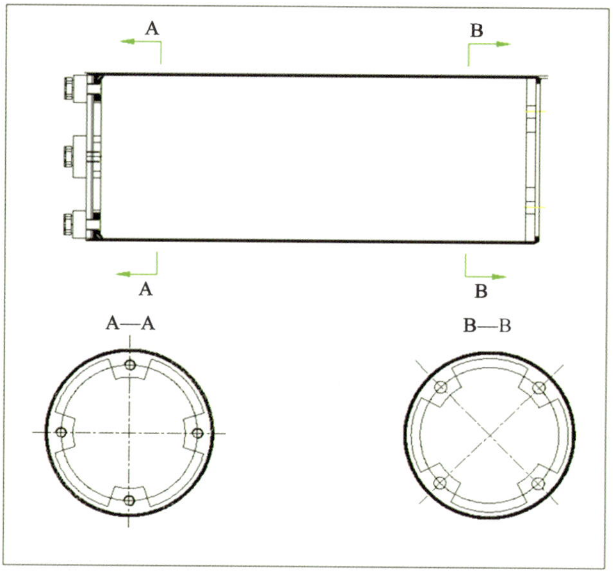


图 6-30　同一根管路两端法兰螺丝固定座交错布置

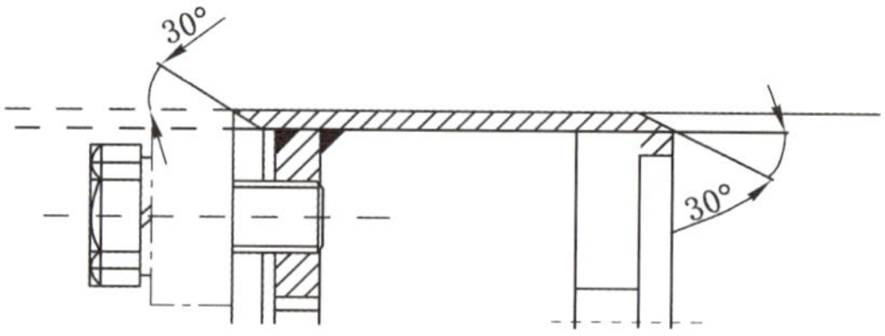


图 6-31　管路两端设计倒角

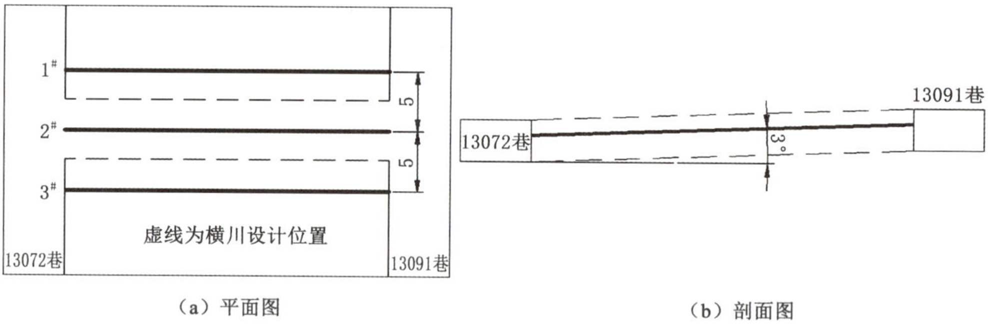


图 6-32　大直径钻孔布置平面图及剖面图

与横川闭墙埋管对比，大直径钻孔抽采优势主要有：

① 可节约横川掘进、贯通、通风系统调整时间 5～10 d，密闭修建时间 2 d。

② 施工 3 个大直径钻孔相对于施工 1 个横川，可节约资金 10 万元左右。

③ 无须横川封闭，避免密闭内瓦斯积聚的现象，避免矿压破坏密闭，避免启封横川密闭

排放瓦斯工序，提高了安全性。

④ 大直径钻孔可灵活控制孔间距，均匀布置，抽采连续性显著提高，抽采系统能力充分利用在上隅角附近，抽采效果提升明显。

## 第五节　多煤层联合瓦斯治理技术

在前期开采作业中，大部分矿井优先开采经济效益较好的 3# 煤层，9#、15# 煤层资源未得到有效开发。为认真践行可持续发展理念，促使矿井高质量发展，促进资源高效回收利用，延长矿井服务年限，实现综合效益最大化，各生产矿井逐步将 9#、15# 煤层的回采工作列入矿井发展规划之中。面对多煤层联合开采，以及随之而来的新的瓦斯治理问题，这一瓦斯治理技术体系还将进一步充实发展。

### 一、晋城矿区煤层赋存情况

晋城矿区各矿井煤层赋存情况差异较大(表 6-9)，制定多煤层联合开采瓦斯治理技术方案应充分考虑各矿井具体煤层基本情况，针对不同地质单元区域制定不同的瓦斯治理技术方案。

**表 6-9　晋城矿区部分矿井 3#、9#、15# 煤层赋存情况统计表**

| 矿井名称 | 3# 煤厚/m | 9# 煤厚/m | 15# 煤厚/m | 3# 与 9# 煤层间距/m | 9# 与 15# 煤层间距/m |
|---|---|---|---|---|---|
| 寺河煤矿 | 6.42 | 1.52 | 2.66 | 50.22 | 29.04 |
| 成庄煤矿 | 6.44 | 1.09 | 3.73 | 44.82 | 38.78 |
| 岳城煤矿 | 6.13 | 1.00 | 2.71 | 46.21 | 42.70 |
| 坪上煤业 | 5.30 | 0.83 | 2.66 | 50.18 | 35.92 |
| 矿井名称 | 3# 煤层厚/m | 8# 煤层厚/m | 15# 煤层厚/m | 3# 与 8# 煤层间距/m | 8# 与 15# 煤层间距/m |
| 赵庄煤业 | 4.69 | 0.86 | 3.98 | 38.00 | 57.60 |
| 长平煤业 | 5.58 | 1.22 | 4.18 | 30.00 | 50.00 |

备注：赵庄煤业、长平煤业均存在 9# 煤层，但 9# 煤层较薄，平均煤厚约 0.35 m；赵庄煤业还存在 11# 煤层，平均煤厚约 0.99 m，距 3# 煤层 57.22 m，距 15# 煤层 37.77 m。

### 二、煤炭生产区瓦斯涌出碳同位素分析技术

瓦斯涌出量预测是矿井瓦斯治理的基础工作，传统预测方法有矿山统计法、分源预测法、神经网络预测法及灰色系统预测方法等。其中，分源预测法原理清晰、计算准确、适用性强，是矿井瓦斯来源量化分析的主要手段之一。稳定性碳同位素 $^{13}C$ 分析在识别物质来源机理方面，尤其是在研究自然界中碳循环及环境变化等方面有其独到的优势，越来越引起人们的重视。为了制定多煤层联合开采瓦斯治理技术方案，引入碳同位素分析技术，建立了煤炭生产区瓦斯涌出计算模型，可对多煤层联合开采瓦斯涌出量进行分析。

(一) 碳同位素瓦斯分源计算模型

碳元素由 $^{12}C$ 和 $^{13}C$ 两种稳定性同位素组成，国际认可的 PDB 中 $^{12}C$ 的丰度为 98.892%，$^{13}C$ 的丰度为 1.108%(PDB，一种白垩纪海洋生物的化石 PeeDeeBelemnite 中 $^{13}C$

原子与$^{12}C$原子分别所占百分率)。δ值表示其同位素的相对丰度,$\delta^{13}C(‰)=[(^{13}C/^{12}C)_{样}/(^{13}C/^{12}C)_{PDB}-1]\times 1\ 000$。煤的$\delta^{13}C$值与现代陆生植物相似,平均为−25‰左右。大量的研究表明,沉积物中有机质在埋藏过程中富含轻同位素的基团优先分解,残留部分由于热解程度增强而富集重碳同位素。煤中有机碳同位素值与煤化程度、变质程度和地质年代有关。我国不同时代煤的$\delta^{13}C$值为−35‰~−20‰,平均为−24.4‰,其中藻类形成的腐泥煤的$\delta^{13}C$值为−35‰~−30‰,由木质素-纤维素形成的腐植煤的$\delta^{13}C$值为−23.5‰~−25.5‰。为进一步实现采空区瓦斯精准治理,基于不同煤层的碳氢同位素和组分特征值,对回采区域瓦斯来源进行了定量分析研究。

在寺河煤矿采集2#、3#、5#、7#、8-1#、8-2#、9#、15#共7层煤样,测试各煤层及其解吸气样的稳定碳同位素值,绘制不同煤层解吸瓦斯的碳同位素值箱式图,如图6-33所示。其中,箱体的上下界分别代表数据的75%和25%分位点,箱体中间的空心点表示数据的平均值,而竖线的上下界则分别表示数据的最大和最小值。空心三角形表示1#(H1:5302工作面8#横川里)、2#(H2:5302工作面9#横川里)滞后横川内混合瓦斯碳同位素均值。

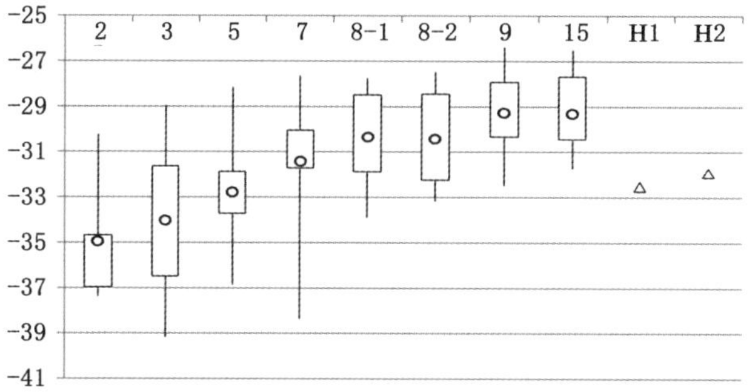


图6-33 寺河煤矿分煤层解吸气中的甲烷碳同位素箱式图

由图6-33可以看出,总体上煤层解吸气中的甲烷碳同位素值随着深度增加逐渐变重(绝对值变小),浅部2#、3#、5#、7#煤层解吸气的甲烷碳同位素值差异明显,7#煤层以深各煤层解吸瓦斯变化幅度较小,其中分叉煤层8-1#、8-2#煤层的甲烷碳同位素值基本没有变化,最深处的15#煤层的甲烷碳同位素略变轻。

根据寺河煤矿井田地质资料和煤系地层主要可采煤层分布,寺河煤矿5#、7#、8-1#、8-2#成煤环境相似,成煤时期也十分接近,同属石炭-二叠系上统太原组,将其合并作为一个单独端元,与2#、3#、9#、15#煤层组成一个5端元分源计算模型,各煤层的气体成分、碳氢同位素见表6-10。

**表6-10 寺河煤矿煤层解吸气组分与同位素特征值统计表**

| 煤层 | 气体成分 | | | | 碳同位素值 | | | 氢同位素值 |
|---|---|---|---|---|---|---|---|---|
| | $CH_4$ | $C_2H_6$ | $N_2$ | $CO_2$ | $\delta^{13}C_{CH_4}$ | $\delta^{13}C_{C_2H_6}$ | $\delta^{13}C_{CO_2}$ | $\delta H_{CH_4}$ |
| | 平均% | 平均% | 平均% | 平均% | 平均‰ | 平均‰ | 平均‰ | 平均‰ |
| 2# | 70.582 | 0.008 | 21.254 | 8.156 | −34.94 | −13.92 | −14.69 | −176.71 |
| 3# | 78.230 | 0.016 | 16.785 | 4.969 | −34.02 | −13.80 | −12.72 | −175.26 |

表 6-10(续)

| 煤层 | 气体成分 | | | | 碳同位素值 | | | 氢同位素值 |
|---|---|---|---|---|---|---|---|---|
| | $CH_4$ | $C_2H_6$ | $N_2$ | $CO_2$ | $\delta^{13}C_{CH_4}$ | $\delta^{13}C_{C_2H_6}$ | $\delta^{13}C_{CO_2}$ | $\delta H_{CH_4}$ |
| | 平均% | 平均% | 平均% | 平均% | 平均‰ | 平均‰ | 平均‰ | 平均‰ |
| 5#-6#-7#-8# | 87.643 | 0.0245 | 9.2023 | 3.1302 | −31.243 | −11.393 | −10.948 | −167.41 |
| 9# | 95.457 | 0.031 | 3.760 | 0.751 | −29.25 | −9.55 | −10.19 | −159.69 |
| 15# | 96.414 | 0.036 | 2.953 | 0.597 | −29.31 | −9.96 | −10.69 | −164.04 |

(二)寺河煤矿二号井采空区混合瓦斯量化分源计算

分别对寺河煤矿二号井9#、15#煤层采空区混合瓦斯来源进行分析,采气区域为寺河煤矿二号井9#煤层稳定采空区97301、97303、97305和15#煤层稳定采空区153301、153302,采气点分别位于各采空区密闭墙外口抽采管的观察孔。

对采集气体进行碳同位素分析,运用5端元分源计算模型进行计算后,绘制97301、97303、97305稳定采空区的瓦斯来源体积结构图,如图6-34所示。

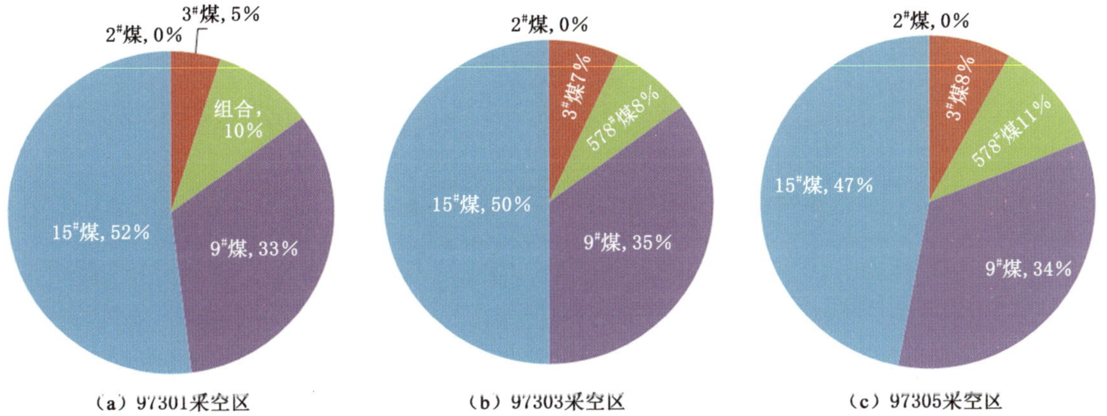


图6-34 9#煤层稳定采空区瓦斯来源结构饼图

15#煤层瓦斯是9#煤层稳定采空区的最大瓦斯来源,平均体积占比49.7%。从采空区"下三带"理论计算分析,认为9#煤层和下伏15#煤层的平均间距为28 m,15#煤层处于9#煤层的底板弯曲变形带,在9#煤层的底板卸压保护范围内。9#煤层同等赋存条件工作面采空区瓦斯防治的重点仍应是15#煤层。

153301、153302稳定采空区的瓦斯各层详细来源如图6-35所示。

寺河煤矿二号井15#煤层稳定采空区最大瓦斯来源是15#本煤层,平均体积占比68%。从采空区"三带"理论计算分析,认为15#煤层和上覆9#煤层的平均间距为28 m,9#煤层处于15#煤层的顶板弯曲下沉带,在15#煤层的顶板卸压保护范围内。15#煤层同等赋存条件工作面采空区瓦斯防治的重点仍应是15#本煤层。

(三)寺河煤矿二号井9#和15#煤层工作面采空区瓦斯来源动态演化规律分析

为了比较分析寺河煤矿二号井9#和15#煤层工作面采空区瓦斯来源随采动时空的动态演化规律,连续采集97307、153304工作面采空区瓦斯涌出气样进行碳同位素分析,绘制瓦斯来源示踪曲线,如图6-36所示。

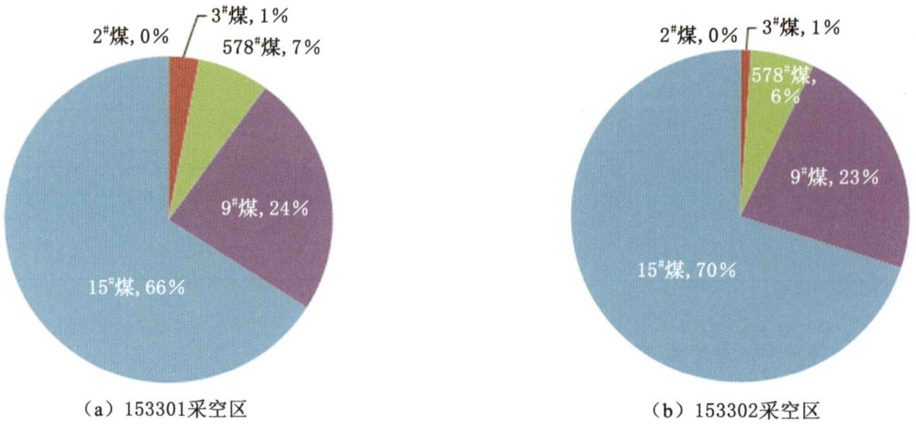


图 6-35　15# 煤层稳定采空区瓦斯来源结构饼图

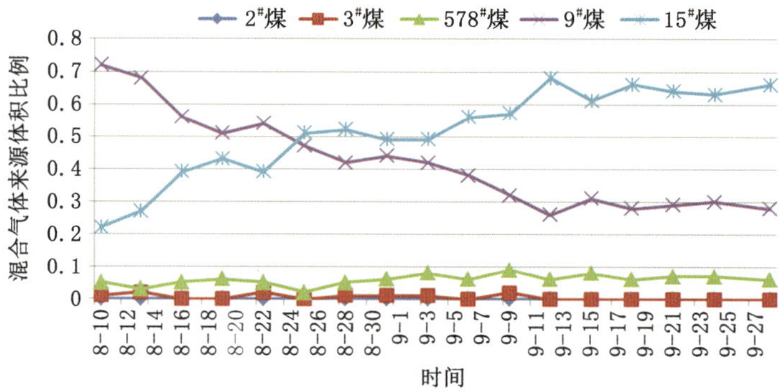


图 6-36　97307 工作面回采期间采空区瓦斯来源分源示踪曲线

97307 工作面正常回采期间采空区瓦斯来源的动态变化特征分析如下：

① 观察初期(工作面推过观察点 15 d,空间距离观察点 0～43 m),97307 工作面采空区瓦斯涌出来源以 9# 本煤层为主,平均体积占比为 58%,9# 本煤层解吸瓦斯体积占比不断下降,降幅为 72%～47%。邻近层 15# 煤层解吸瓦斯体积占比逐渐上升,升幅为 22%～51%。其他邻近层解吸瓦斯体积占比很小,可以忽略。

② 观察中后期(工作面推过观察点 15～49 d,空间距离观察点 43～207 m 的范围内),工作面采空区瓦斯涌出来源以 15# 邻近层为主,平均体积占比为 59%,且其体积占比继续上升,升幅为 52%～66%。此期间 9# 本煤层的解吸瓦斯体积占比继续下降,降幅为 42%～28%,平均体积占比为 33.6%。其他邻近层解吸瓦斯体积占比同样很小,可以忽略。

③ 从 97307 工作面采空区的瓦斯来源体积结构看,15# 煤层是 9# 煤层稳定采空区的最大瓦斯来源,总平均体积占比为 51.3%。采空区"下三带"理论分析同样认为,15# 煤层处于 9# 煤层的底板弯曲变形带,在 9# 煤层的底板卸压保护范围内,瓦斯来源分析结果验证了 9# 煤层稳定采空区瓦斯来源结构。9# 煤层工作面采动对 15# 煤层有明确的卸压保护作用。

153304 工作面采空区瓦斯来源动态演化规律如图 6-37 所示。

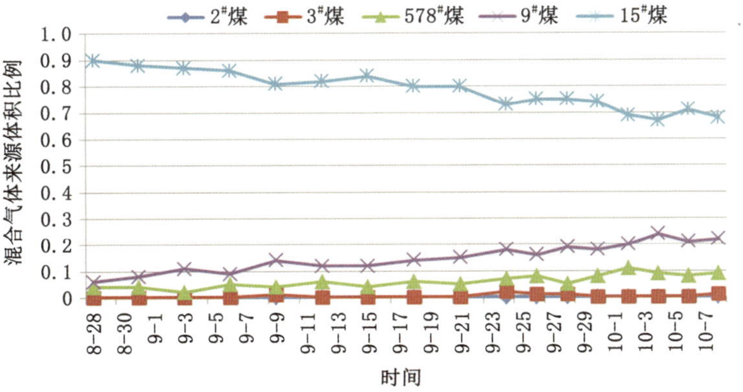


图 6-37　153304 工作面回采期间采空区瓦斯来源分源示踪曲线

153304 工作面正常回采期间采空区瓦斯来源的动态变化特征分析如下：

① 在整个 41 d 观察时间内，从观察点到工作面 0～288 m 的空间范围内，153304 工作面采空区瓦斯涌出来源体积以 15# 本煤层为主，平均体积占比为 78%，但此期间 15# 本煤层的解吸瓦斯体积占比稳步下降，最大降幅为 90%～68%。同期其近邻近层 9# 煤层解吸瓦斯体积占比逐渐上升，升幅为 6%～22%，平均体积占比为 15%。其他邻近层中，578# 合层瓦斯体积占比平均为 6.1%，上组煤解吸瓦斯体积占比很小，可以忽略。

② 从 153304 工作面采空区的瓦斯来源体积结构看，9# 煤层解吸瓦斯对 15# 煤层采空区瓦斯来源构成了影响。9# 煤层处于 153304 采空区顶板弯曲下沉带内，处于 15# 煤层的顶板卸压保护范围内，15# 煤层工作面采动对 9# 煤层有明确的卸压保护作用。

（四）海天煤业采空区混合瓦斯量化分源计算及动态演化规律分析

海天煤业为兼并重组整合矿井，开采 3# 煤层，与寺河煤矿二号井资源重叠。海天 3# 煤层与寺河煤矿二号井 93 盘区 9# 煤层相对应，寺河煤矿二号井优先开采 9# 煤层，一段时期后（五年左右），海天煤业进行 3# 煤层的回采。两个矿回采区域空间上存在重叠，为研究煤层回采影响创造了良好条件。

分别对海天煤业 3# 煤层 3616、3622 两个稳定采空区混合瓦斯来源进行分析，采气点分别位于各采空区密闭墙的外口抽采管的观察孔。对海天煤业 3616、3622 稳定采空区混合瓦斯气采样，并进行碳氢同位素和组分测试，运用分源计算模型计算，绘制瓦斯来源结构饼图（图 6-38）。

由图 6-38 可见，海天煤业 3# 煤层稳定采空区的瓦斯来源结构最为复杂，主采煤层 3#、9#、15# 和 578 合层解吸瓦斯平均体积占比非常接近，15# 煤层解吸瓦斯稍多（28%），其次是 3# 本煤层（26%），四组煤解吸瓦斯占比合计达到 95%。瓦斯来源分析结果证明了下伏 578#、9#、15# 煤层处于 3# 煤层的远距离卸压影响范围，3# 煤层采动会造成下覆邻近层瓦斯的大量解吸释放。

对海天煤业 3617 采煤工作面采空区混合瓦斯进行连续采样分析，图 6-39 为 33 d 内的瓦斯来源动态演化规律。

分析图 6-39，可以得出 3617 正常回采期间采空区瓦斯来源的动态变化特征如下：

① 在周期内，从观察点到工作面 10～98 m 的空间范围内，3617 工作面采空区瓦斯涌出来源体积以 3# 本煤层为主，平均体积占比为 74%，但此期间 3# 本煤层的解吸瓦斯体积占

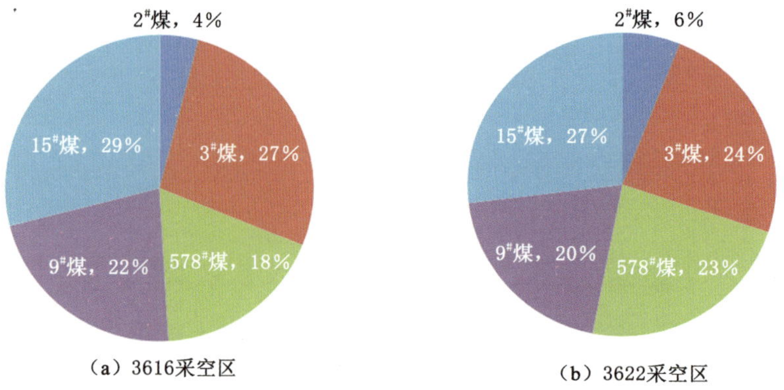


图 6-38　海天煤业 3# 煤层采空区瓦斯来源结构饼图

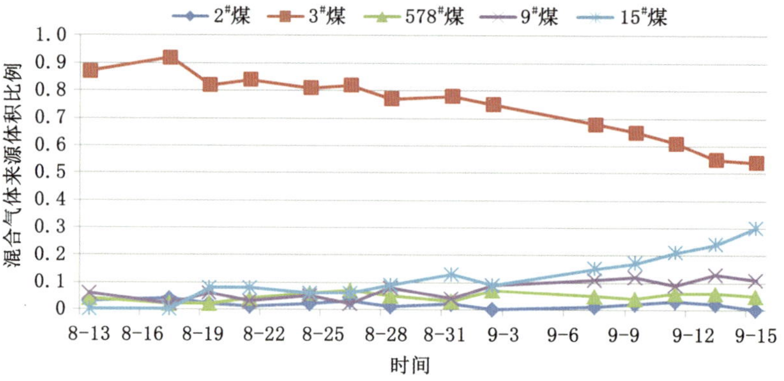


图 6-39　3617 工作面回采期间采空区瓦斯来源分源示踪曲线

比稳步下降，最大降幅为 92%～54%。同期其邻近层 15# 煤层解吸瓦斯体积占比逐渐上升，升幅为 8%～30%，平均体积占比为 12%。其他邻近层中，578 合层瓦斯体积占比平均为 5%，9# 煤层解吸瓦斯体积占比平均为 7%，2# 煤层解吸瓦斯体积占比很小，可以忽略。

② 从 3617 工作面采空区瓦斯来源体积结构看，15# 煤层解吸瓦斯对 9# 煤层采空区瓦斯来源构成了影响。15# 煤层处于 3617 采空区远距离卸压保护范围内，3# 煤层工作面采动对 15# 煤层有明确的卸压增透影响，但时间和空间滞后，需要随采动延长观察时间，进一步确定 3# 煤层工作面采空区内部来自 15# 煤层解吸瓦斯体积占比稳定的时间区间和空间范围。

## 三、多煤层联合瓦斯治理技术方案

通过对晋城矿区开采煤层进行调查、采空区瓦斯来源及煤层透气性试验分析，开采 3#、9#、15# 煤层，存在以下影响规律：

① 3# 煤层回采对下部 9#、15# 煤层有采动影响及明显的卸压增透作用。

② 9# 煤层回采对上部 3# 煤层和下部 15# 煤层有采动影响及明显的卸压增透作用。

③ 9# 煤层采动后，下部 15# 煤层体卸压，瓦斯进入 9# 煤层采空区；15# 煤层开采期间，

煤层二次卸压，9$^{\#}$煤层采空区对降低15$^{\#}$煤层工作面瓦斯涌出具有积极意义。

针对矿井的3$^{\#}$、9$^{\#}$、15$^{\#}$煤层进行联合开采，在开采首采煤层时，利用首采煤层对邻近煤层的采动卸压作用加强邻近煤层瓦斯抽采，构建“一层开采，两层卸压，三层共采”的开采生态。根据矿井煤层赋存条件，可制定三种瓦斯治理方案：

第一种：3$^{\#}$、9$^{\#}$、15$^{\#}$煤层都存在时的瓦斯治理技术方案；

第二种：只有3$^{\#}$、15$^{\#}$煤层时的瓦斯治理技术方案；

第三种：上部3$^{\#}$煤层已经回采，只存在9$^{\#}$、15$^{\#}$煤层时的瓦斯治理技术方案。

（一）主采3$^{\#}$、9$^{\#}$、15$^{\#}$煤层瓦斯治理技术方案

适用条件：全矿井3$^{\#}$、9$^{\#}$、15$^{\#}$煤层稳定可采，且各煤层均未回采。

以寺河煤矿二号井地层赋存条件为例，3$^{\#}$、9$^{\#}$、15$^{\#}$煤层稳定可采，3$^{\#}$、9$^{\#}$煤层间距为83.16 m，9$^{\#}$、15$^{\#}$煤层间距为41.8 m，煤层倾角为5°，巷道间煤柱宽30 m。按照“一层开采，两层卸压”的原则，首采9$^{\#}$煤层，3$^{\#}$、15$^{\#}$煤层卸压。

（1）9$^{\#}$煤层瓦斯治理原则

① 当9$^{\#}$煤层瓦斯含量大于12 $m^3/t$时，需布置地面井提前预抽，地面预抽井控制范围延伸至9$^{\#}$煤层。

② 当9$^{\#}$煤层瓦斯含量小于12 $m^3/t$时，治理技术应以预抽本煤层瓦斯为主，同时加强采空区及邻近层瓦斯抽采。

③ 在9$^{\#}$煤层顺槽巷道布置上行穿层钻孔至3$^{\#}$煤层，抽采因9$^{\#}$煤层回采而卸压的3$^{\#}$、5$^{\#}$、7$^{\#}$、8$^{\#}$等上邻近层瓦斯；在9$^{\#}$煤层顺槽巷道布置下行穿层孔至15$^{\#}$煤层，抽采因9$^{\#}$煤层回采而卸压的15$^{\#}$煤层瓦斯。

（2）3$^{\#}$煤层瓦斯治理原则

① 地面井抽采先行，对3$^{\#}$煤层进行提前预抽。

② 以3$^{\#}$本煤层卸压瓦斯抽采为主，利用下部9$^{\#}$煤层回采产生卸压效应，提前从3$^{\#}$煤层大巷或顺槽巷道采用千米定向钻机施工区域递进式钻孔抽采本煤层卸压瓦斯。工作面回采前，可使用普通钻机实施顺煤层密集钻孔强化抽采。

③ 若工作面回采期间易受下邻近煤层卸压瓦斯影响，提前在3$^{\#}$煤层底板施工底板拦截钻孔对下邻近层瓦斯进行拦截。

④ 3$^{\#}$煤层工作面初采前选用低位、中位、高位钻孔和底板拦截孔立体联合抽采技术抽采采空区瓦斯。在3$^{\#}$煤层裂隙带内利用千米定向钻机施工高位定向钻孔或高位钻场布置高位钻孔，同时结合闭墙埋管、上隅角埋管等抽采技术治理采空区瓦斯。

（3）15$^{\#}$煤层瓦斯治理技术

① 3$^{\#}$、9$^{\#}$煤层回采完毕后再进行15$^{\#}$煤层的回采。

② 布置开拓巷道优先选择9$^{\#}$、15$^{\#}$煤层层间距小、瓦斯含量小的盘区。

③ 工作面回采期间，定期监测上部影响范围内煤层气井产气量，最大限度利用好地面井对15$^{\#}$煤层瓦斯的抽采，从而降低井下瓦斯治理工程量。

④ 回采前，15$^{\#}$煤层顺槽巷道内施工顺层钻孔，对15$^{\#}$煤层瓦斯进行抽采；施工穿层钻孔至9$^{\#}$煤层采空区、高位钻孔至裂隙带、闭墙埋管等抽采技术治理15$^{\#}$煤层采空区瓦斯。

（二）主采3$^{\#}$、15$^{\#}$煤层瓦斯治理技术方案

适用条件：矿井范围内9$^{\#}$煤层不具备回采条件，失去开采9$^{\#}$煤层提高上下邻近层煤层

透气性的有利条件，3#、15#煤层间距远，超出保护层卸压理论有效间距。煤层开采顺序由上向下依次为3#、15#煤层。各矿根据各煤层瓦斯含量、瓦斯压力及工作面瓦斯涌出情况，采取对应的单一煤层瓦斯治理技术措施。

(1) 3#煤层瓦斯治理技术

① 地面井抽采先行：多年抽采经验表明，地面井控制范围内应配套卸压增透措施，特别是产气量小、衰减快的各类钻井，利用采煤工作面基本顶垮落后上覆岩层裂隙发育，监测煤层气井流量，应抽尽抽。

② 根据区域煤层赋存条件选择针对性的抽采技术：在井下中硬煤层区域依靠千米定向钻机提高钻孔覆盖区域，匹配满足需要的抽采能力；在松软煤层难抽采区域，布置底抽巷穿层钻孔，配套相应的水力化卸压增透技术，对有软分层的区域采用水力掏煤技术，对3#煤层区域瓦斯进行抽采；在煤层巷道掘进过程中布置顺层钻孔，强化抽采。

③ 采空区瓦斯抽采：工作面回采过程中，利用高-中-低位-底板拦截、闭墙埋管、穿透钻孔、采动井对3#煤层采空区瓦斯进行抽采，对老采空区瓦斯进行低负压抽采。

(2) 15#煤层瓦斯治理技术

① 煤层瓦斯抽采：地面井控制范围延伸至15#煤层，对产气量偏小及衰减快的气井使用增透技术，提高单井产出。在工作面推进到其控制范围后，监测气井气量，应抽尽抽。

② 依靠大功率千米定向钻机提高钻孔覆盖区域，一钻一视频，提高钻孔施工质量，对衰减快的钻孔二次钻孔修复；在煤层巷道掘进过程中布置顺层钻孔，强化抽采。

③ 采空区瓦斯抽采：工作面回采过程中，利用高-中-低位钻孔、闭墙埋管、穿透钻孔、采动井对15#煤层采空区瓦斯进行抽采。

(三) 主采9#、15#煤层瓦斯治理技术方案

适用条件：全矿井3#、9#、15#煤层稳定可采，且3#煤层已全部回采。煤层开采顺序由上向下依次为9#、15#煤层。各矿根据各煤层瓦斯含量、瓦斯压力及工作面瓦斯涌出情况，采取对应的单一煤层瓦斯治理技术措施。

(1) 9#煤层瓦斯治理技术

① 本煤层预抽技术：在已实施预抽煤巷条带区域后方煤帮向设计巷道施工顺层钻孔，掩护巷道掘进。

② 采空区瓦斯治理技术：当9#煤层工作面回采时，回采区域的瓦斯来源主要有上下邻近层(5#、6#、7#、8#、15#煤层)卸压瓦斯、3#煤层采空区瓦斯。为此，在9#煤层巷道向上施工钻孔，终孔直到3#煤层采空区，实现"一抽采孔多煤层"抽采布局；此外，根据现场施工条件，需在工作面推进区域提前布置高位钻孔，进行采空区瓦斯抽采；布置上隅角抽排系统，加强工作面上隅角区域瓦斯治理。

(2) 15#煤层瓦斯治理技术

① 本煤层瓦斯治理技术：在9#煤层巷道掘进时，同步施工本煤层顺层钻孔进行本煤层瓦斯预抽。考虑9#煤层工作面回采后部50 m左右15#煤层卸压明显，卸压瓦斯涌出量大，是15#煤层卸压瓦斯抽采的最佳时机。因此，15#本煤层瓦斯钻孔(钻孔长度＝工作面倾向长度＋煤柱宽度＋巷道宽度＋巷道轮廓线外20 m)施工的最佳时机是在9#煤层工作面推过50 m之前。9#、15#煤层钻孔的施工装备优选千米钻机。为提高9#、15#煤层的抽采效率，根据现场条件，可以适时采用顺层钻孔水力压裂、水力掏煤等辅助技术。

9# 煤层工作面回采前，布置好下部 15# 本煤层预抽钻孔。15# 煤层预抽采钻孔最佳抽采区域为上部 9# 煤层工作面后部 50～200 m 采空区，能提升单元内抽采能力，最大化提高单元内抽采效率。

② 采空区瓦斯治理技术：15# 煤层采煤工作面回采时，施工高位钻孔抽采回采过程中的采空区瓦斯及上部 9# 煤层瓦斯。

# 第七章　三区联动瓦斯治理综合应用

晋城矿区煤与煤层气(瓦斯)资源储量丰富,是国家重要的能源基地。矿区企业在大力开采煤炭资源的同时,积极探索煤层气资源的开发与利用。经过多年的技术攻关,建立了"三区联动、采煤采气一体化"瓦斯综合治理模式,在生产规划区,采用地面直井、丛式井、水平井、U 形井进行煤层气地面预抽;在开拓准备区,综合利用千米长钻孔、地面井压裂及水力增透技术,实现煤层的大面积卸压增透,形成井上井下瓦斯抽采立体网络;在煤炭生产区,地面布置采动井,井下施工大直径高位钻孔、横川埋管,重点治理工作面及采空区的瓦斯涌出。"三区联动、采煤采气一体化"瓦斯综合治理模式有机协调了煤矿安全高效生产与煤层气资源开发利用,突破了煤矿瓦斯井下抽采和煤层气地面抽采两个独立产业模式的局限性,实现了采煤采气一体化,取得了煤与煤层气产业安全、能源、环保三重效益。本章主要介绍"三区联动"瓦斯抽采在寺河煤矿、岳城煤矿的应用。

## 第一节　寺河煤矿三区联动瓦斯治理

寺河煤矿 5311 大采高综采工作面位于寺河煤矿东井区,为煤与瓦斯突出矿井,工作面开采 3# 煤层,一次采全高 6 m,工作面走向长为 1 716.5 m(净),倾斜长为 296.3 m(净),计算煤炭储量为 463.35 万 t。工作面埋深为 260～350 m,煤层瓦斯初始含量为 17.6～28.1 $m^3/t$。巷道布置如图 7-1 所示,53111 巷(53102 巷)和 53113 巷为进风巷,53112 巷为回风巷,表 7-1 为工作面回采期间巷道配风情况表。

**表 7-1　5311 工作面回采期间配风情况表**

| 巷道名称 | 性 质 | 净断面 /$m^2$ | 允许风速 /(m/s) | 允许最大风量 /($m^3$/min) | 配风量 /($m^3$/min) | 风速 /(m/s) |
|---|---|---|---|---|---|---|
| 53111(53102)巷 | 进风巷 | 22 | <4 | <5 280 | 3 400 | 2.58 |
| 53113 巷 | 进风巷 | 23.1 | <4 | <5 544 | 1 300 | 1.01 |
| 53112 巷 | 回风巷 | 25.8 | <4 | <6 192 | 5 500 | 3.62 |
| 5311 切眼 | | 21.4 | <4 | <5 136 | 3 400 | 2.65 |

5311 工作面经历了生产规划区、开拓准备区及现在的煤炭生产区,煤层瓦斯含量由最初的 28.1 $m^3/t$ 降至 7.290 2 $m^3/t$,抽采达标,保证了掘进和回采的安全,其三区联动过程及瓦斯治理主要方法见表 7-2。

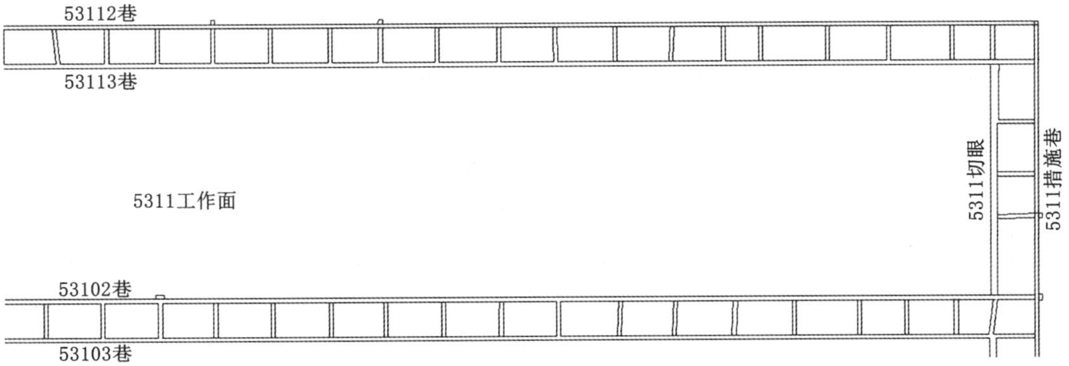


图 7-1 5311 工作面巷道布置示意图

**表 7-2 5311 工作面三区联动瓦斯治理过程**

| 三区模式 | 时间 | 瓦斯治理方法 | 煤层瓦斯含量 /($m^3$/t) | 累计瓦斯抽采量 /亿 $m^3$ |
|---|---|---|---|---|
| 生产规划区 | 1995～2017 年 | 18 口地面垂直井预抽 | 28.1 | 2.2 |
| 开拓准备区 | 2017～2019 年 7 月 | 千米定向钻孔，煤巷条带预抽，顺层钻孔预抽回采煤层 | 13.76 | 0.370 8 |
| 煤炭生产区 | 2019 年 7 月～2020 年 11 月 | 中位/高位钻孔，横川预埋采空区抽放管，上隅角区域抽采，大流量通风 | 7.29 | |

## 一、生产规划区瓦斯治理

1995～2017 年，5311 工作面为寺河煤矿开采规划区。在该工作面地面布置 18 口地面垂直井进行煤层气抽采，煤层原始瓦斯含量为 28.1 $m^3$/t，经过 20 多年地面抽采，累计抽采瓦斯 2.2 亿 $m^3$，煤层瓦斯含量降至 13.76 $m^3$/t。

## 二、开拓准备区瓦斯治理

① 2017 年 8 月，5311 工作面进入生产准备区。为进一步降低煤层瓦斯含量，从该工作面邻近巷道 53111 巷施工千米定向钻孔，如图 7-2 所示。累计施工钻孔进尺 151 956 m，抽采瓦斯至 2018 年 12 月，累计抽采瓦斯 0.370 8 亿 $m^3$，煤层瓦斯含量降至 7.290 2 $m^3$/t。经过抽采达标评判，53111 工作面已满足掘进和回采条件。

② 巷道掘进瓦斯治理。5311 工作面布置有 53113、53112 两条顺槽巷道，巷道掘进期间，采用定向长钻孔预抽煤巷条带区域煤层瓦斯，同时，采用定向钻机施工顺层钻孔预抽区段煤层瓦斯。5311 工作面区域防突措施为定向钻机施工顺层钻孔预抽回采煤层瓦斯，局部

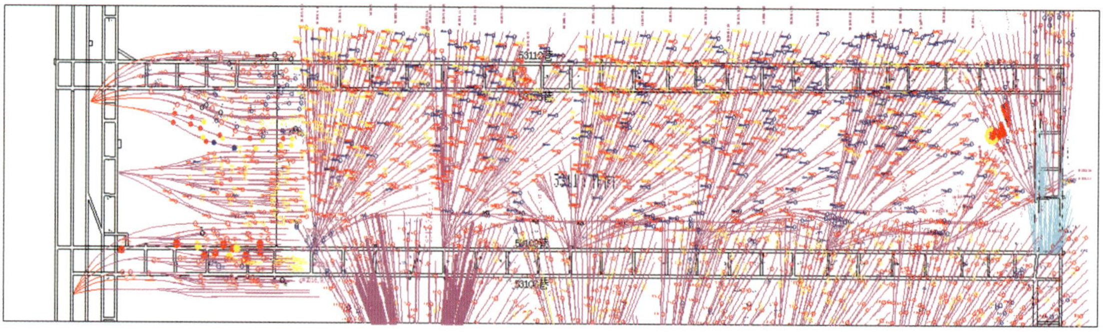

图 7-2　5311 工作面井下钻孔布置示意图

防突措施主要采用超前钻孔预抽瓦斯和超前钻孔排放瓦斯。

## 三、生产采动区瓦斯治理

① 2019 年 7 月至 2020 年 11 月，5311 工作面进入回采作业，在 53112 巷布置 6 个高位定向钻孔钻场(分别位于 $4^{\#}$、$8^{\#}$、$12^{\#}$、$16^{\#}$、$20^{\#}$、$25^{\#}$ 横川)，每个钻场内施工 4 个定向长钻孔，单个钻孔覆盖长度 320～450 m，每个钻场抽采瓦斯纯量平均为 10 $m^3$/min，瓦斯浓度平均为 60%。其中，53112 巷 $25^{\#}$ 横川的 4 个高位钻孔分别施工至 53112 巷以南 20 m、28 m、36 m、44 m 处，钻孔分别位于煤层顶板上方 30 m、35 m、40 m、45 m 处；其余横川 4 个高位钻孔分别施工至 53112 巷以南 20 m、30 m、40 m、50 m 处，钻孔分别位于煤层顶板上方 35 m、40 m、45 m、50 m 处；高位钻孔开孔高度均为 2.5 m，钻孔间距 1 m，施工倾角为 13°～15°，施工深度为 320～450 m。高位定向钻孔布置图如图 7-3 所示。

② 5311 工作面尾巷初采瓦斯治理方案：分别施工 8 个高位孔、中位孔及穿透钻孔，钻孔设计长度为 90 m、90 m、50 m，分别施工至煤层顶板上方 15～25 m、25～40 m 层位，孔径 113 mm，钻孔间距 10 m，覆盖切眼以西 30 m 范围。施工底板钻孔 8 个，单孔深度为 74 m，孔径 94 mm，钻孔施工至穿过 $5^{\#}$ 煤层 5 m，覆盖切眼以西 18 m 范围，钻孔间距 18 m。初采期间采空区瓦斯治理钻孔布置如图 7-4 所示。

③ 井下抽采管路敷设：53111 巷敷设 2 趟 $\phi$377 mm 瓦斯抽放管，其中一趟沿巷道北帮顶板敷设，接抽 53102 巷 $6^{\#}$、$10^{\#}$、$14^{\#}$、$18^{\#}$、$22^{\#}$、$25^{\#}$ 千米钻场共计 57 个千米钻孔，另一趟沿巷道南帮顶板敷设，用于 5310 工作面采空区抽放。53112 巷敷设 2 趟瓦斯抽放管路，一趟 $\phi$377 mm 管沿巷道南帮顶板敷设，用于上隅角侧高位定向钻孔瓦斯抽采，另一趟 $\phi$711 mm 抽排管路用于上隅角瓦斯抽采及闭墙瓦斯抽采，并在 53112/113 巷每个横川预埋采空区抽放管($\phi$280/400 mm)，抽排管路安装如图 7-5 所示。

④ 潘庄地面抽放泵站专设一台抽采泵，通过管路连接闭墙埋管对上隅角区域瓦斯进行抽采，瓦斯混量为 25.33～191.6 $m^3$/min，浓度为 0.2%～2.8%。

⑤ 工作面回采过程中，瓦斯抽采量达到 8～18 $m^3$/min，风排瓦斯量达到 6～15 $m^3$/min，回风巷瓦斯浓度为 0.20%～0.30%，上隅角瓦斯平均瓦斯浓度为 0.30%，工作面顺利完成回采。

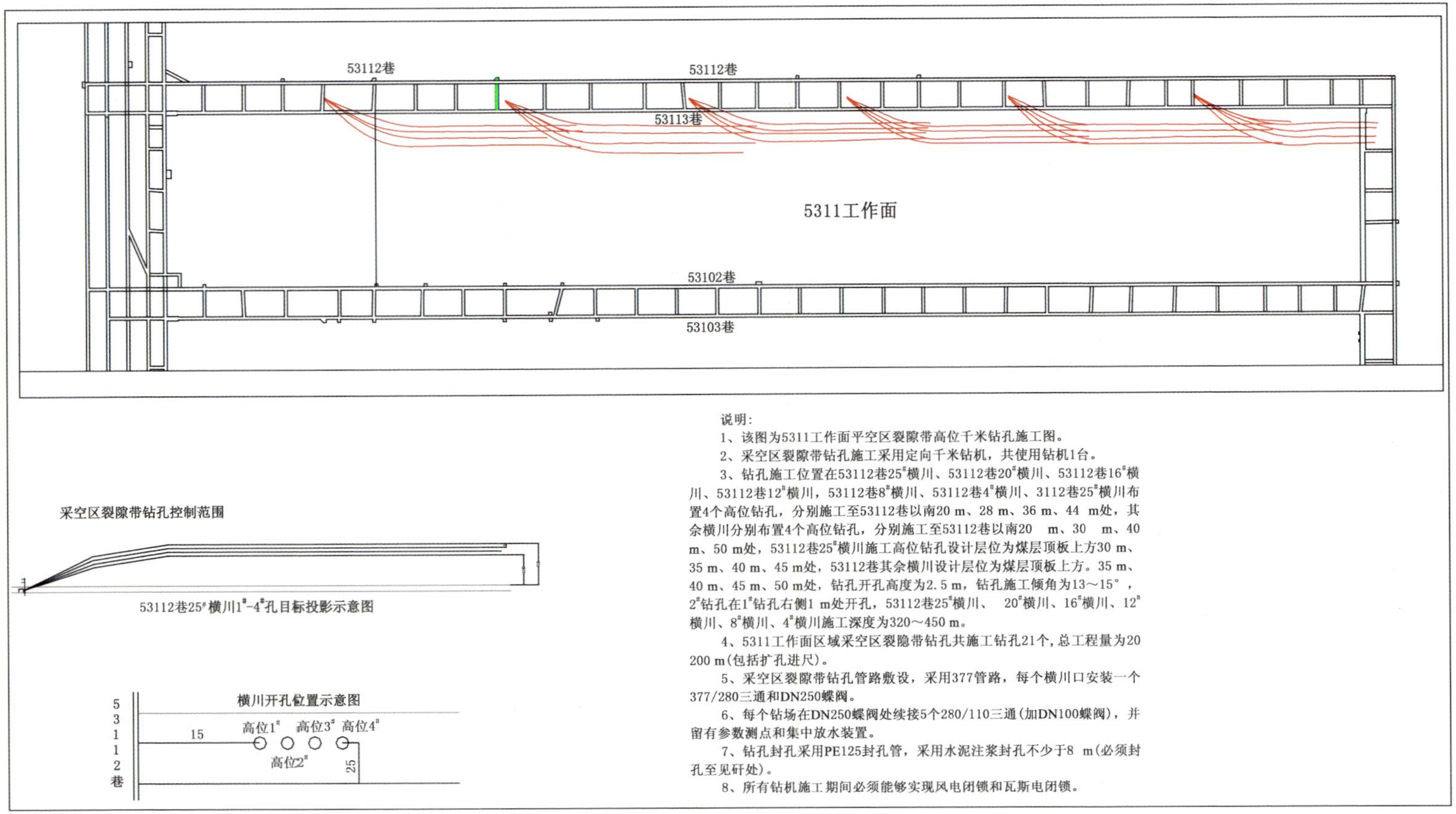


图7-3　5311工作面高位钻孔布置示意图

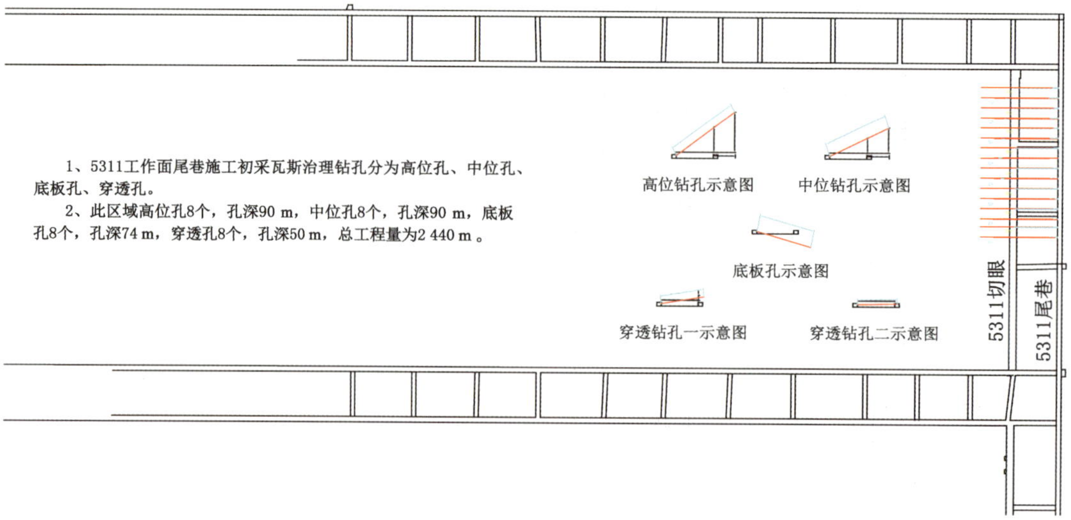


图 7-4 5311 工作面高、中、底板钻孔布置示意图

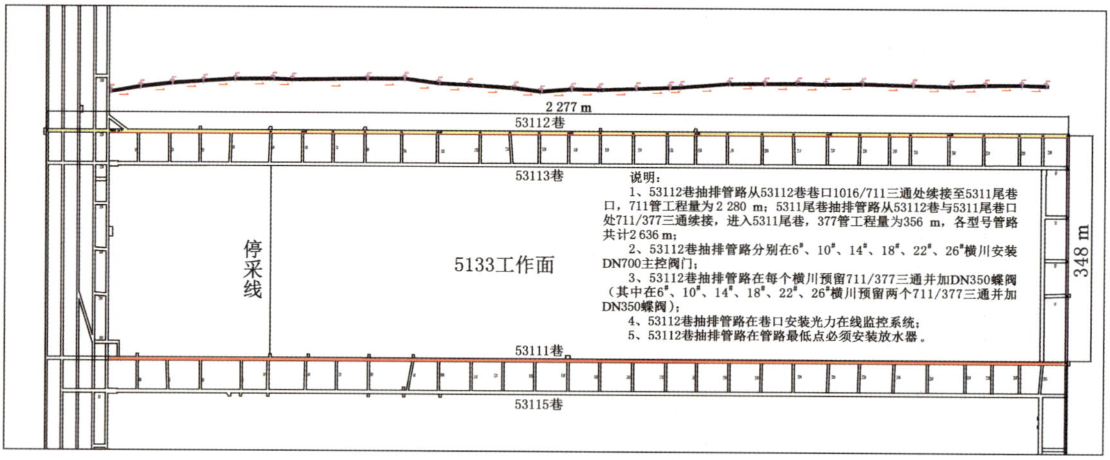


图 7-5 5311 工作面回采抽采管路布置图

## 第二节 岳城煤矿三区联动瓦斯治理

2301 工作面为岳城煤矿二盘区上分层综采工作面，所采煤层为 3# 煤层，采用走向长壁自然垮落铺底网后退式综合机械化分层开采法进行回采。工作面埋深 226～312 m，共布置三个切眼，分三个阶段进行回采。其中，一阶段走向长度为 66.01 m，倾斜长度为 87.63 m；二阶段走向长度为 105 m，倾斜长度为 141.63 m；三阶段走向长度为 1 005.59 m，倾斜长度为 176 m。工作面一阶段工业储量为 2.43 万 t，二阶段工业储量为 6.25 万 t，三阶段工业储量为 74.42 万 t，合计工业储量为 83.1 万 t。工作面煤层最大原始瓦斯压力为 0.42 MPa，煤层原始瓦斯含量为 14.45 $m^3/t$。

2301 工作面布置四条顺层巷道，分别为Ⅲ23014 巷、Ⅲ23011 巷、Ⅲ23013 巷Ⅲ23012

巷，均沿 3# 煤层顶板布置。Ⅲ23011 巷位于工作面北侧，担负进风兼运煤任务，配风量为 1 350 $m^3$/min。Ⅲ23013 巷位于Ⅲ23011 北侧，担负进风任务，配风量为 650 $m^3$/min。Ⅲ23012巷位于工作面巷南侧，辅助进风及运料任务，配风量为 300 $m^3$/min。Ⅲ23014 巷位于Ⅲ23012 巷南侧，担负回风任务，配风量为 2 300 $m^3$/min。

2301 工作面自 2107 年开始施工地面钻井，开采煤层气；2017～2019 年，在井下施工千米钻孔，进行本煤层瓦斯抽采；2019 年开始工作面回采，同时将地面预抽井改造为采动井，抽采采空区及顶板围岩瓦斯。2302 工作面顺利完成生产规划区、开拓准备区及煤炭生产区的三区转换，煤层瓦斯抽采达标，巷道掘进和工作面回采安全，其三区联动过程及瓦斯治理主要方法见表 7-3。

**表 7-3　2301 工作面三区联动瓦斯治理过程**

| 三区模式 | 时间 | 瓦斯治理方法 | 煤层瓦斯含量/($m^3$/t) | 累计瓦斯抽采量/万 $m^3$ |
|---|---|---|---|---|
| 生产规划区 | 2017～2018 年 | 5 口地面垂直井预抽 | 14.45 | 108.84 |
| 开拓准备区 | 2017～2019 年 | 千米定向钻孔，普通钻井顺层钻孔 | 10.42 | 1 903.34 |
| 煤炭生产区 | 2019～2020 年 | 采动井高位钻孔，采空区预埋瓦斯抽放管，大流量通风 | 5.76 | |

## 一、生产规划区瓦斯治理

2017～2018 年，按照矿井生产布局，2301 工作面所在区域为生产规划区，在该工作面上部区域施工 5 口地面垂直井(编号 YC-050、YC-051、YC-052、YC-053、YC-054)，进行瓦斯预抽。预抽瓦斯前，煤层原始瓦斯含量为 14.45 $m^3$/t，经过 2 年抽采，累计抽采瓦斯 108.84 万 $m^3$，煤层瓦斯含量降至 10.42 $m^3$/t。

## 二、开拓准备区瓦斯治理

由于井田面积较小，在地面布置钻井的同时，2301 工作面所在区域也进入开拓准备区。2017～2019 年，在井下对本煤层施工井下千米钻孔及普通钻孔，进行瓦斯抽采。

(1) 千米定向顺层钻孔

Ⅲ23012 巷掘进过程中，每隔 200 m 在巷道北帮布置一个抽采钻场，钻场规格为：开口宽 8 m，深 5 m，里帮宽 5 m，呈梯形布置，每个钻场布置 9 个千米钻孔(带分支)，钻孔设计深度为 230～300 m。其中，3 个钻孔掩护Ⅲ23012 巷掘进，6 个钻孔覆盖Ⅲ23011 巷和Ⅲ23013 巷 200 m 区段，9 个钻孔同时对工作面回采区域煤体瓦斯进行抽采。累计施工 59 个千米钻孔，总进尺 82 325 m。

Ⅲ23011 巷掘进过程中，布置三个抽采钻场，累计施工 10 个千米钻孔，总进尺 7 062 m。

(2) 普通钻机顺层钻孔

Ⅲ23011 巷和Ⅲ23012 巷停采线往外 20 m 至Ⅲ2301(上)工作面一切眼范围施工顺层

普通钻孔。

Ⅲ2301(上)工作面一切眼至二切眼范围,布置22个顺层钻孔,间距6 m,钻孔设计深度为67 m。

Ⅲ2301(上)工作面二切眼至三切眼范围,布置35个顺层钻孔,间距6 m,钻孔设计深度为111 m。

Ⅲ2301(上)工作面三切眼至停采线往外20 m范围,布置347个顺层钻孔,间距6 m,钻孔设计深度为140 m。

Ⅲ2301(上)工作面一切眼和二切眼内垂直煤壁布置钻孔,钻孔间距3 m,共布置40个钻孔,钻孔设计深度为100 m。

实际施工中,Ⅲ23012巷顺层钻孔累计施工543个钻孔,总进尺75 186 m,平均单孔进尺138.5 m;Ⅲ23011巷顺层钻孔累计施工883个钻孔,总进尺110 844 m,平均单孔进尺125.6 m。Ⅲ2301(上)工作面顺槽、一切眼和二切眼共施工普通钻孔1 511个,总进尺194 133 m;顺槽钻场共施工千米钻孔69个,总进尺89 387 m,合计施工抽采钻孔1 580个,总进尺283 520 m。

经过3年井下预抽后,累计抽采瓦斯1 903.34万$m^3$,煤层瓦斯含量降至5.76 $m^3/t$,经过抽采达标评判,满足掘进和回采条件。

## 三、生产采动区瓦斯治理

① 2019~2020年,23011工作面开始回采作业,经过对地面预抽井进行评价,确定将预抽井YC-50、YC-52、YC-54改造为采动井。

工作面回采区域布置6个高位定向钻孔钻场,每个钻场内施工9个定向长钻孔,单个钻孔覆盖长度230~300 m,每个钻场抽采混量为15 $m^3/min$,瓦斯浓度为18%;布置12个普通高位钻孔,混量为28 $m^3/min$,浓度为34%;使用地面泵站通过管路连接闭墙埋管对上隅角区域瓦斯进行抽采,混量为410 $m^3/min$,浓度为3.5%。

② 井下抽采管路敷设:23011、23014巷布置2趟抽采管路,其中23011巷管路接抽预抽钻孔,23014管路接抽高位钻孔。

③ 工作面回采过程中,抽采瓦斯量达到18.5 $m^3/min$,风排量达到2.4 $m^3/min$,回风巷瓦斯浓度为0.15%~0.35%,上隅角瓦斯浓度为0.2%~0.45%,顺利完成回采。

# 第三篇 晋城矿区典型瓦斯治理保障技术及标准

为认真贯彻落实煤矿瓦斯治理“先抽后采、以风定产、监测监控”十二字方针，构建“通风可靠、抽采达标、监控有效、管理到位”的工作体系，实现在瓦斯治理方面科学有效管理，矿区企业在机构设置、人员配备上，开展了多方位的工作。一是各矿设置“一通三防”管理部门(通风技术部、通风科、抽放技术部)，针对井下瓦斯抽采，高瓦斯及突出矿井设立专门的瓦斯抽采和打钻队伍(图A、图B)。二是资源整合矿井均设立总工程师、专职通风副总工程师、通风矿长，在技术管理上强化总工程师技术权威，赋予总工程师最高技术决策权。三是所属突出矿井全部建立专门的防突管理机构和满足防突工作需要的防突队伍，配备足够的防突技术人员。四是高瓦斯和突出矿井均设立瓦斯研究机构，全部装备瓦斯实验室。

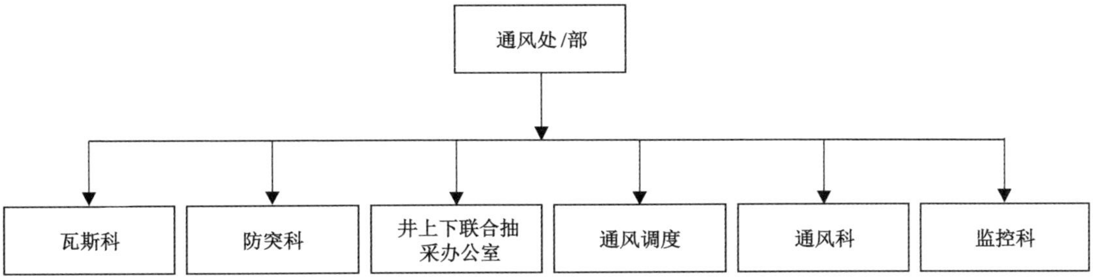


图A 集团通风处/部门设置

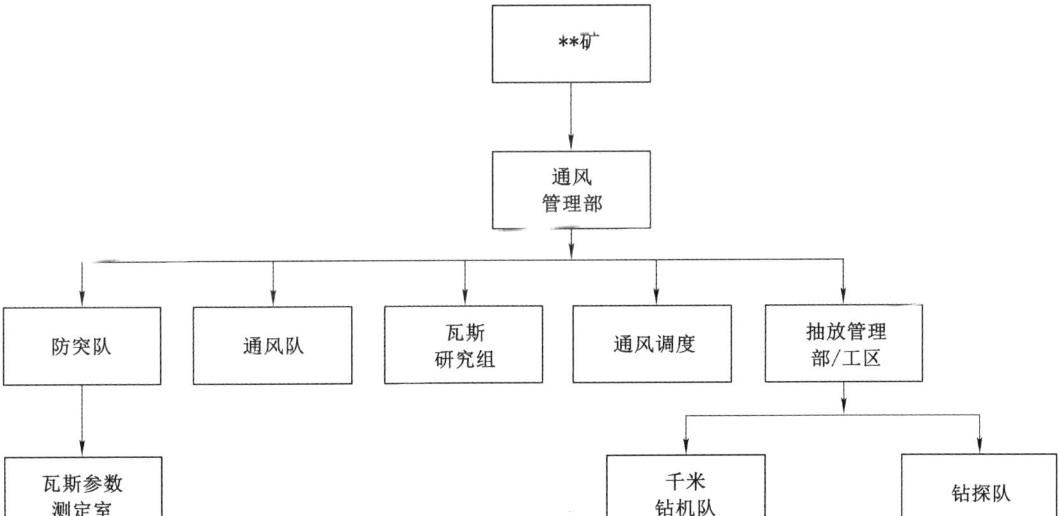


图B 矿井瓦斯治理机构组织设置

在制度管理上，按照国家、省、市有关规定，结合晋城矿区实际，不断制定完善瓦斯防治管理制度。建立瓦斯地质预测预报管理和瓦斯预警管理机制，每半个月召开一次瓦斯地质会议，每天由专人进行瓦斯地质分析，发现异常及时发布瓦斯预警信息，超前防范部署，科学指导瓦斯治理，实现对瓦斯灾害的提前预防。

# 第八章　瓦斯治理保障技术

在严格执行《煤矿安全规程》《防治煤与瓦斯突出细则》等规定的基础上，为了更好地开展矿井的煤与瓦斯突出防治工作，综合矿井的地质情况、采掘工艺、抽采工艺等因素，通过不断实践，形成了高于国家规定的保障体系。表 8-1 为企业编制的瓦斯防治规章制度，在瓦斯防治、瓦斯抽采、瓦斯监测等方面制定了详细的管理办法。

**表 8-1　瓦斯防治管理规章制度**

| 序号 | 规章制度名称 | 管理、服务内容 | 管理、服务目标 |
| --- | --- | --- | --- |
| 1 | “一通三防”管理办法 | 明确了“一通三防”基础管理、调度管理、资料管理、重点工程管理、实验室管理、考核管理、技术文件审批管理、资金保障管理、安全培训管理等各项管理要求 | 建立完善“一通三防”管理体系，保障集团公司“一通三防”管理规范化、有序化 |
| 2 | 煤矿瓦斯防治管理办法 | 明确了瓦斯管理、有毒有害气体管理、瓦斯治理岗位责任制、排放瓦斯管理、瓦斯预警管理、瓦斯超限管理等管理要求 | 实现煤矿瓦斯管理到位，保障安全 |
| 3 | 矿井瓦斯抽采管理办法 | 明确了瓦斯抽采达标管理、抽采系统建设管理、抽采管路安装管理、抽采计量管理等管理要求 | 实现抽采达标，保障安全 |
| 4 | 防治煤与瓦斯突出管理办法 | 明确了防治煤与瓦斯突出工作的一般规定、防突设计和计划、综合防突措施要求、揭煤管理、资料管理等管理要求 | 预防煤与瓦斯突出事故，保障安全 |
| 5 | 矿井通风管理办法 | 明确了矿井通风系统管理、主要通风机管理、局部通风管理、盲巷管理、巷道贯通管理、通风设施管理等管理要求 | 实现煤矿通风系统合理可靠，保障安全 |
| 6 | 矿井“一通三防”安全监测监控管理办法 | 明确了安全监控传感器设置管理、数据处理与应用、数据上传、抽采系统监测监控管理等管理要求 | 保证监控有效，保障安全 |

表 8-1(续)

| 序号 | 规章制度名称 | 管理、服务内容 | 管理、服务目标 |
|---|---|---|---|
| 7 | 煤矿井下防灭火管理办法 | 明确了防灭火技术管理、火灾处置、火灾防治管理、矿井烧焊、井下摄影摄像管理、一氧化碳超限管理、预防煤矿井下打钻中毒窒息事故、防火门管理等管理要求 | 保证煤矿防灭火工作到位,保障安全 |
| 8 | 煤矿井下爆破管理办法 | 明确了爆破工管理、爆破器具管理、爆炸材料领退使用管理、井下爆破作业管理等管理要求 | 保证井下爆破管理到位,保障安全 |
| 9 | 井上下联合抽采管理办法 | 明确了井上下联合抽采工程管理、井上下联合抽采瓦斯治理工程方案设计管理、井上下联合抽采工程督查管理、井上下联合抽采协调例会管理、井下抽掘采作业与地面抽采井相互掘穿管理等管理要求 | 保证井上下联合抽采机制有序运行,保障安全 |
| 10 | 矿井防尘管理办法 | 明确了矿井综合防尘技术管理、防尘系统、设施及防尘措施管理、预防和隔绝煤尘爆炸管理、粉尘检测和个体防护管理等管理要求 | 保证煤矿综合防尘到位,保障作业环境和安全生产 |
| 11 | 矿井安全装备管理办法 | 明确了自救器、通风仪器仪表、抽采管路、新产品试用等安全装备使用管理要求 | 保证“一通三防”安全装备质量合格可靠,保障安全 |
| 12 | 煤矿瓦斯含量督查管理办法(试行) | 明确了抽采达标监督检查工作目标、督查方式、督查范围、瓦斯含量抽测要求、奖励与处罚管理、督查结果处置管理等管理要求 | 保证达标生产,保障安全 |
| 13 | “一通三防”督查办法 | 明确了“一通三防”业务安全督查队的工作任务和权力、重点督查内容、检查要求、处罚程序管理等管理要求 | 消除重大安全隐患,保障安全 |

下面结合寺河煤矿瓦斯治理经验,对上述管理办法中涉及的措施及关键技术进行介绍。

## 第一节　典型防突技术

### 一、区域防突措施

采用三区联动,井上、井下联合抽采的方式进行瓦斯治理。

(1) 地面井预抽煤层瓦斯

(《防治煤与瓦斯突出细则》中第十六条、第六十四条,对突出矿井使用地面井预抽煤层瓦斯提出了相关要求。)

寺河矿井田范围内地面井间距一般为 300 m×300 m,在地质异常区域间距加密为 150 m×150 m。通过现场试验考察,采用地面井预抽煤层瓦斯,煤层瓦斯含量每年降低 1 $m^3/t$。

(2) 井下施工钻孔预抽煤层瓦斯

主要选用定向钻机施工钻孔对巷道掘进区域、工作面回采区域进行覆盖,使用普通钻机进行加强覆盖。

① 通过施工定向长钻孔对煤巷条带进行覆盖,钻孔深度一般为 500 m 左右,且在施工工程中按照间隔 60 m 左右交替施工分支钻孔对煤层顶底板进行探测,如图 8-1 所示。

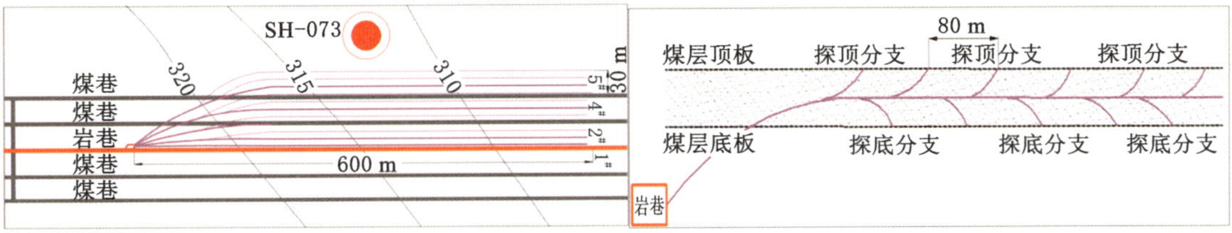


(a) 平面图 (b) 剖面图

图 8-1 定向长钻孔预抽煤巷条带煤层瓦斯示意图

② 通过已施工顺槽巷道向邻近采面及顺槽巷道施工顺层钻孔进行覆盖。其中,顺层钻孔有效覆盖回采区范围均在 300~350 m,如图 8-2 所示。

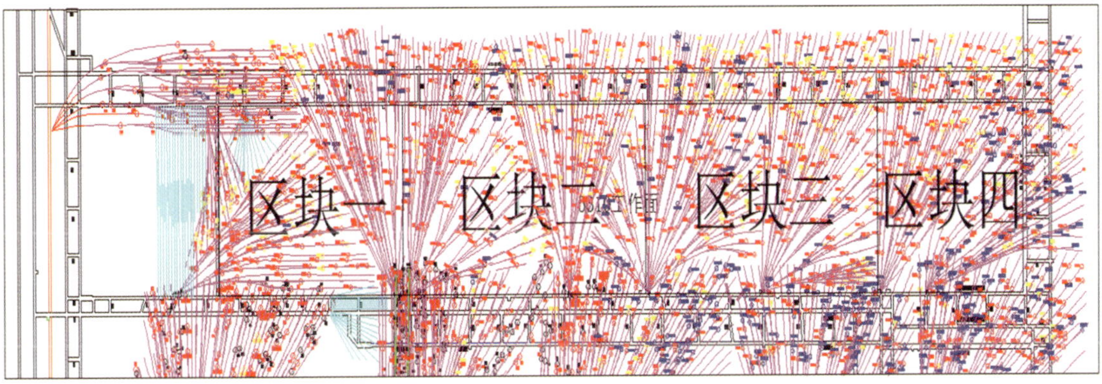


图 8-2 定向长钻孔预抽煤层瓦斯与普通钻孔补充覆盖示意图

## 二、区域防突措施效果检验

(《防治煤与瓦斯突出细则》中第七十二条,对各类防突措施覆盖区域的防突措施效果检验提出了相关要求。)

煤巷掘进工作面在本煤层进行区域防突措施效果检验时,每循环检验范围为 80~120 m,单巷布置检验点一般为 5 个,双巷布置检验点一般为 9~10 个(根据煤柱情况调整检验点布置)，如图 8-3 所示。通过已施工岩巷向相邻煤巷进行区域防突措施效果检验时，每循环检验范围为 200～240 m，如图 8-4 所示。

在上述基础上，积极推进新工艺、新装备的研究与推广应用。定向钻机长距离密闭取心工艺已在寺河矿完成试验并推广应用，取心长度在 400 m 以上，图 8-5 和图 8-6 分别为取心管及取心位置。

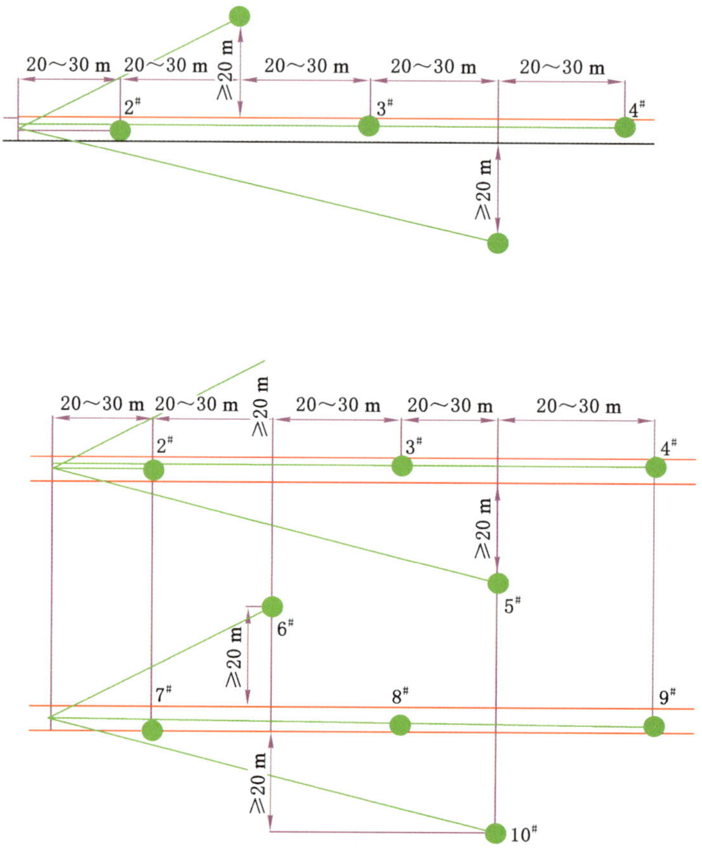


图 8-3 本煤层进行区域防突措施效果检验时检验点布置示意图

## 三、区域验证

(《防治煤与瓦斯突出细则》中第七十三条，对区域验证提出了相关要求。)

主要选用定向钻机施工钻孔作为区域防突措施，严格执行 10～50 m 至少进行两次区域验证。综合顶板、机组、工艺等因素，一般情况下采掘循环进度按照 7～29 m 组织，其中煤巷掘进工作面每循环至少施工一个超前掘不小于 10 m 的超前探孔。

## 四、工作面突出危险性预测

(《防治煤与瓦斯突出细则》中第八十五条至第九十三条，对工作面突出危险性预测提出

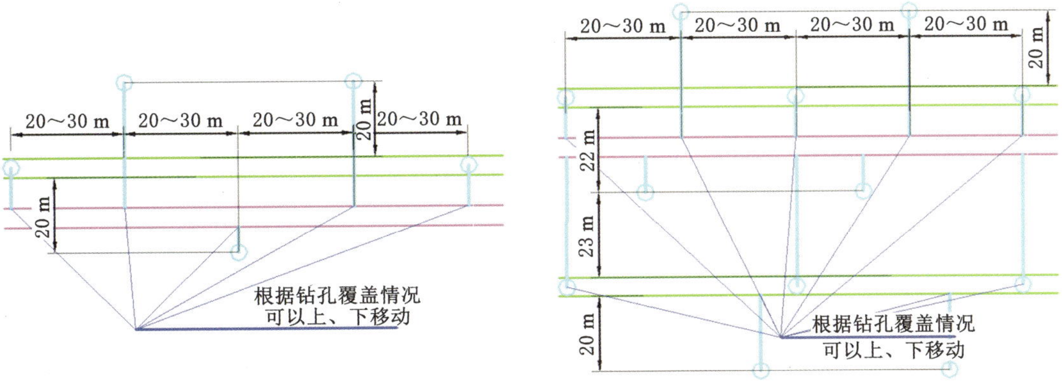


图 8-4　通过岩巷向相邻煤巷进行区域防突措施效果检验时检验点布置示意图

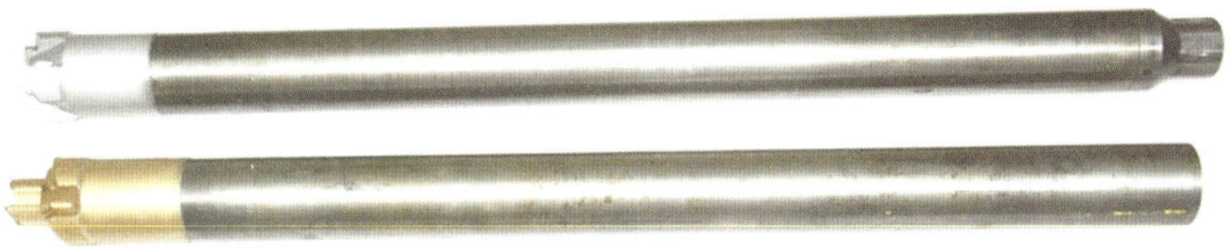

图 8-5　定向钻机长距离密闭取心管实物图

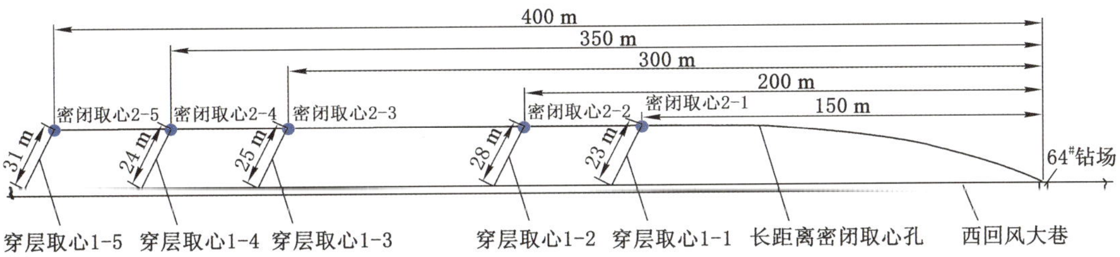


图 8-6　定向钻机长距离密闭取心与普通穿层短钻孔取心对比检验示意图

了相关要求。)

煤巷掘进工作面每循环布置检测孔不少于 10 个。巷道沿煤层底板掘进处于无地质异常区域时按照 5/2/3 进行布孔，其中 2#、4# 孔进行探底，9# 孔进行探顶，如图 8-7 所示。巷道沿煤层底板掘进处于大倾角下山，煤层顶部有软分层发育等条件下，按照 4/2/4 进行布孔，其中 2#、3# 孔 进行探底，7-10# 孔施工至顶板，对巷道顶部卸压，如图 8-8 所示。巷道沿煤层顶板掘进时，按照 4/2/4 进行布孔，其中 2#、3# 孔进行探底，8#、9# 孔进行探顶，如图 8-9所示。

## 五、安全防护措施

(《防治煤与瓦斯突出细则》中第一百一十六条，对安全防护措施提出了相关要求。)

突出煤层采掘工作面在采取避难硐室、反向风门、压风自救装置、隔离式自救器、远距离

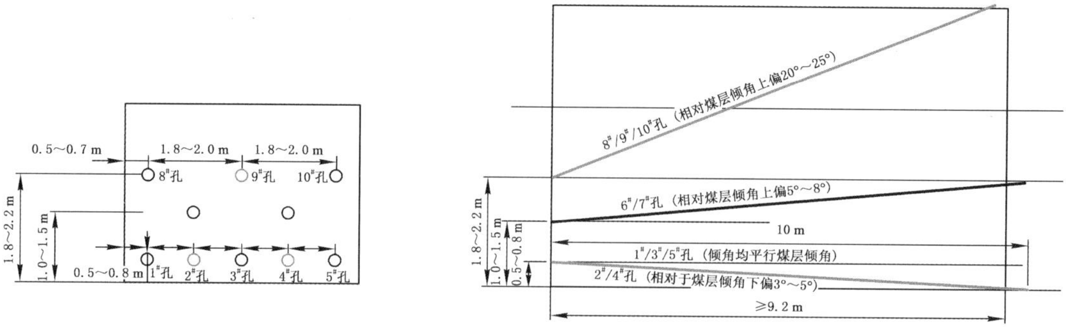


图 8-7　巷道沿煤层底板掘进处于无地质异常区时的检测孔布置示意图

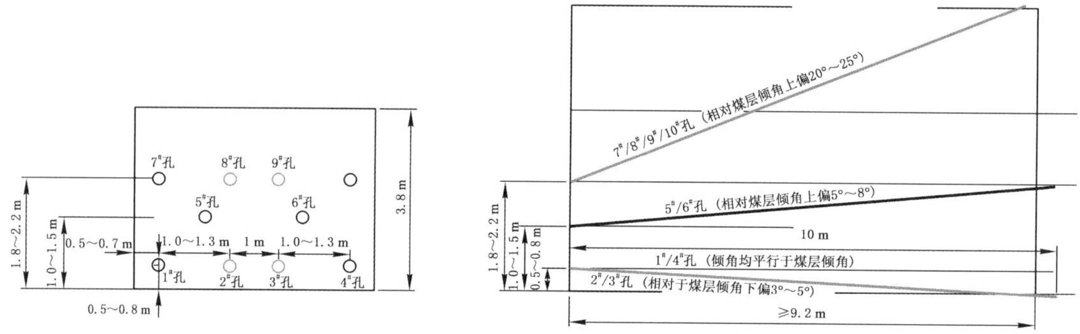


图 8-8　巷道沿煤层底板掘进处于大倾角下山，煤层顶部有软分层发育时检测孔布置示意图

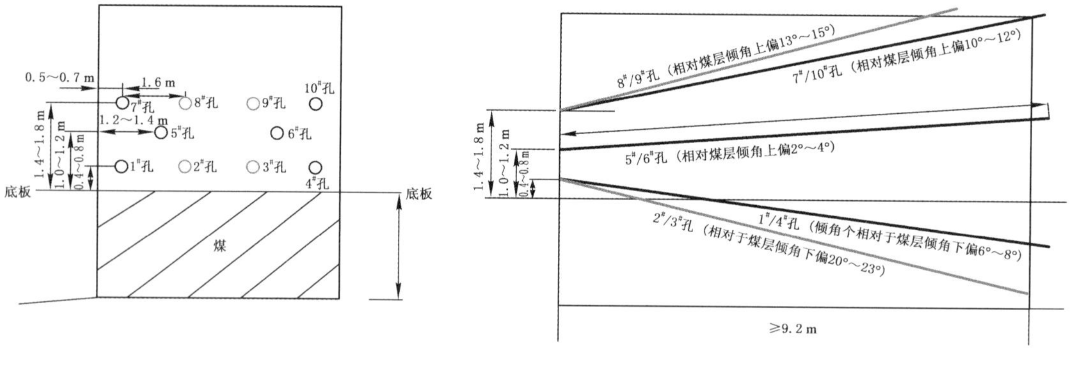


图 8-9　巷道沿煤层顶板掘进时检测孔布置示意图

爆破等安全防护措施的基础上，推广双层防突措施管理牌板，可直观体现工作面的综合防突措施，还可存放工作面防突预测图、区域防突措施效果检验数据与附图等相关资料，如图 8-10所示。为了更准确地掌握采掘工作面实际采掘进度，杜绝出现超掘（采），每循环工作面预测后滞后迎头 1 m 的钢带处吊挂防突准掘牌板、防突准掘锁链，如图 8-11 所示。

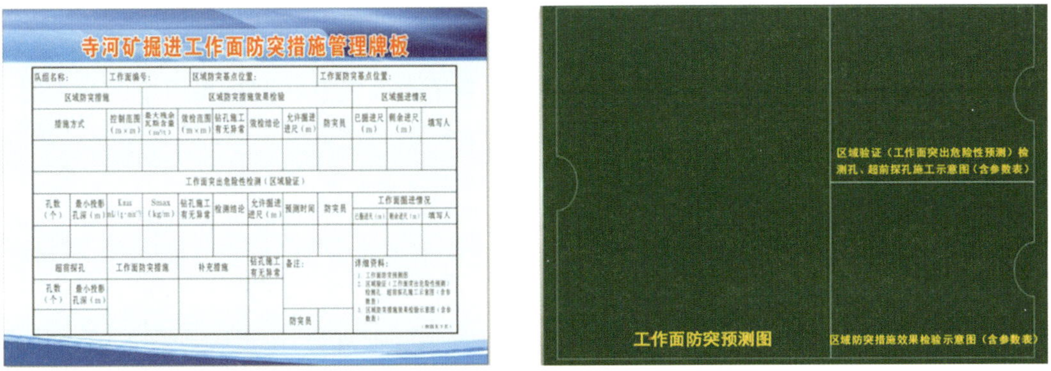


图 8-10　双层防突措施管理牌板示意图

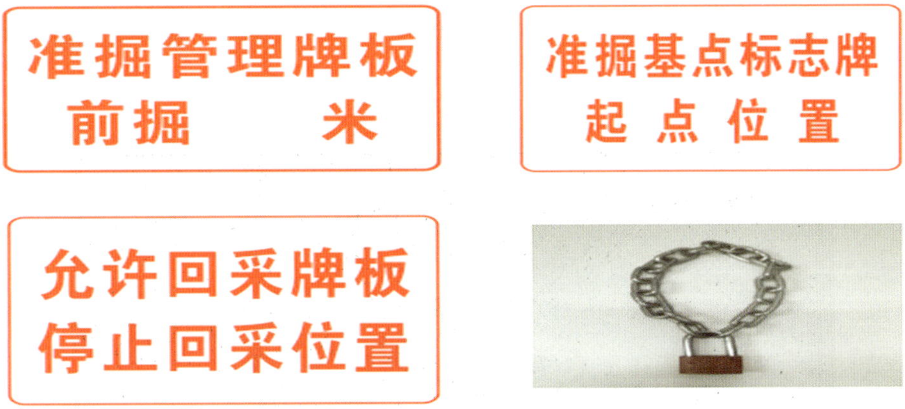


图 8-11　防突准掘(采)牌板、锁链示意图

## 第二节　瓦斯抽采精确计量

为准确计量抽采瓦斯量，提供真实可靠的瓦斯抽采达标评判等方面的数据，采取“自动监测计量＋人工”相结合的方法进行瓦斯抽采数据的计量与分析。寺河煤矿于 2015 年 9 月建立了瓦斯抽采主、干、支管网的在线监控系统，能够 24 h 不间断地对瓦斯管道内的流量、浓度、压力和温度等综合参数进行自动化监测。

### 一、系统简介

寺河煤矿管网监控监测系统布设瓦斯测点 79 个、31 台分站，布线 14 万余米。通过网络将瓦斯数据上传至地面服务器中心，实现了瓦斯抽采管网监控系统和地面服务器中心系统、业务管理系统之间的数据和业务通信连接。

### 二、抽采泵站、管网在线实时监控

寺河煤矿共建有 7 座瓦斯抽放泵站，合计 17 个计量点，与井下管网共用一个监控系统，可实现对瓦斯浓度、CO浓度、管道压力、流量、温度等综合参数的实时监控，能够通过大数据分析，为抽采系统安全运行保驾护航。

① 通过对井上、下监测点的浓度、流量、温度和压力等信息在监控界面中的集中显示，在无计划停泵、负压集聚下降、CO含量超标等抽采数据异常情况下，通过数据颜色预警提醒和声音报警，为抽放泵站异常应急提供预警。

② 通过历史数据曲线的实时展示，直观呈现监测点各个参数的变化趋势，便于及时判断关键时间点管路漏气、积水等异常现象，为优化瓦斯抽采方案、系统提量、原因分析提供依据。

③ 抽采管网监控系统能够实现各个监测点的管道瓦斯流量、浓度、温度、负压、纯流量、混合流量等日、月、年度报表信息，确保瓦斯抽采数据的时效性，极大简化统计工作流程。

## 三、瓦斯抽采效果分单元智能评价系统

通过建立工作面抽采效果智能评价体系，实现工作面和各个评价单元的抽采效果动态评价，实时显示每个评价单元的抽采监测数据、累计量数据，形成“一张图”的可视化方式进行直观展示(图8-12)。

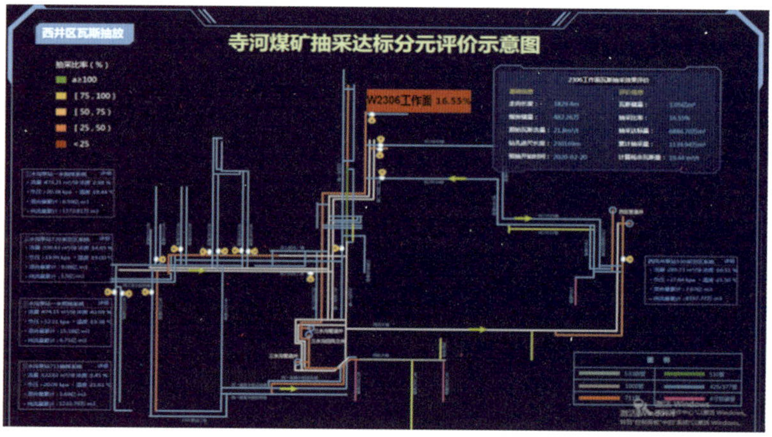


图8-12　矿井瓦斯抽采效果评价图

(1) 矿井整体瓦斯抽采效果动态评价

井区抽采系统显示了井下抽采管网情况、抽采泵站位置，不同颜色标识不同管径的抽采管路，动态展示了抽采管网内气流方向；标识井下各个抽采监测点位置，列表实时展示抽采泵站的监测数据、累计量数据等。

(2) 工作面瓦斯抽采效果动态评价

工作面同样建立有抽采效果评价模型，实时展示抽采效果评价信息，并以不同颜色动态显示抽采效果(图8-13)。系统支持工作面抽采量分析，发现各区域抽采量薄弱点，指导人工采取措施，满足工作面抽采量的要求，实现抽采资源优化。

(3) 评价单元瓦斯抽采效果动态评价

评价单元内的钻孔成孔图，根据钻孔实钻数据进行绘制，并在图中标示有钻孔探煤层顶板和底板情况，同时图中用虚线绘制了钻孔设计图、可以抽采钻孔控制范围、钻孔均匀程度

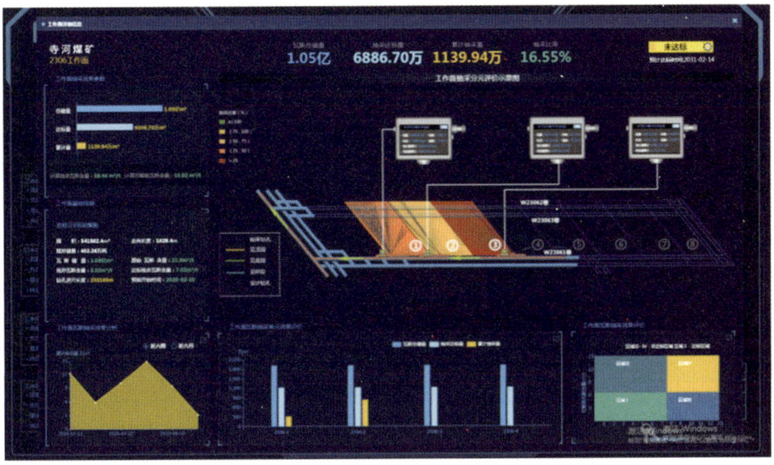


图 8-13　工作面瓦斯抽采效果评价图

以及钻孔实际轨迹与设计轨迹的偏差分析。

评价单元的抽采效果，以红橙黄绿颜色动态显示抽采效果是否达标，图 8-14 所示单元显示为橙色，表明还未抽采达标，需要继续进行抽采；当评价单元抽采量达标后会显示为绿色。

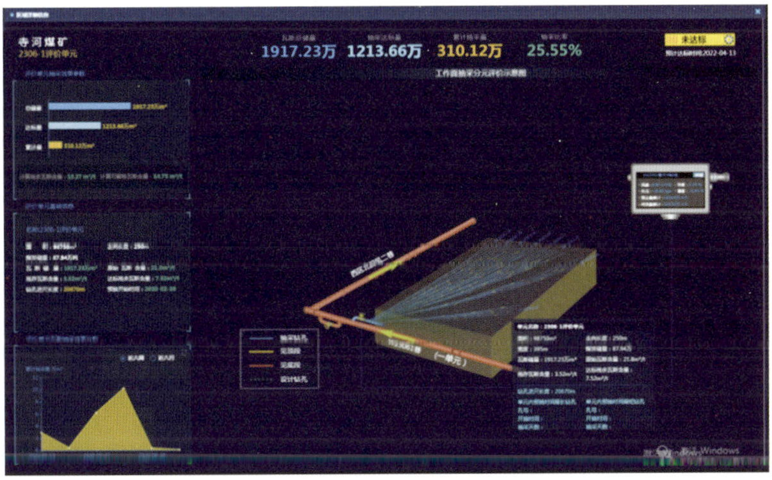


图 8-14　评价单元瓦斯抽采效果评价图

## 四、抽采单孔的累计计量

(1) 人工实测(原始数据)累计

抽采钻孔单孔计量主要是采取孔板流量计通过检测节流孔板前后的压差定期进行人工测量计量，以人工实测数据作为计算依据，同时考虑钻孔瓦斯气量的衰减情况，选择钻孔有效抽采时间，进行累加计量。

(2) 自动计量累计

普通钻场采取旋进旋涡型流量计进行自动计量，具有测量下限低（可低至 1 m/s）、抽采阻力小、性能稳定可靠、便于安装和调校等综合优点。

## 第三节　瓦斯灾害预警技术

矿井瓦斯灾害防治工作是一项复杂的系统工程，在集团层面，涉及多个部门和多个矿井，要实现综合预警，必须根据各部门的工作内容和标准，建立专业分析软件，然后依据各专业分析软件提供的基础数据和判别标准进行综合分析与判别，建立集团公司瓦斯突出预警及瓦斯超限预警平台。同时需要编制相应的管理软件，实现矿井瓦斯地质信息的数字化管理，瓦斯涌出的实时监测和智能分析以及瓦斯突出、超限预警平台的综合管理，及时发布预警信息，达到集团与煤矿两级管理。

### 一、瓦斯超限及突出预警规则指标体系

（1）预警指标体系的构建

从系统角度看，超限及突出系统是由人、机器（含技术）、环境组成的，是由人来实现煤矿安全目标的动态系统过程。随着煤矿开采技术的现代化，影响煤矿安全的危险因素会有所更替，也会出现新的不安全因素，因此，煤矿安全预警指标体系也应随着井下生产环境条件的变化而不断更新。在建立预警指标体系时要充分考虑，使指标体系具有一定的灵活性，有较强的环境应变能力。在建立指标体系时，采取如图 8-15 所示的步骤。

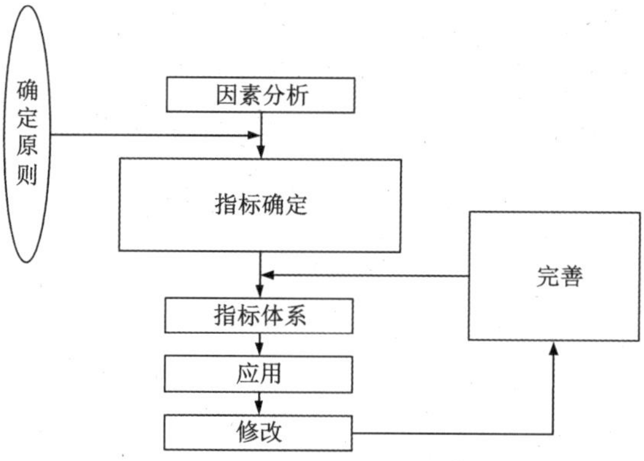


图 8-15　预警指标的确定步骤

依据《防治煤与瓦斯突出细则》《煤矿安全规程》以及现有瓦斯治理经验总结和前人对工作面超限及突出影响因素的研究，结合指标体系的建立原则和步骤，建立采煤工作面瓦斯超限和突出预警指标、掘进工作面瓦斯超限和突出预警指标、其他地点预警指标等，每项预警标准又从采掘工作面瓦斯涌出、煤层赋存、风量、地质构造及管理这五个方面进行预警预报。

（2）预警机制的建立

瓦斯灾害预警采用“两组三级制”。“两组”是指成立矿井瓦斯预警组和集团公司瓦斯预警组，分别负责矿井预警管理和集团公司预警管理。“三级”是指瓦斯灾害预警系统分为三级报警状态，分别为“绿色”“黄色”“红色”三种状态。“绿色”表示正常生产；“黄色”表示需制

定措施放慢作业进度；“红色”表示该地点必须停下来，采取措施治理瓦斯。

瓦斯灾害预警机制分为单指标预警模型和多指标叠加模型。首先录入人员需向该系统导入部分井下实际数据，然后通过录入数据和监测系统实时对瓦斯数据进行分析，发现指标满足定性指标或者定量指标时，根据不同预警标准在预警系统中进行预警，预警信息实时传输到矿井和集团瓦斯预警组。瓦斯预警信息的收集与传递如图 8-16 所示。

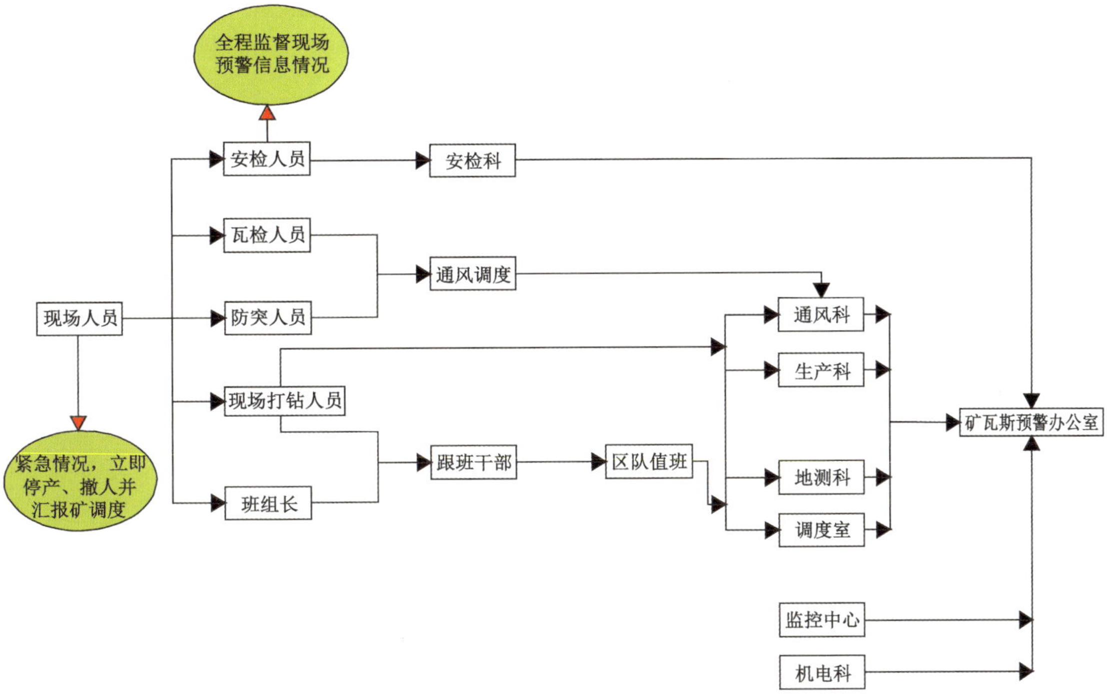


图 8-16　瓦斯预警信息的收集与传递流程图

（3）指标预警模型

单指标模型按预警指标中的一条指标直接对应预警（黄色或红色预警），若发现满足该指标条件，系统直接给出相应瓦斯预警信息。多指标叠加模型是根据不同种类黄色预警信息，当满足“两黄变一红”的指标后，会对该地点进行突出或超限预警升级，变成红色预警。多指标叠加主要分为采煤工作面超限瓦斯与地质构造多指标叠加、采煤工作面突出瓦斯与地质构造多指标叠加、掘进工作面超限瓦斯与地质构造多指标叠加和掘进工作面超限瓦斯与地质构造多指标叠加等。表 8-2～表 8-6 为各指标具体规则。

**表 8-2　采煤工作面瓦斯超限预警标准**

| 序号 | 类别 | 黄色预警 | 红色预警 | 备注 |
|---|---|---|---|---|
| 1 | 瓦斯 | $T_0$、$T_1$、≥1.0%，$T_2$≥0.7%(任一条达到) | $T_0$、$T_1$≥1.2%，$T_2$≥0.8%(任一条达到) | $T_0$ 为上隅角探头瓦斯浓度；$T_1$ 为工作面探瓦斯浓度；$T_2$ 为回风巷探头瓦斯浓度 |
| 2 | | 7.5 m³/t≤$W$<8 m³/t(构造带 5.5 m³/t≤$W$<6 m³/t)或 0.7 MPa≤$P$<0.74 MPa(构造带 0.5 MPa≤$P$<0.6 MPa) | $W$≥8 m³/t(构造带 $W$≥6 m³/t)或 $P$≥0.74 MPa(构造带 $P$≥0.6 MPa) | $W$ 为瓦斯含量；$P$ 为瓦斯压力 |
| 3 | | 一班内同一工序条件下瓦斯浓度变化值≥0.3%或 $T_2$ 平均增加值≥0.2% | 一班内同一工序条件下瓦斯浓度变化值≥0.4%或 $T_2$ 平均增加值≥0.3% | 瓦斯浓度变化值指现场变化值，平均增加值指监测监控报表中的平均值 |
| 4 | 地质构造与应力集中 | 距地质构造带<20 m | | 地质构造包括断层、陷落柱、冲刷带、火成岩侵入、软煤等 |
| 5 | | 距地面钻井(孔)<50 m | | |
| 6 | | 顶板破碎或煤层松软、顶板条件发生变化 | | |
| 7 | | 距空巷距离<60 m | | |
| 8 | | 距离预抽防突效果无效区域或未预抽区边界<30 m | 距离预抽防突效果无效区域或未预抽区边界<20 m | |
| 9 | | 距正在回采的工作面<170 m | 距正在回采的工作面<150 m | |
| 10 | | 距正在掘进的工作面<100 m | 距正在掘进的工作面<80 m | |
| 11 | | | 4～10 条中任何一个“黄色”预警与 1～3 条中任何一个“黄色”预警同时出现 | |
| 12 | 通风 | 通风断面小于设计断面的 2/3 | 工作面风量低于计划风量，风速与《煤矿安全规程》规定不符 | |
| 13 | 其他有毒有害气体 | 一氧化碳、硫化氢等其他有毒有害气体达到《煤矿安全规程》第一百三十五条规定最高允许浓度的 80% | 一氧化碳、硫化氢等其他有毒有害气体达到《煤矿安全规程》第一百三十五条规定最高允许浓度，氧气浓度低于 20% | |
| 14 | 管理因素 | 瓦斯异常不汇报；工作面出现地质构造不汇报；强化瓦斯措施执行不到位；进回风巷隅角管理不到位；通风设施人为损坏；甲烷传感器位置不当、误差大、调校超过规定；瓦检员空漏假检等(任一条达到) | 监测监控系统未安装到位或未上传；监测监控停运；高、突矿井工作面无专职瓦斯检查工等和因管理原因造成同一工作面黄色预警达到 2 次/月 | |

**表 8-3　采煤工作面煤与瓦斯突出预警标准**

| 序号 | 类别 | 项目 | 黄色预警 | 红色预警 | 备注 |
|---|---|---|---|---|---|
| 1 | 瓦斯 | 不明原因导致瓦斯探头断电 | 1 次 | ≥2 次/日 | 任一探头达到断电值(下调 20%后的值) |
| 2 | | $T_2$ 增加值 | 一班内同一工序条件下瓦斯浓度变化值≥0.3%或瓦斯浓度平均增加值≥0.2% | 一班内同一工序条件下瓦斯浓度变化值≥0.4%或 $T_2$ 平均增加值≥0.3% | $T_2$ 探头测得瓦斯浓度日平均值较前日平均值的增加量 |
| 3 | | 瓦斯含量 $W$,瓦斯压力 $P$ | 7.5 $m^3/t \leqslant W < 8\ m^3/t$(构造带 5.5 $m^3/t \leqslant W < 6\ m^3/t$)或 0.7 MPa$\leqslant P <$0.74 MPa(构造带 0.5 MPa$\leqslant P <$0.6 MPa) | $W \geqslant 8\ m^3/t$(构造带 $W \geqslant 6\ m^3/t$)或 $P \geqslant$0.74 MPa(构造带 $P \geqslant$0.6 MPa) | |
| 4 | | $K_1$ 值 | 干煤:$K_1 \geqslant 0.45$ 或三个预测(效检)孔 $K_1 \geqslant 0.4$;<br>湿煤:$K_1 \geqslant 0.35$ 或三个预测(效检)孔 $K_1 \geqslant 0.3$ | 干煤:$K_1 \geqslant 0.5$<br>湿煤:$K_1 \geqslant 0.4$ | 同一次预测或效检 |
| 5 | | $S$ 值 | $5 \leqslant S < 6$ | $S \geqslant 6$ | |
| 6 | | 吸钻,响煤炮,煤壁外鼓、掉渣,瓦斯涌出持续增大或者忽大忽小,煤尘增大,煤壁温度降低、挂汗等预兆 | ≥1 次 | | |
| 7 | | 喷孔、顶钻 | | ≥1 次 | |
| 8 | 煤层赋存 | 层理 | 层理紊乱 | | |
| 9 | | 煤厚变化 | ±1.0 m | | 同一位置相对于前一循环实测值 |
| 10 | | 软分层(构造煤)厚度 | ≥0.3 m 或层位发生变化 | | 破坏类型:Ⅲ、Ⅳ、Ⅴ或 $f \leqslant 0.5$ |
| 11 | | 工作面煤体的破坏类型 | 由Ⅰ、Ⅱ类煤变为Ⅲ类、Ⅳ类或者Ⅴ类煤 | | Ⅰ类煤为非破坏煤,Ⅱ类煤为破坏煤,Ⅲ类煤为强烈破坏煤,Ⅳ类煤为粉碎煤,Ⅴ类煤为全粉煤 |
| 12 | | $f$ 值和埋深 | 煤巷条带范围内 $f$ 值和埋深达到以下条件之一的:$f < 0.3$;$f$ 为 0.3~0.5 且埋深大于 500 m 的;$f$ 为 0.5~0.8,且埋深大于 600 m 的;煤层埋深大于 700 m 的 | | |

表 8-3(续)

| 序号 | 类别 | 项目 | 黄色预警 | 红色预警 | 备注 |
|---|---|---|---|---|---|
| 13 | 地质构造与应力集中 | 距地质构造距离 | $<20$ m | 无计划揭露构造或过构造时措施无效 | |
| 14 | | 工作面距离预抽防突效果无效或未预抽区边界 | $<30$ m | $<20$ m | |
| 15 | | 工作面距地面钻井(孔) | $<50$ m | | |
| 16 | | 工作面距空巷距离 | $<60$ m | | |
| 17 | | 工作面距正在回采的工作面 | $<170$ m | $<150$ m | |
| 18 | | 工作面距正在掘进的工作面 | $<100$ m | $<80$ m | |
| 19 | | | | 8～17 条任何一个“黄色”预警与 1～6 条中任何一个“黄色”预警同时出现 | |
| 20 | 管理 | 瓦斯抽采及防突措施执行不到位 | | $\geqslant 1$ 次 | |

**表 8-4　掘进工作面瓦斯超限预警标准**

| 序号 | 类别 | 黄色预警 | 红色预警 | 备注 |
|---|---|---|---|---|
| 1 | 瓦斯 | $T_1\geqslant 1.0\%$，$T_2\geqslant 0.7\%$(任一条达到)；区域回风 $T_3\geqslant 0.7\%$ | $T_1\geqslant 1.2\%$，$T_2\geqslant 0.8\%$(任一条达到)；掘进面风机前 $T_3\geqslant 0.4\%$，区域回风 $T_3\geqslant 0.8\%$ | $T_1$ 为工作面探头瓦斯浓度；$T_2$ 为回风巷探头瓦斯浓度 |
| 2 | | 一班内同一工序条件下瓦斯浓度变化值$\geqslant 0.3\%$或 $T_2$ 平均增加值$\geqslant 0.2\%$ | 一班内同一工序条件下瓦斯浓度变化值$\geqslant 0.4\%$或 $T_2$ 平均增加值$\geqslant 0.3\%$ | |
| 3 | | $7.5\ m^3/t\leqslant W<8 m^3/t$(构造带 $5.5\ m^3/t\leqslant W<6\ m^3/t$)或 $0.7\ MPa\leqslant P<0.74 MPa$(构造带 $0.5\ MPa\leqslant P<0.6\ MPa$) | $W\geqslant 8\ m^3/t$(构造带 $W\geqslant 6\ m^3/t$)或 $P\geqslant 0.74$ MPa(构造带 $P\geqslant 0.6$ MPa) | 任意一个达到 |
| 4 | 煤层赋存 | 层理紊乱 | | |
| 5 | | 煤厚变化$\pm 1.0$ m 或煤层走向、倾角突然急剧变化 | | |
| 6 | | 软分层(构造煤)厚度$\geqslant 0.3$ m 或层位发生变化 | | |
| 7 | | 工作面煤体的破坏类型由Ⅰ、Ⅱ类煤变为Ⅲ类煤、Ⅳ类或Ⅴ类煤 | | |

表 8-4(续)

| 序号 | 类别 | 黄色预警 | 红色预警 | 备注 |
| --- | --- | --- | --- | --- |
| 8 | 地质构造与应力集中 | 距地质构造带<20 m 或无计划揭露构造 | 过构造时措施无效 | |
| 9 | | 距地面钻井(孔)<50 m | | |
| 10 | | 距离预抽防突效果无效区域或未预抽区边界<30 m | 距离预抽防突效果无效区域或未预抽区边界<20 m | |
| 11 | | 工作面距空巷距离<60 m | | |
| 12 | | 距正在回采的工作面<100 m | 距正在回采的工作面<80 m | |
| 13 | | 距正在相向掘进的工作面<80 m | 距正在相向掘进的工作面<60 m | |
| 14 | | 距正在同向掘进的工作面<70 m | 距正在同向掘进的工作面<50 m | |
| 15 | | 距可能造成应力集中的邻近煤层相向回采的工作面<120 m | 距可能造成应力集中的邻近煤层相向回采的工作面<100 m | |
| 16 | | 距可能造成应力集中的邻近煤层相向掘进的工作面<80 m | 距可能造成应力集中的邻近煤层相向掘进的工作面<60 m | |
| 17 | | 距离突出煤层的最小法向距离≤10 m | | |
| 18 | | | 4～17 条中任何一个“黄色”预警与 1～3 条中任何一个“黄色”预警同时出现 | |
| 19 | 通风 | 通风断面小于设计断面的 2/3 | 局部通风机无计划停风，工作面风量低于计划风量，风速与《煤矿安全规程》规定不符 | |
| 20 | 其他有毒有害气体 | 一氧化碳、硫化氢等其他有毒有害气体达到《煤矿安全规程》第一百三十五条规定最高允许浓度的 80% | 一氧化碳、硫化氢等其他有毒有害气体达到《煤矿安全规程》第一百三十五条规定最高允许浓度，氧气浓度低于 20% | |
| 21 | 管理 | 局部通风机单回路供电或不能正常切换；工作面出现地质构造不汇报、瓦斯异常不汇报、瓦斯措施执行不到位、通风设施损坏等情况 | 监测监控系统未安装到位或未上传；监测监控停运；不执行瓦斯治理措施、破坏通风设施；同一地点一周内因管理不到位出现 2 次“黄色”预警或一个月内累计出现 2 次“黄色”预警 | |

**表 8-5 掘进工作面煤与瓦斯突出预警标准**

| 序号 | 类别 | 项目 | 黄色预警 | 红色预警 | 备注 |
|---|---|---|---|---|---|
| 1 | 瓦斯 | 瓦斯探头断电 | 1 次 | ≥2 次/日 | 任一探头达到断电值(下调 20%后的值) |
| 2 | | $T_2$增加值 | 一班内同一工序条件下瓦斯浓度变化值≥0.3%或 $T_2$ 平均增加值≥0.2% | 一班内同一工序条件下瓦斯浓度变化值≥0.4%或 $T_2$ 平均增加值≥0.3% | $T_2$为探头测得瓦斯浓度日平均值较前日平均值的增加量 |
| 3 | | 瓦斯含量 $W$,瓦斯压力 $P$ | 7.5 m³/t≤$W$<8 m³/t(构造带 5.5 m³/t≤$W$<6 m³/t)或 0.7 MPa≤$P$<0.74 MPa(构造带 0.5 MPa≤$P$<0.6 MPa) | $W$≥8 m³/t(构造带 $W$≥6 m³/t)或 $P$≥0.74 MPa(构造带 $P$≥0.6 MPa) | |
| 4 | | $K_1$值 | 干煤:$K_1$≥0.45 或三个预测(效检)孔 $K_1$≥0.4<br>湿煤:$K_1$≥0.35 或三个预测(效检)孔 $K_1$≥0.3 | 干煤:$K_1$≥0.5<br>湿煤:$K_1$≥0.4 | 同一次预测或效检 |
| 5 | | $S$ 值 | $S$≥5 | $S$≥6 | |
| 6 | | 吸钻,响煤炮,煤壁外鼓、掉渣,瓦斯涌出持续增大或者忽大忽小,煤尘增大,煤壁温度降低、挂汗等预兆 | ≥1 次 | | |
| 7 | | 喷孔、顶钻 | | ≥1 次 | |
| 8 | 煤层赋存 | 层理 | 层理紊乱 | | |
| 9 | | 煤厚变化 | ±1.0 m | | 相对于前一循环实测值 |
| 10 | | 软分层(构造煤)厚度 | ≥0.3 m 或层位发生变化 | | 破坏类型:Ⅲ、Ⅳ、Ⅴ或 $f$≤0.5 |
| 11 | | 工作面煤体的破坏类型 | 由Ⅰ、Ⅱ类煤变为Ⅲ类、Ⅳ类或者Ⅴ类煤 | | Ⅰ类煤为非破坏煤,Ⅱ类煤为破坏煤,Ⅲ类煤为强烈破坏煤,Ⅳ类煤为粉碎煤,Ⅴ类煤为全粉煤 |
| 12 | | $f$ 值和埋深 | 煤巷条带范围内 $f$ 值和埋深达到以下条件之一的:$f$<0.3;$f$ 为 0.3~0.5 且埋深大于 500 m 的;$f$ 为 0.5~0.8,且埋深大于 600 m 的;煤层埋深大于 700 m 的 | | |

**表 8-5(续)**

| 序号 | 类别 | 项目 | 黄色预警 | 红色预警 | 备注 |
| --- | --- | --- | --- | --- | --- |
| 13 | | 距地质构造距离 | <20 m | 无计划揭露构造或过构造时措施无效 | |
| 14 | | 工作面夹矸厚度、位置变化 | 工作面夹矸突然变薄或消失、夹矸位置急剧变化 | | |
| 15 | | 工作面距地面钻井(孔) | <50 m | | |
| 16 | 地质构造与应力集中 | 工作面距离预抽防突效果无效或未预抽区边界 | <30 m | <20 m | |
| 17 | | 工作面与空巷距离 | <60 m | | |
| 18 | | 工作面距正在回采的工作面 | <100 m | <80 m | |
| 19 | | 工作面距正在相向掘进的工作面 | <80 m | <60 m | |
| 20 | | 工作面距正在同向掘进的工作面 | <70 m | <50 m | |
| 21 | | 工作面距可能造成应力集中的邻近煤层相向回采的工作面 | <120 m | <100 m | |
| 22 | | 工作面距可能造成应力集中的邻近煤层相向掘进的工作面 | <80 m | <60 m | |
| 23 | | 工作面距离突出煤层的最小法向距离 | ≤10 m | | |
| 24 | | | | 8～22 条中任何一个“黄色”预警与 1～6 条中任何一个“黄色”预警同时出现 | |
| 25 | 管理 | 瓦斯抽采及防突措施执行不到位 | | ≥1 次 | |

表 8-6　其他地点瓦斯超限预警标准

| 序号 | 项目 | 黄色预警 | 红色预警 | 备注 |
| --- | --- | --- | --- | --- |
| 1 | 煤仓 | 瓦斯浓度≥1.0% | 瓦斯浓度≥1.2% | |
| 2 | 打钻地点 | 吸钻、瓦斯浓度≥0.8% | 喷孔、顶钻、瓦斯浓度≥1.0% | |
| 3 | 打钻地点 | | 下风侧未设置探头或便携式瓦斯检测仪 | |
| 4 | 抽放管路处理、放水器放水 | 环境瓦斯浓度≥0.8% | 管路断开，环境瓦斯浓度≥1.0% | |
| 5 | 其他巷道 | 瓦斯浓度≥0.8%，瓦斯浓度变化值≥0.3% | | 瓦斯浓度日平均值较前日平均值的增加量 |
| 6 | 硐室 | 瓦斯浓度≥0.4%，瓦斯浓度变化值≥0.3% | 瓦斯浓度超过规定值 | 机电硐室、抽放泵站硐室、消防材料库、火药库 |
| 7 | 密闭墙 | 墙前瓦斯浓度≥0.8%、漏风 | 倒塌 | |

## 二、矿井瓦斯灾害预警系统

随着晋城矿区矿井开采逐渐由东向西延伸，工作面即将部署在矿井瓦斯含量较高、地质构造更为复杂的区域，瓦斯灾害问题成为制约矿井安全生产的重要方面，矿井亟须在原有的瓦斯防治体系基础上建立一套符合矿井实际生产需要的瓦斯灾害预警机制，通过实时、在线预警工作面前方瓦斯灾害危险性，实现矿井安全、高效生产。

矿井瓦斯灾害预警系统主要通过数据收集、录入和监测，对煤矿瓦斯、地质构造、煤层赋存、通风和管理这 5 个方面进行分析，并根据相应预警规则对煤矿灾害进行预警。预警系统基于 GIS 技术和煤矿瓦斯预警技术构建，通过网络环境，能实时对瓦斯超限和煤与瓦斯突出进行预测预警；快捷方便地收集瓦斯监测点的数据与信息，并能对数据生成数据报表。

系统软件部分主要由工作面瓦斯涌出动态特征管理系统、工作面采掘进度管理系统、工作面地质测量管理系统、工作面动态防突管理系统、工作面预警管理系统及瓦斯预警管理平台六大部分组成，如图 8-17 所示。

系统硬件部分主要由井下数据输入终端、监控系统探头等组成。

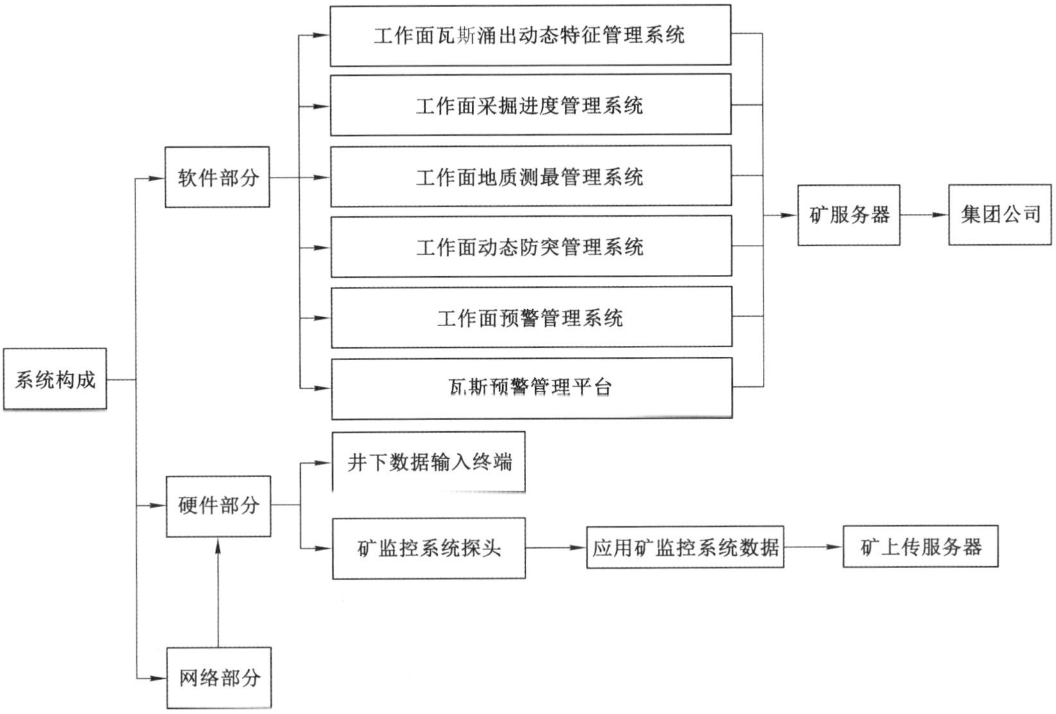


图 8-17 瓦斯灾害预警系统设计结构图

(1) 工作面瓦斯涌出动态特征管理系统

工作面瓦斯涌出动态特征管理系统主要对井下各种传感器进行管理，对监测参数进行设置，能实时读取矿井传感器数据并传输到数据库，通过相应规则判断并监测井下采掘工作面是否突出超限预警。

(2) 工作面采掘进度管理系统

工作面采掘进度管理系统主要对掘进进尺日报、回采进尺日报进行统计。

(3) 工作面地质测量管理系统

工作面地质测量管理系统的功能主要有：巷道及其地点管理、导线管理、回采面管理、揭露断层、推断断层、陷落柱、勘探钻孔，通过对这些专业图元的管理，建立矿井空间信息数据库，对矿井地质数据进行分析并提供预警系统基础数据。

(4) 工作面动态防突管理系统

工作面动态防突管理系统主要功能是管理煤矿所测瓦斯数据并实时分析用于煤矿突出预警并且能对煤矿瓦斯地质图进行更新(图 8-18)。系统主要包括数据管理和绘图两个功能，其中数据管理包含瓦斯含量、瓦斯压力、$K_1$ 值等数据；绘图包括瓦斯压力等值线绘制、瓦斯含量等值线绘制、瓦斯涌出量等值线绘制、瓦斯压力点绘制、瓦斯含量点绘制(图 8-19)、瓦斯涌出量点绘制等。

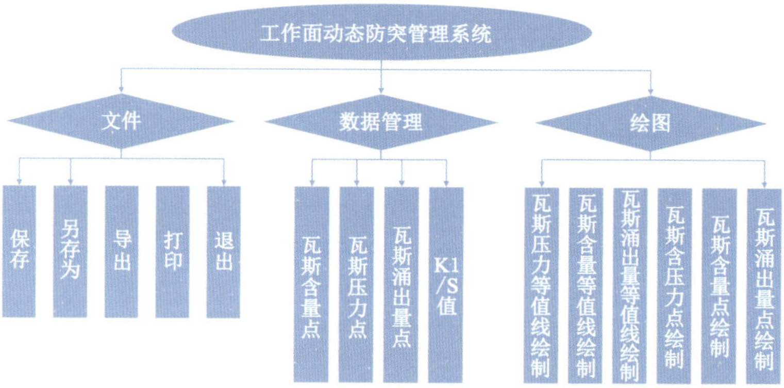


图 8-18　工作面动态防突管理系统结构图

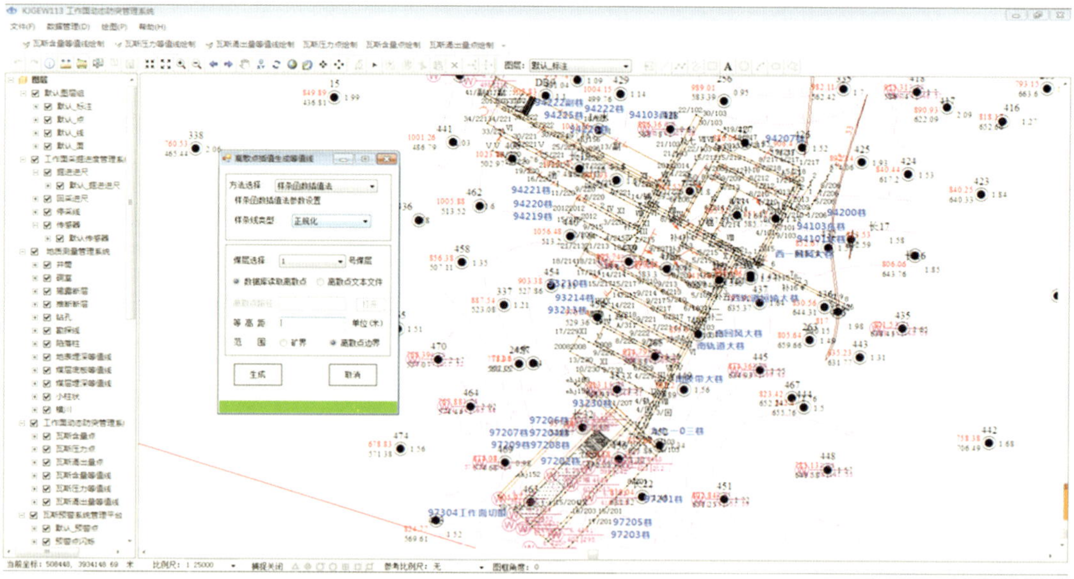

图 8-19　瓦斯含量点分布图

(5) 工作面预警管理系统

工作面瓦斯超限和突出预警是预警系统的核心。预警系统数据库根据预警规则对录入数据和监控数据进行自动分析，并给出工作面是否需要突出或超限预警。为了防止人为影响，该步骤是自动运行，最终在工作面预警管理平台和各预警网站上显示。工作面预警管理系统模块结构如图 8-20 所示。

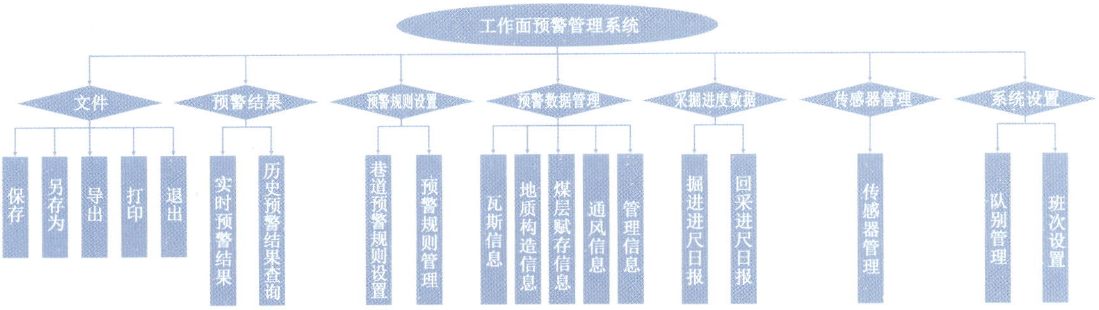


图 8-20　工作面预警管理系统

预警规则是预警的核心内容，用户可修改和新增预警指标并可对其进行定量和定性化（图 8-21）。

| | 选择 | 规则编码 | 规则类别 | 预警类型 | 预警级别 | 适用位置 | 规则描述 | 指标类型 | 比较符 | 修改日期 |
|---|---|---|---|---|---|---|---|---|---|---|
| 2 | | WS-CX-Y-HC-1 | 瓦斯 | 超限预警 | 黄色预警 | 回采工作面 | T0≥[P](1.0)% | 定量指标 | ≥ | 2013/12/28 9:43:00 |
| 3 | | WS-CX-Y-HC-4 | 瓦斯 | 超限预警 | 黄色预警 | 回采工作面 | T7 最大值≥[P](1.6)% | 定量指标 | ≥ | 2013/12/28 9:43:00 |
| 4 | | DZGZ-CX-Y-HC-3 | 地质构造 | 超限预警 | 黄色预警 | 回采工作面 | 顶板破碎 | 定性指标 | = | 2013/12/28 9:43:00 |
| 5 | | DZGZ-CX-Y-HC-4 | 地质构造 | 超限预警 | 黄色预警 | 回采工作面 | 煤层松软 | 定性指标 | = | 2013/12/28 9:43:00 |
| 6 | | DZGZ-CX-Y-HC-5 | 地质构造 | 超限预警 | 黄色预警 | 回采工作面 | 顶板条件发生变化 | 定性指标 | = | 2013/12/28 9:43:00 |
| 7 | | GL-CX-Y-HC-4 | 管理因素 | 超限预警 | 黄色预警 | 回采工作面 | 进回风巷隅角、尾巷管理不到位 | 定性指标 | = | 2013/12/28 9:43:00 |
| 8 | | GL-CX-Y-HC-6 | 管理因素 | 超限预警 | 黄色预警 | 回采工作面 | 甲烷传感器位置不当、误差大、调校超过规定 | 定性指标 | = | 2013/12/28 9:43:00 |
| 9 | | GL-CX-Y-HC-7 | 管理因素 | 超限预警 | 黄色预警 | 回采工作面 | 瓦检员空漏假检等 | 定性指标 | = | 2013/12/28 9:43:00 |
| 10 | | WS-CX-R-HC-1 | 瓦斯 | 超限预警 | 红色预警 | 回采工作面 | T0≥[P](1.2)% | 定量指标 | ≥ | 2013/12/28 9:43:00 |
| 11 | | WS-CX-R-HC-4 | 瓦斯 | 超限预警 | 红色预警 | 回采工作面 | T7 最大值≥[P](2.0)% | 定量指标 | ≥ | 2013/12/28 9:43:00 |
| 12 | | DZGZ-CX-R-HC-1 | 地质构造 | 超限预警 | 红色预警 | 回采工作面 | 4 至6 条中任何一个“黄色”预警与1 至3 条中任何一个“黄色”预警同时出现 | 定性指标 | = | 2013/12/28 9:43:00 |
| 13 | | GL-CX-R-HC-3 | 管理因素 | 超限预警 | 红色预警 | 回采工作面 | 高、突矿井工作面无专职瓦斯检查员 | 定性指标 | = | 2013/12/28 9:43:00 |
| 14 | | DZGZ-TC-Y-HC-1 | 地质构造 | 突出预警 | 黄色预警 | 回采工作面 | 无计划揭露构造 | 定性指标 | = | 2013/12/28 9:43:00 |
| 15 | | QT-TC-R-HC-3 | 其他 | 突出预警 | 红色预警 | 回采工作面 | 12 至15 条任何一个“黄色”预警与1 至6 条中任何一个“黄色”预警同时出现 | 定性指标 | = | 2013/12/28 9:43:00 |
| 16 | | WS-CX-Y-JJ-3 | 瓦斯 | 超限预警 | 黄色预警 | 掘进工作面 | 区域回风T3≥[P](1.0)% | 定量指标 | ≥ | 2013/12/28 9:43:00 |
| 17 | | MCFC-CX-Y-JJ-1 | 煤层赋存 | 超限预警 | 黄色预警 | 掘进工作面 | 层理紊乱 | 定性指标 | = | 2013/12/28 9:43:00 |
| 18 | | MCFC-CX-Y-JJ-2 | 煤层赋存 | 超限预警 | 黄色预警 | 掘进工作面 | 煤厚变化±[P](1.0)m | 定量指标 | ≥± | 2013/12/28 9:43:00 |
| 19 | | MCFC-CX-Y-JJ-3 | 煤层赋存 | 超限预警 | 黄色预警 | 掘进工作面 | 煤层走向、倾角突然急剧变化 | 定性指标 | = | 2013/12/28 9:43:00 |
| 20 | | MCFC-CX-Y-JJ-4 | 煤层赋存 | 超限预警 | 黄色预警 | 掘进工作面 | 软分层（构造煤）厚度≥[P](0.0)m | 定量指标 | ≥ | 2013/12/28 9:43:00 |
| 21 | | MCFC-CX-Y-JJ-5 | 煤层赋存 | 超限预警 | 黄色预警 | 掘进工作面 | 软分层（构造煤）层位发生变化 | 定性指标 | = | 2013/12/28 9:43:00 |
| 22 | | MCFC-CX-Y-JJ-6 | 煤层赋存 | 超限预警 | 黄色预警 | 掘进工作面 | 工作面煤体的破坏类型由Ⅰ、Ⅱ类煤变为Ⅲ类煤、Ⅳ类、Ⅴ类煤 | 定性指标 | = | 2013/12/28 9:43:00 |
| 23 | | DZGZ-CX-Y-JJ-2 | 地质构造 | 超限预警 | 黄色预警 | 掘进工作面 | 无计划揭露构造 | 定性指标 | = | 2013/12/28 9:43:00 |
| 24 | | DZGZ-CX-Y-JJ-3 | 地质构造 | 超限预警 | 黄色预警 | 掘进工作面 | 地面钻井或钻孔[P](50)m 范围内 | 定量指标 | ≤ | 2013/12/28 9:43:00 |
| 25 | | DZGZ-CX-Y-JJ-4 | 地质构造 | 超限预警 | 黄色预警 | 掘进工作面 | 工作面距离预抽防突效果无效区域[P](30)m | 定量指标 | ≤ | 2013/12/28 9:43:00 |
| 26 | | DZGZ-CX-Y-JJ-5 | 地质构造 | 超限预警 | 黄色预警 | 掘进工作面 | 工作面距离预抽区边界[P](30)m | 定量指标 | ≤ | 2013/12/28 9:43:00 |
| 27 | | DZGZ-CX-Y-JJ-6 | 地质构造 | 超限预警 | 黄色预警 | 掘进工作面 | 工作面距空巷距离≤[P](60)m | 定量指标 | ≤ | 2013/12/28 9:43:00 |
| 28 | | DZGZ-CX-Y-JJ-7 | 地质构造 | 超限预警 | 黄色预警 | 掘进工作面 | 岩石巷道距煤层法向距离≤[P](10)m | 定量指标 | ≤ | 2013/12/28 9:43:00 |
| 29 | | DZGZ-CX-Y-JJ-8 | 地质构造 | 超限预警 | 黄色预警 | 掘进工作面 | 工作面煤层处于分叉、合层状态 | 定性指标 | = | 2013/12/28 9:43:00 |
| 30 | | GL-CX-Y-JJ-1 | 管理因素 | 超限预警 | 黄色预警 | 掘进工作面 | 局部通风机单回路供电或不能正常切换 | 定性指标 | = | 2013/12/28 9:43:00 |
| 31 | | WS-CX-R-JJ-3 | 瓦斯 | 超限预警 | 红色预警 | 掘进工作面 | 掘进面风机前T3≥[P](0.4)% | 定量指标 | ≥ | 2013/12/28 9:43:00 |
| 32 | | WS-CX-R-JJ-4 | 瓦斯 | 超限预警 | 红色预警 | 掘进工作面 | 区域回风T4≥[P](1.2)% | 定量指标 | ≥ | 2013/12/28 9:43:00 |
| 33 | | DZGZ-CX-R-JJ-1 | 地质构造 | 超限预警 | 红色预警 | 掘进工作面 | 过构造时措施无效 | 定性指标 | = | 2013/12/28 9:43:00 |
| 34 | | DZGZ-CX-R-JJ-3 | 地质构造 | 超限预警 | 红色预警 | 掘进工作面 | 工作面距离预抽防突效果无效区域[P](20)m | 定量指标 | ≤ | 2013/12/28 9:43:00 |

图 8-21　预警规则设置

根据工作面监测参数，按照预警规则，对工作面当前状态进行量化处理。分别以“红色”“橙色”“绿色”表示工作面当前的危险状态。也可通过地点、时间等信息对历史预警结果进行查询（图 8-22）。

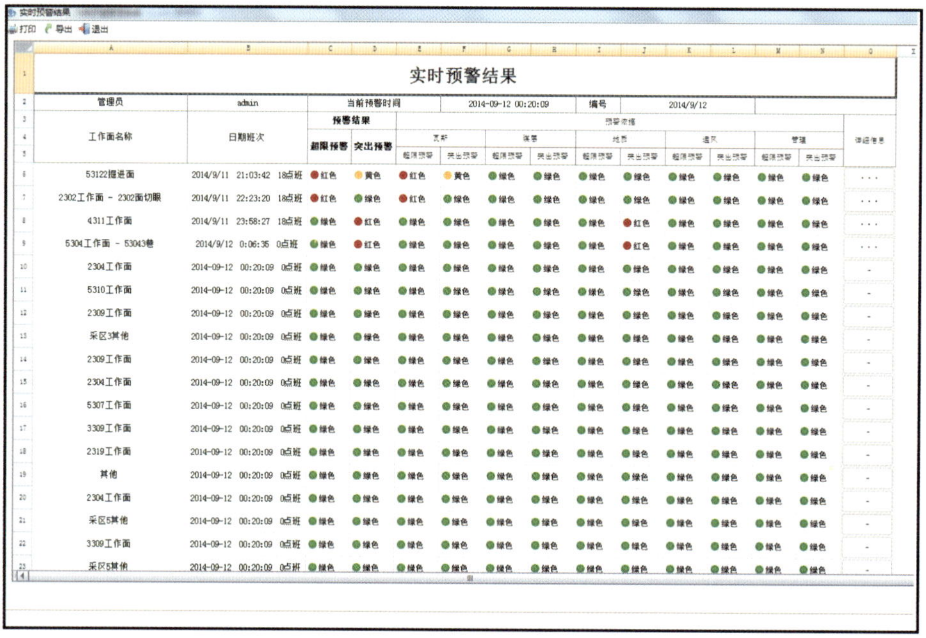

实时预警结果

打印　导出　退出

| 管理员 | admin | 当前预警时间 | | 2014-09-12 00:20:09 | | 编号 | | 2014/9/12 | | | | | |
|---|---|---|---|---|---|---|---|---|---|---|---|---|---|
| 工作面名称 | 日期班次 | 预警结果 | | 预警依据 | | | | | | | | | 详细信息 |
| | | | | 瓦斯 | | 煤层 | | 地质 | | 通风 | | 管理 | |
| | | 超限预警 | 突出预警 | 超限预警 | 突出预警 | 超限预警 | 突出预警 | 超限预警 | 突出预警 | 超限预警 | 突出预警 | 超限预警 | 突出预警 | |
| 53122掘进面 | 2014/9/11 21:03:42 18点班 | 红色 | 黄色 | 红色 | 黄色 | 绿色 | 绿色 | 绿色 | 绿色 | 绿色 | 绿色 | 绿色 | 绿色 | ··· |
| 2302工作面 - 2302面切眼 | 2014/9/11 22:23:20 18点班 | 红色 | 绿色 | 红色 | 绿色 | 绿色 | 绿色 | 绿色 | 绿色 | 绿色 | 绿色 | 绿色 | 绿色 | ··· |
| 4311工作面 | 2014/9/11 23:58:27 18点班 | 绿色 | 红色 | 绿色 | 绿色 | 绿色 | 绿色 | 绿色 | 红色 | 绿色 | 绿色 | 绿色 | 绿色 | ··· |
| 5304工作面 - 53043巷 | 2014/9/12 0:06:35 0点班 | 绿色 | 红色 | 绿色 | 绿色 | 绿色 | 绿色 | 绿色 | 红色 | 绿色 | 绿色 | 绿色 | 绿色 | ··· |
| 2304工作面 | 2014-09-12 00:20:09 0点班 | 绿色 | 绿色 | 绿色 | 绿色 | 绿色 | 绿色 | 绿色 | 绿色 | 绿色 | 绿色 | 绿色 | 绿色 | - |
| 5310工作面 | 2014-09-12 00:20:09 0点班 | 绿色 | 绿色 | 绿色 | 绿色 | 绿色 | 绿色 | 绿色 | 绿色 | 绿色 | 绿色 | 绿色 | 绿色 | - |
| 2309工作面 | 2014-09-12 00:20:09 0点班 | 绿色 | 绿色 | 绿色 | 绿色 | 绿色 | 绿色 | 绿色 | 绿色 | 绿色 | 绿色 | 绿色 | 绿色 | - |
| 采区3其他 | 2014-09-12 00:20:09 0点班 | 绿色 | 绿色 | 绿色 | 绿色 | 绿色 | 绿色 | 绿色 | 绿色 | 绿色 | 绿色 | 绿色 | 绿色 | - |
| 2309工作面 | 2014-09-12 00:20:09 0点班 | 绿色 | 绿色 | 绿色 | 绿色 | 绿色 | 绿色 | 绿色 | 绿色 | 绿色 | 绿色 | 绿色 | 绿色 | - |
| 2304工作面 | 2014-09-12 00:20:09 0点班 | 绿色 | 绿色 | 绿色 | 绿色 | 绿色 | 绿色 | 绿色 | 绿色 | 绿色 | 绿色 | 绿色 | 绿色 | - |
| 5307工作面 | 2014-09-12 00:20:09 0点班 | 绿色 | 绿色 | 绿色 | 绿色 | 绿色 | 绿色 | 绿色 | 绿色 | 绿色 | 绿色 | 绿色 | 绿色 | - |
| 3309工作面 | 2014-09-12 00:20:09 0点班 | 绿色 | 绿色 | 绿色 | 绿色 | 绿色 | 绿色 | 绿色 | 绿色 | 绿色 | 绿色 | 绿色 | 绿色 | - |
| 2319工作面 | 2014-09-12 00:20:09 0点班 | 绿色 | 绿色 | 绿色 | 绿色 | 绿色 | 绿色 | 绿色 | 绿色 | 绿色 | 绿色 | 绿色 | 绿色 | - |
| 其他 | 2014-09-12 00:20:09 0点班 | 绿色 | 绿色 | 绿色 | 绿色 | 绿色 | 绿色 | 绿色 | 绿色 | 绿色 | 绿色 | 绿色 | 绿色 | - |
| 2304工作面 | 2014-09-12 00:20:09 0点班 | 绿色 | 绿色 | 绿色 | 绿色 | 绿色 | 绿色 | 绿色 | 绿色 | 绿色 | 绿色 | 绿色 | 绿色 | - |
| 采区5其他 | 2014-09-12 00:20:09 0点班 | 绿色 | 绿色 | 绿色 | 绿色 | 绿色 | 绿色 | 绿色 | 绿色 | 绿色 | 绿色 | 绿色 | 绿色 | - |
| 3309工作面 | 2014-09-12 00:20:09 0点班 | 绿色 | 绿色 | 绿色 | 绿色 | 绿色 | 绿色 | 绿色 | 绿色 | 绿色 | 绿色 | 绿色 | 绿色 | - |
| 采区5其他 | 2014-09-12 00:20:09 0点班 | 绿色 | 绿色 | 绿色 | 绿色 | 绿色 | 绿色 | 绿色 | 绿色 | 绿色 | 绿色 | 绿色 | 绿色 | - |

图 8-22　预警结果信息

(6) 井下数据录入终端

通过井下队组人员及时输入相关瓦斯、地质、管理、通风、煤层赋存等定量/定性信息，第一时间对采掘头面进行监控检测，为煤矿超限和突出实时预警提供数据保障。

(7) B/S 端瓦斯预警信息发布系统

网站发布系统主要是利用浏览器进行预警结果及预警图形的显示及查询，包括历史信息、地图属性等，系统界面如图 8-23 所示。

## 三、瓦斯预警系统现场应用

1. 瓦斯预警分析

瓦斯预警主要是通过检测井下瓦斯探头数据、打钻情况、断电情况以及实测的瓦斯相关数据(含量、压力、$K_1$ 值、$S$ 值)等进行煤矿瓦斯预警。

成庄煤矿 43152 巷掘进工作面在掘进到过 2# 横川 113 排时进行了工作面突出危险性检测，检测结果 $K_1$ 值为 0.45，根据预警规则(干煤 $K_1 \geqslant 0.45$)，系统判断为突出黄色预警，经过防突小组的讨论及领导同意，决定执行施工排放钻孔排放瓦斯的措施。措施执行后，根据现场参数测定，突出危险性已经消除，解危措施有效，而后在系统中将此预警结果予以解除，如图 8-24 所示。

43153 巷掘进工作面在过 2# 横川 488 排时，进行了工作面突出危险性检测，检测结果 $S$ 值为 5.2，达到了突出预警规则[[MIN](5)$\leqslant S<$[MAX](6)]，系统显示为突出黄色预警，而后经过施工排放钻孔等措施，突出危险性消除，在系统中将此预警结果解除，如图 8-25 所示。

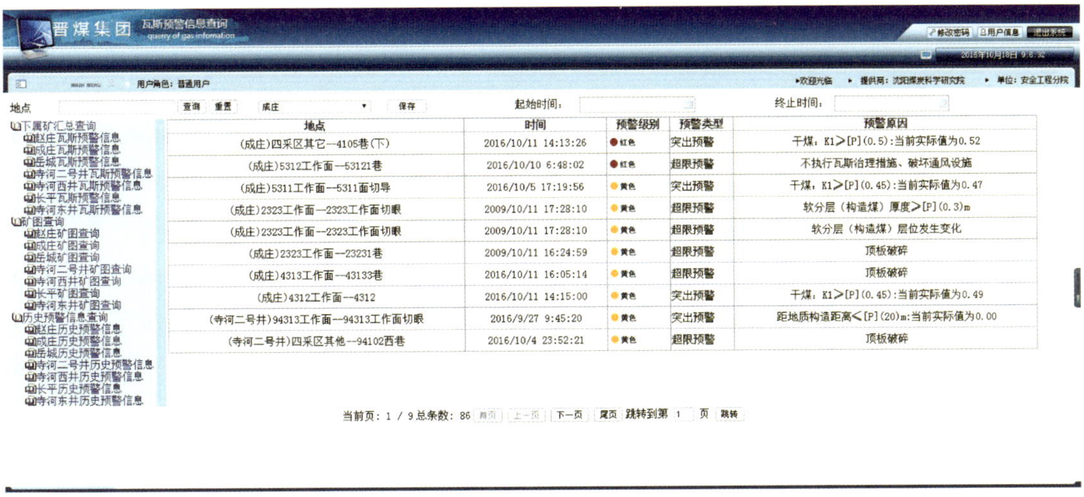


图 8-23　预警 WEB 查询系统

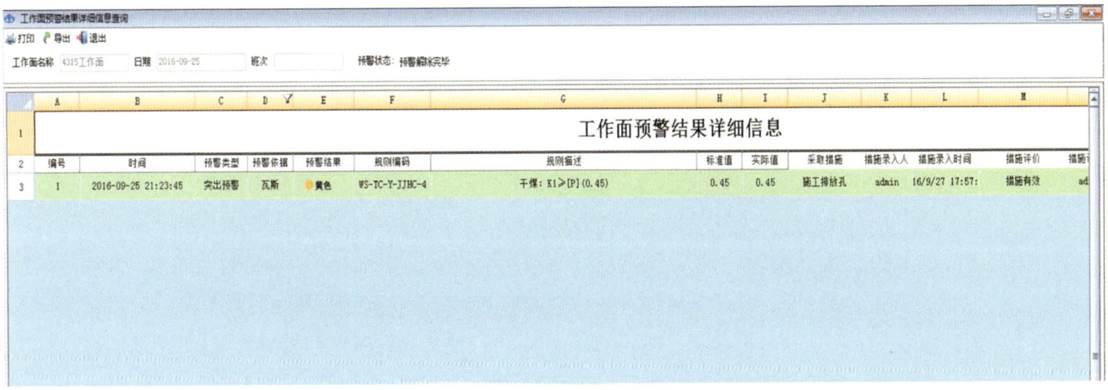


图 8-24　43152 巷瓦斯预警结果

2. 地质构造预警分析

地质构造预警主要是对井下采掘面在生产过程中可能遇到的地质构造、围岩变化以及采取的措施等进行检测预警，避免盲目开采，并提示矿井相关人员对地质构造进行预警控制。

成庄煤矿 5312 工作面回采至 859.8 m 时，经过工作面超前探测，与 X143 陷落柱距离在 20 m 之内，根据预警规则(距地质构造距离不大于 20 m)，系统判定为突出黄色预警。在工作面即将揭露陷落柱及过陷落柱期间，采取注浆加固、加强支护等措施进行危险预防，并在此期间不解除预警结果，之后在工作面推过陷落柱且距离大于 20 m 后，再解除预警，如图 8-26 所示。

3. 煤层赋存预警分析

煤层赋存预警是对井下采掘工作面软分层厚度、煤层结构变化、煤层赋存异常等突出征兆进行定性和定量判断并预警提示，以加强管理。

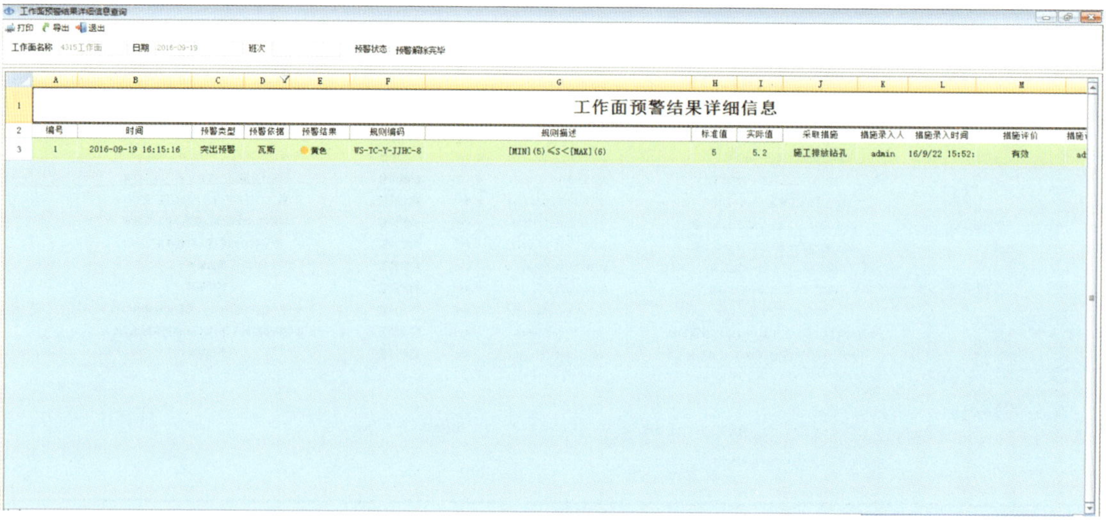


图 8-25　43153 巷瓦斯预警结果

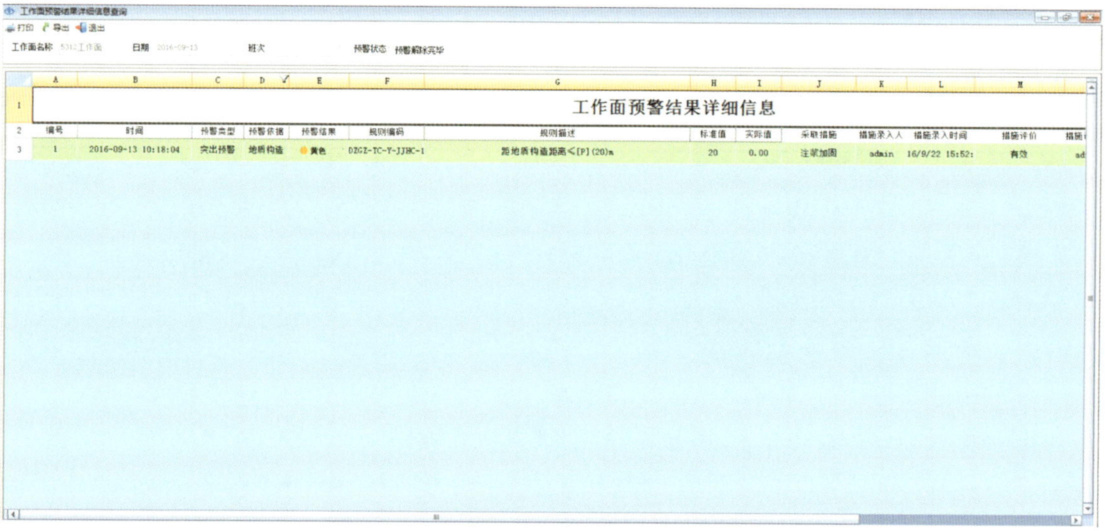


图 8-26　5312 采煤工作面地质构造预警

成庄煤矿五盘区北翼集中回风巷据进工作面显示黄色预警，预警原因为层理紊乱，煤厚变化增加 0.5 m，软分层层位发生变化，接到预警后，队组按照工作面作业规程相关措施进行施工，通过安全审核后，予以解除黄色预警，如图 8-27、图 8-28 所示。

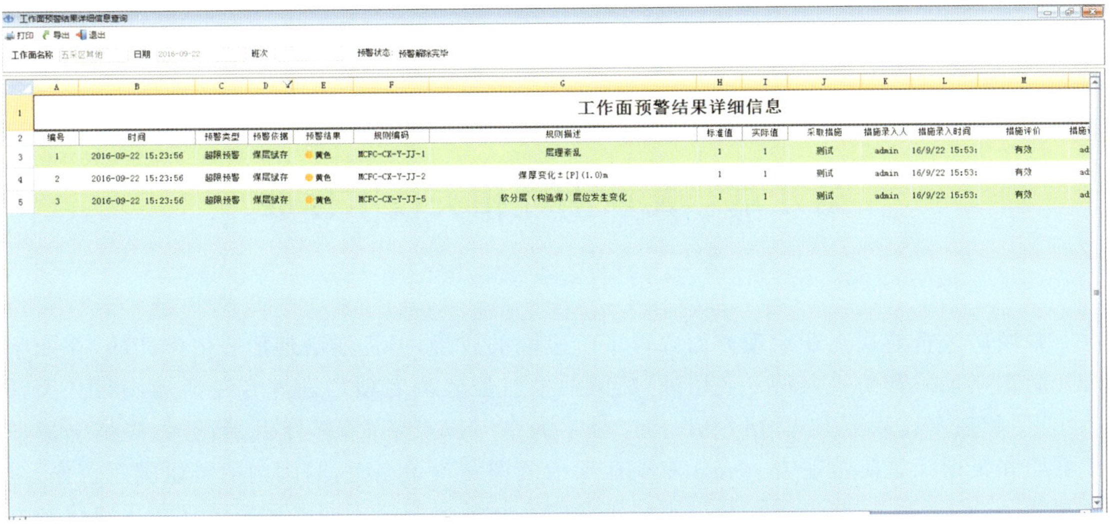


图 8-27 成庄煤矿五盘区集中回风巷掘进工作面煤层赋存预警

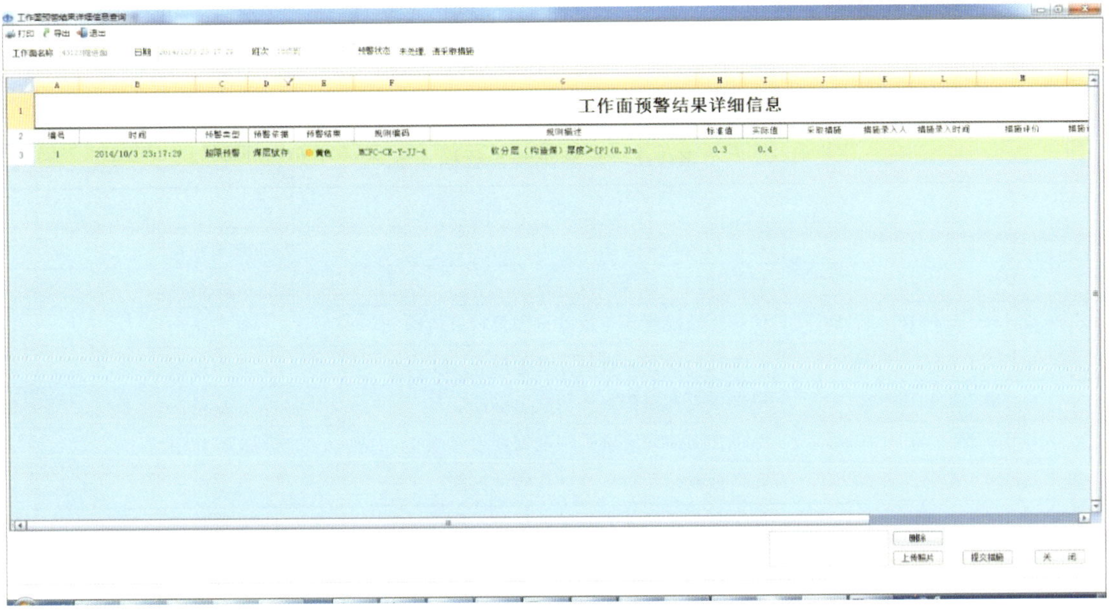


图 8-28 成庄煤矿五盘区软分层预警结果

# 第九章　瓦斯治理相关技术标准

晋城矿区企业在瓦斯治理方面取得了阶段性的成果，但瓦斯治理形势依然严峻，企业坚持开展瓦斯抽采和防突人员专业培训、瓦斯抽采监控监测专项培训等专题活动，利用“大师工作室”和技术比武等方式，培养出一批“技术大拿”，以点带面，标杆引领，努力提高全员业务素质和瓦斯灾害防范能力。成立专项瓦斯治理课题攻关小组，与国内的科研院所合作，全面实施“一矿一策，一面一策”，针对不同矿井的实际情况制定不同的瓦斯治理技术路线和方案，积极试验新技术新工艺，开展一系列水力化卸压增透促抽方面的试验研究，探索试验新的钻孔施工工艺和封孔工艺，大力研发新型封孔材料，努力提高瓦斯抽采量和瓦斯治理效果。适时应用适合晋城矿区开采工艺和瓦斯赋存特点的技术标准，以企业标准形式进行固化、推行、应用，促进瓦斯防治工作标准化、精细化、程序化和规范化，制定瓦斯防治各项标准38项，如表9-1所列。

**表9-1　瓦斯防治各项标准**

| 序号 | 标准编号 | 标准名称 | 用途 |
|---|---|---|---|
| 1 | Q/JM J 1.0014－2013 | 矿井瓦斯检查标准 | 瓦斯防治 |
| 2 | Q/JM J 1.0015－2013 | 矿井瓦斯检查地点设置标准 | 瓦斯防治 |
| 3 | Q/JM J 1.0016－2013 | 矿井瓦斯检查地点检查范围及检查点标准 | 瓦斯防治 |
| 4 | Q/JM J 1.0017－2013 | 矿井瓦斯检查牌板的设置标准 | 瓦斯防治 |
| 5 | Q/JM J 1.0018－2013 | 局部地点瓦斯积聚防治技术标准 | 瓦斯防治 |
| 6 | Q/JM J 1.0019－2013 | 井下瓦斯抽采区域控制范围技术标准 | 瓦斯防治 |
| 7 | Q/JM J 1.0020－2013 | 瓦斯抽放钻孔封孔与联孔接抽标准 | 瓦斯防治 |
| 8 | Q/JM J 1.0021－2013 | 煤矿井下瓦斯抽采效果评价技术标准 | 瓦斯防治 |
| 9 | Q/JM J 1.0022－2013 | 区域突出危险性预测技术标准 | 瓦斯抽放 |
| 10 | Q/JM J 1.0023－2013 | 区域防突措施技术标准 | 瓦斯抽放 |
| 11 | Q/JM J 1.0024－2013 | 区域防突措施效果检验技术标准 | 瓦斯抽放 |
| 12 | Q/JM J 1.0025－2013 | 区域验证技术标准 | 瓦斯抽放 |
| 13 | Q/JM J 1.0026－2013 | 掘进工作面超前排放钻孔技术标准 | 瓦斯抽放 |
| 14 | Q/JM J 1.0027－2013 | 掘进工作面防突反向风门设置技术标准 | 瓦斯抽放 |
| 15 | Q/JM J 1.0042－2013 | 矿井瓦斯抽采监测监控系统技术标准 | 监测监控 |
| 16 | Q/JM J 1.0044－2013 | 甲烷传感器设置规范 | 监测监控 |
| 17 | Q/JM J 1.0049－2013 | 便携式甲烷报警仪配备标准 | 监测监控 |
| 18 | Q/JM J 1.0052－2013 | 采空区瓦斯抽采技术标准 | 瓦斯防治 |

表 9-1(续)

| | | | |
|---|---|---|---|
| 19 | Q/JM J 1.0063—2014 | 工作面突出危险性预测技术标准 | 瓦斯防治 |
| 20 | Q/JM J 1.0064—2014 | 工作面防突措施技术标准 | 瓦斯防治 |
| 21 | Q/JM J 1.0065—2014 | 工作面措施效果检验技术标准 | 瓦斯防治 |
| 22 | Q/JM J 1.0066—2014 | 工作面安全防护措施技术标准 | 瓦斯防治 |
| 23 | Q/JM J 1.0067—2014 | 石门(立井、斜井)揭煤技术规范 | 瓦斯防治 |
| 24 | Q/JM J 1.0068—2014 | 瓦斯地质预测预报管理标准 | 瓦斯防治 |
| 25 | Q/JM J 1.0069—2014 | 远距离爆破技术标准 | 瓦斯防治 |
| 26 | Q/JM J 1.0070—2014 | 突出矿井管理基本要求 | 瓦斯防治 |
| 27 | Q/JM J 1.0071—2014 | 煤矿井下排放瓦斯技术方法 | 瓦斯防治 |
| 28 | Q/JM J 1.0072—2014 | 煤矿井下排放瓦斯管理规范 | 瓦斯防治 |
| 29 | Q/JM J 1.0073—2014 | 穿层钻孔设计施工标准 | 瓦斯防治 |
| 30 | Q/JM J 1.0074—2014 | 定向顺层钻孔设计施工标准 | 瓦斯防治 |
| 31 | Q/JM J 1.0075—2014 | 普通顺层钻孔设计施工标准 | 瓦斯防治 |
| 32 | Q/JM J 1.0076—2014 | DGC 型瓦斯含量测定技术标准 | 瓦斯防治 |
| 33 | Q/JM J 1.0077—2014 | 井下煤层瓦斯压力直接测定技术标准 | 瓦斯防治 |
| 34 | Q/JM J 1.0078—2014 | U 形垂直压力计的安设使用标准 | 瓦斯防治 |
| 35 | Q/JM J 1.0079—2014 | 钻屑瓦斯解吸指标($K_1$)、钻屑量($S$)测定技术标准 | 瓦斯防治 |
| 36 | Q/JM J 1.0080—2014 | 矿井防突管理牌板设置标准 | 瓦斯防治 |
| 37 | Q/JM J 1.0081—2014 | 突出煤量及涌出瓦斯量计算方法 | 瓦斯防治 |
| 38 | Q/JM J 1.0082—2014 | 瓦斯投放管路敷设技术标准 | 瓦斯防治 |

上述大部分技术标准涉及的技术已经在前述章节中进行了介绍，本章对前述未涉及的部分技术标准进行介绍。

## 第一节　局部地点瓦斯积聚防治技术标准

### 一、范围

本标准规定了矿井易于发生瓦斯积聚的局部地点及防治技术措施。

### 二、规范性引用文件

《煤矿安全规程》。

### 三、术语和定义

瓦斯积聚：指体积大于 0.5 $m^3$ 的空间内积聚的瓦斯浓度达到 2%的现象。

### 四、煤矿井上下易于发生瓦斯积聚的局部地点

① 采煤工作面回风隅角。

② 采煤工作面采煤机组附近。

③ 综采放顶煤工作面后刮板输送机附近。

④ 巷道高冒空洞。

⑤ 煤与瓦斯突出或瓦斯喷出后形成的空洞。

⑥ 挡风墙(密闭墙)、调节墙前。

⑦ 钻场。

⑧ 钻孔附近。

⑨ 低风速巷道。

⑩ 盲巷或停风巷道栅栏处。

⑪ 井上下煤仓(溜煤眼)上、下口。

⑫ 其他可能积聚的地点。

## 五、瓦斯积聚预防技术措施

① 合理生产布局,避免盲巷。

② 优化矿井及采掘工作面通风系统,合理配风,杜绝无计划停风。

③ 采用合理先进的采掘工艺,减少可能造成瓦斯积聚的空间。

④ 及时进行瓦斯地质预测预报,掌握瓦斯涌出动态。

## 六、瓦斯积聚处理技术

(1) 局部通风机通风法

在全风压通风巷道安装适当功率的局部通风机,利用风筒将新鲜风流引至积聚地点进行瓦斯稀释处理。

本方法适用瓦斯涌出量大且连续涌出的地点,可用于对上述四中④～⑫ 等项的瓦斯积聚处理。

(2) 全风压通风法

利用增加巷道风量对局部瓦斯积聚进行处理。

本方法适用全风压通风地点,可用于对上述四中②、⑨、⑫ 等项的瓦斯积聚处理。

(3) 导风法

利用一定的器材将全风压新鲜风流导至局部通风不良地点对积聚的瓦斯进行处理,可分为风筒风障导风法、硬质风筒导风法、硬质板材导风法。使用风筒风障导风法处理上隅角瓦斯时,风筒风障出风口距煤帮应大于 1 m,瓦斯探头应设置在风筒风障下风侧。

本方法适用于积聚的瓦斯范围不大和浓度不高(低于 3%)情况,可用于对上述四中①、③、⑥、⑦、⑧、⑪、⑫ 等项的瓦斯积聚处理。

该方法处理高冒区瓦斯积聚时,冒高应小于 2 m,体积不应超过 6 $m^3$,巷道风速应大于 0.5 m/s。

(4) 机械引风法

利用水射流、压风射流及其他机械装置产生的负压,将新鲜风流引至局部地点进行瓦斯处理。采用水射流、压风射流及其他非电器引射装置处理采面上隅角瓦斯时,只能采用负压抽排的方法,上隅角瓦斯探头距吸风口的距离不小于 1 m。

本方法适用于积聚的瓦斯范围不大和浓度不高(低于 3%)情况,可用于对上述四中①、②、③、⑪、⑫ 等项的瓦斯积聚处理。

(5) 局部通风风筒分支法

利用压入局部通风机风筒加装分支的方法对瓦斯积聚进行处理。

本方法适用于具有压入式局部通风机的巷道,且风机不为掘进工作地点服务的情况,可用于对上述四中④、⑤、⑥、⑦、⑧、⑪、⑫ 等项的瓦斯积聚处理。

(6) 充填法

利用安全、不燃性材料将瓦斯涌出积聚的空间充填的方法,实现对积聚的瓦斯进行处理。

本方法适用于空间不大的局部地点,可用于对上述四中①、④、⑤等项的瓦斯积聚处理。

(7) 封堵法

利用安全、不燃性材料将瓦斯涌出的通道或巷道封闭、堵实的方法,实现对积聚的瓦斯进行处理。

本方法适用于瓦斯涌出连续的地点,可用于对上述四中①、⑤、⑧、⑩等项的瓦斯积聚处理。

(8) 抽采法

利用瓦斯抽采系统对局部地点积聚的瓦斯进行处理。

本方法适用于瓦斯涌出连续的地点,可用于对上述四中①、⑤、⑧、⑩、⑫ 等项的瓦斯积聚处理。

(9) 改变通风系统法

通过改变采掘工作面通风系统的方法,实现对积聚的瓦斯进行处理。

本方法适用于瓦斯涌出量大的地点,可分为 Y 形通风法、多巷通风法等,可用于对上述四中第①项的瓦斯积聚处理。

(10) 其他

可采用其他经试验安全有效的方法。

## 第二节　煤矿井下排放瓦斯技术方法

### 一、范围

本标准规定了煤矿井下排放瓦斯常用的排放方法和技术要求。

本标准适用于煤矿井下不同原因造成的瓦斯超限地点的排放瓦斯工作。

### 二、规范性引用文件

《煤矿安全规程》。

### 三、术语和定义

排放瓦斯:指将煤矿井下超过规定浓度的瓦斯通过一定的技术方法稀释排放至规定浓度以下的过程。

风流控制器:指能够调节控制局部通风机风筒风流大小的一种装置。

## 四、排放瓦斯方法

1. 引入全风压通风排放

构筑通风设施,将排放巷道分开分段逐渐引入矿井全风压新鲜风流进行稀释排放瓦斯的方法。本方法适用于短距离单巷工作面和可形成进回风通风系统的双巷、多巷布置的工作面排放瓦斯。

全风压排放瓦斯要坚持先破回风侧密闭,后破入风侧密闭的原则,采取控制风流防止瓦斯大量涌出的措施。

2. 局部通风机通风排放

(1) 采用风筒加装风流控制器排放的方法

在局部通风机全风压进风流的风筒处加装风流控制器,通过调整控风口的大小,调节进入巷道风量的排放瓦斯的方法。

本方法适用于巷道有风筒且风筒直径不小于 600 mm 的巷道。

(2) 采用逐段排放的方法

该方法利用局部通风机供风,风筒由外向里逐节延接排放,适用于没有风筒的盲巷或封闭区排放瓦斯。

采用此方法时,人员必须处于风筒出风口的有效射程范围之内;可以采取短节风筒配合长节风筒接替交换逐节延接排放;有其他情况(如巷内积水、冒顶等)时,需制定专门的措施进行排放瓦斯。

3. 智能型自控设备排放法

利用高速变频原理,调节局部通风机的转速和风量,改变排放瓦斯巷出口高浓度瓦斯的混合风流流量,使回风巷混合处的瓦斯浓度按排放瓦斯措施所规定的限值进行排放。

4. 抽采系统辅助排放

采用抽采系统直接或间接对排放瓦斯区域或巷道进行瓦斯抽放,以降低排放瓦斯量的方法,如图 9-1 所示。

本方法适用于具备或已安装抽采管路系统的巷道或封闭区域,一般不能单独使用,可经抽放后再配合其他方法进行。

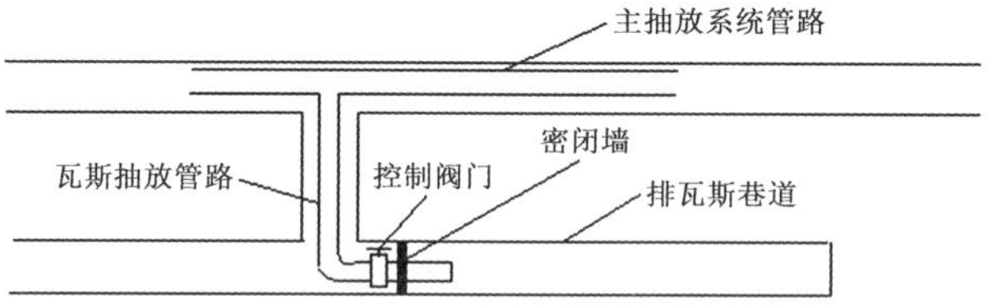


图 9-1 利用抽采系统排放瓦斯示意图

## 五、通风排放瓦斯所需时间的计算

通风排放瓦斯所需时间可按下式进行估算:

$$t = \frac{n \times V}{Q} \ln \frac{C_1}{C_2} \tag{9-1}$$

式中 $t$——通风排放瓦斯所需时间，min；

$n$——环境参数，随瓦斯的释放量和风速的变化而变化，当风速大于 1 m/s 时，$n$ 取 2；风速位于 0.3～1 m/s 时，$n$ 取 3；

$V$——排放区体积，$m^3$；

$Q$——通风量，$m^3/min$；

$C_1$——排放区内的瓦斯浓度，%；

$C_2$——允许排放的瓦斯浓度，%。

## 第三节 瓦斯抽采管路安装及敷设技术

所有入井的、用于瓦斯抽采的管路安全性能必须达标。采用非金属材质瓦斯抽采管路时，必须制定安全措施并经矿总工程师批准，且管路管材和安全性能必须符合《煤矿用非金属瓦斯输送管材安全技术要求》(AQ 1071—2009)要求，严禁使用通过在内、外表面采用涂覆方式或内外层薄压塑工艺实现阻燃、抗静电性能的非金属管材，管材全材质在生命周期内必须满足阻燃、抗静电性能需要。每批次抽采管路下井使用前，使用单位必须进行产品检查验收，所有参加验收人员必须在验收合格单上进行签字确认，并将验收合格单保存备查。

### 一、安装的位置

瓦斯抽采管路应根据井下巷道的布置、抽采地点的分布、矿井的发展规划以及瓦斯利用的要求等因素统筹确定，避免或减少主干管路的频繁变动，确保管道运输、安装和维护方便，并符合下列要求：

① 瓦斯抽采管路系统宜沿回风巷道或矿车不经常通过的巷道布置；若设于主要运输巷内，在人行道侧其架设高度不应小于 1.8 m，与矿车最外缘的间隙应大于 0.7 m，并固定在巷道壁上，满足行人、行车、运料的要求；若安装有胶带输送机的巷道中，瓦斯抽采管路的吊挂还应满足输送机的运行、检修和维护所需的空间要求。

② 在有瓦斯抽采管路的巷道内，电缆(包括通信电缆)必须与瓦斯抽采管路分挂在巷道两侧。

③ 瓦斯抽采管路与管线交叉通过时宜吊挂在管线上方，其间距应不小于 300 mm，如特殊情况管路间距小于 300 mm 时，应垫非导电材料隔开。

④ 瓦斯抽采管路沿底板敷设时，距底板高度不小于 300 mm。管路沿顶吊挂时，严格按照设计施工，确保管路上沿与顶板之间保留不小于 300 mm 的距离。

⑤ 瓦斯抽采管路及管件外缘距巷道壁不小于 100 mm。

### 二、瓦斯抽采管路安装的技术要求

① 瓦斯抽采管路在安装前应检查管路完好情况并清理管路内杂物。

② 瓦斯抽采管路安装必须吊挂或垫高，每根吊挂(支撑)不少于 2 处，长度小于 2 m 的抽采管路至少吊挂(支撑)1 处，吊挂(支撑)点应均匀布置。沿巷道底板支撑敷设时，支撑高

度不得小于 300 mm。吊挂(支撑)材料强度不得小于瓦斯抽采管路重量的 5 倍，且吊挂(支撑)材料和抽采管路上不得增加其他载荷。吊挂(支撑)材料与管壁接触处应加衬垫，防止管路受损。

③ 在敷设倾斜瓦斯抽采管路时，应采用管卡将管路固定在巷道支架上。当巷道倾角在 8°～30°时，管卡间距应不大于 15 m；当巷道倾角大于 30°时，管卡间距应不大于 10 m。当沿立井敷设瓦斯抽采管路时，应将管道固定在罐道梁上或专用管架上。

④ 瓦斯抽采管路随巷道掘进安装时，固定管路末端距离巷道迎头应不大于 50 m，临时管路必须能延伸至工作面。巷道停止掘进时，固定管路末端距巷道迎头应不大于 10 m。

⑤ 瓦斯抽采管路安装要平直，连接必须可靠严密，直径为 400 mm 及以上的瓦斯抽采管路，不得采用快速接头连接。

⑥ 瓦斯抽采管路采用吊挂方式安装时，严禁吊挂于钢带或网片上。

⑦ 法兰连接处使用胶垫密封，严密不漏气。连接螺栓必须齐全，并沿同一方向。

⑧ 管路投运前应分段进行气密性试验，分段长度由各矿根据现场条件确定。

## 三、瓦斯抽采管路附属装置及设施

(1) 瓦斯抽采主、干、支管路每 200～500 m、管路低洼、温度突变处应设置放水器和除渣装置。

(2) 瓦斯抽采管路每 500 m 安装一组阀门；管路分支时，在管路分支前后处各加装一组阀门，阀门要统一进行编号，挂牌管理。

(3) 瓦斯抽采管路应设置明显的具有反光性能的警示标志，标明气体流向。瓦斯抽采管路每 200 m 悬挂警示标志，巷道拐弯处、管路跨行车巷道及管路分叉处应设置警示标志。警示标志统一使用长箭头表示，箭尾部分明显标识“瓦斯抽采管路严禁碰撞”字样，整个标志采用白底红字。

(4) 瓦斯抽采管路参数测定的计量装置应符合《矿井瓦斯抽采监测监控系统技术标准》的要求。

① 计量测点布置应当满足瓦斯抽采达标评价的需要，在泵站、主管、干管、支管及需要单独评价的区域分支、钻场等布置测点。

② 安装地点应选在不易积水的直管段，直管段管道应通畅、内壁无沉积物，其直管段长度应满足各种传感器对前后直管段的要求。若气体含水量大，则还应在传感器前端加装自动放水器。

③ 瓦斯抽采管路中的每趟主管、干管、支管上均应至少安装一套监测瓦斯流量、压力、瓦斯浓度、温度的传感器。

④ 进行采空区瓦斯抽采时，管道进气侧应设置 CO 传感器；其他 CO 传感器的安设适用于自然发火矿井。

⑤ 井下瓦斯抽采支管汇入干管时，应在支管上安装流量、浓度、压力、温度传感器，且计量装置应安装在汇流点 30～150 m 范围以内。

⑥ 需要单独评价的瓦斯抽采单元汇流管应单独装设一套计量装置，主要对流量、浓度、压力数据进行测定(流量测定量程下限为 0.01 $m^3$/min)。

⑦ 需要单独检测的瓦斯抽采钻场汇流管上至少安设一套计量装置，主要对负压、浓度、

流量、温度数据进行观测（流量测定量程下限为 1 $m^3/min$）。

⑧ 在设有专用抽采巷道的封闭墙外巷口 50 m 范围内应安设一套计量装置，主要对负压、浓度、流量、温度数据进行观测（流量测定量程下限为 1 $m^3/min$）。

## 第四节　掘进工作面防突反向风门设置技术标准

### 一、范围

本标准规定了突出矿井井巷揭穿突出煤层和在突出煤层进行掘进作业时作为安全防护措施的防突反向风门设置技术要求。

### 二、规范性引用文件

《煤与瓦斯突出矿井反向风门设置技术条件》（MT 1066—2008）。

《防治煤与瓦斯突出细则》。

《煤矿安全规程》。

### 三、术语和定义

防突反向风门：在掘进工作面进风侧设置的 2 道用以防止风流反向的风门，简称防突风门。

### 四、防突风门的设置

（1）防突风门设置的地点及数量要求

① 突出矿井和按突出矿井管理的矿井在石门揭煤和煤巷掘进工作面进风侧，应设置至少 2 道牢固可靠的防突风门，风门之间的距离不得小于 4 m。

② 防突风门距工作面的距离和防突风门的组数，应当根据掘进工作面的通风系统和预计的突出强度确定（突出强度确定方法可参见附录 A），但防突风门距工作面回风口的距离不小于 10 m，以控制突出时的瓦斯能沿回风道流入回风系统，与工作面的最近距离一般不得小于 70 m，如小于 70 m 时应设置至少 3 道防突风门。

③ 上、下山揭煤工作面防突风门应设置在进入倾斜巷道的水平巷道内。

（2）防突风门材料及质量标准

① 防突风门墙垛可用砖、料石或混凝土砌筑。

② 门框可采用坚实的木质结构，门框厚度不得小于 100 mm，门框要包边沿口，有垫衬，四周与门扇接触严密。也可采用钢铁门框。

③ 风门采用坚实的木质结构，可包制铁皮，保证门扇平整不漏风，背面可使用角铁、槽钢或规格为 120 mm×100 mm 的横梁加固，门扇厚度不得小于 50 mm，风门能自动关闭。

④ 墙垛嵌入巷道周边岩石的深度可根据岩石的性质确定，但不应小于 0.2 m，墙垛厚度不得小于 0.8 m。

⑤ 在煤巷构筑防突风门时，风门墙体四周必须掏槽，掏槽深度见硬帮硬底后再进入实体煤不小于 0.5 m。

⑥ 砌碹巷道应破碹接实帮实顶。

⑦ 防突风门的设计强度应达到或超过承受的等效静载荷，等效静载荷计算可按照《煤与瓦斯突出矿井反向风门设置技术条件》(MT 1066－2008)附录B的方法进行。

⑧ 门垛采用钢筋混凝土构筑时，在风门设置地点应清除巷道周边浮石，然后打深度不小于0.5 m、孔径不小于$\phi$42 mm的钻孔，埋设直径为25 mm钢筋，钻孔布置如图9-2所示，门框浇筑在门垛中。

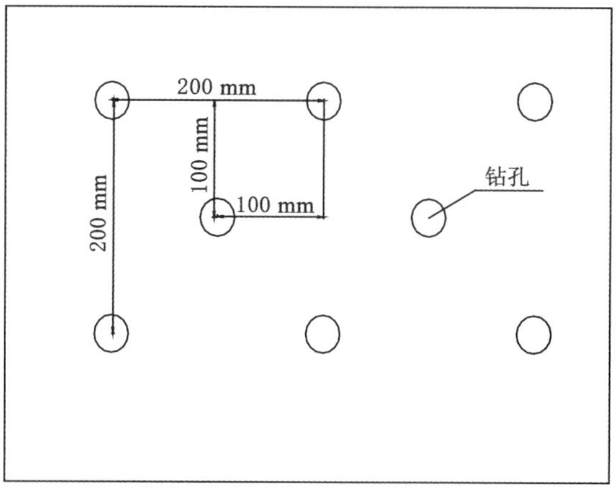


图9-2　埋设钢筋钻孔布置图

(3) 防突风门设置的其他技术规定

① 防突风门设置的技术条件应紧密结合与掘进面关联的巷道布置、通风系统、煤系岩层的地质条件、作业方式、邻近采区及矿井以往突出资料等情况确定。

② 墙体平整、无裂缝，严密不漏风。墙体平整指1 m范围内凹凸不大于10 mm，但料石勾缝除外。严密不漏风指手触无感觉，耳听无声音。

③ 突出煤层平巷掘进时，可根据巷道支护情况，自行设计钢木结构、带顶柱、组合型防突风门。

④ 通车风门应设置底坎，门扇底端距离轨道面高度不得大于20 mm，门扇下部设挡风帘，墙体除预留的观察管孔外，其余管孔应用水泥砂浆封堵严实。

⑤ 通过防突风门墙垛的风筒，都应设逆向隔断装置。

⑥ 风门墙体的排水沟采用低于巷道地板的反水沟，深度根据风压大小来构筑，保证不漏风。

⑦ 跨刮板运输机构建防突反向风门时，过刮板运输机的通道应设置在风门墙体下部，刮板运输机槽上平面不高于巷道底板，距刮板运输机通道上平面不高于200 mm，刮板运输机左右两侧与风门间隙不大于50 mm。风门墙体刮板运输机通道应安设逆向隔断装置。采用挡板隔断，安装方式为下倾斜均力吊挂(一旦发生突出时，气体冲击可以自动关闭)，爆破时人为将挡板放下，并用虚煤封堵严实，防止漏风。采用胶带输送机时，挡板隔断厚度不小于6 mm，周边大于通道100 mm以上，通道两侧都要安装。

⑧ 风门前后5 m范围内巷道支护完好，无片帮、冒顶现象，无杂物、积水、淤泥。

(4) 防突风门的管理

① 防突风门构筑要纳入掘进工作面的设计。防突风门的构筑由通风部门（科）设计，在突出煤层掘进工作面设计中要明确规定防突防突风门的位置。

② 防突风门构筑完工后，应组织验收。

③ 责任单位及责任人应定期对防突风门进行检查。

④ 人员进入工作面时应把防突风门打开、顶牢。工作面爆破和无人时，防突风门应关闭。工作面爆破后，有关人员进入检查时，应把风门打开顶牢，使风门固定在打开位置。

(5) 防突风门的拆除

无用的防突风门应及时拆除，以恢复巷道的通风畅通性。

## 第五节　瓦斯抽采钻孔封孔与联孔接抽技术标准

### 一、范围

本标准规定了瓦斯抽采钻孔的封孔和联孔接抽的技术标准。

### 二、规范性引用文件

《煤矿瓦斯抽采工程设计标准》（GB 50471—2018）。

《煤矿瓦斯抽放规范》（AQ 1027—2006）。

### 三、术语和定义

① 封孔段长度：封孔充填材料所占据的有效长度。

② 封孔深度：封孔段最里端至孔口的距离。

③ 联孔：将封孔后抽采钻孔封孔管连接瓦斯抽采管路的过程。

### 四、封孔技术要求

① 瓦斯抽采钻孔封孔一般宜采取充填式封孔，也可采取其他经试验证实有效的工艺和材料封孔。瓦斯抽采钻孔封孔管和内置筛孔管宜采用具有一定抗压强度的煤矿许用聚合材料管，采煤工作面顺层钻孔封孔管及内置筛孔管不应采用金属材质，不影响采掘作业的钻孔封孔时，孔口段可采用金属管路。

② 普通钻机钻孔封孔管直径不小于 50 mm，定向钻机长钻孔封孔管直径不小于 108 mm，特殊钻孔封孔管直径由各单位根据需要自行确定。

③ 巷道内顺煤层钻孔、岩石钻孔封孔管外露长度应在 100～300 mm 之间。

④ 瓦斯抽采钻孔的封孔深度和封孔段长度应根据煤岩强度、卸压带宽度、裂隙发育程度、抽采负压等试验论证确定。缺少试验论证资料时，顺煤层钻孔封孔深度应为 8～15 m，穿层岩石钻孔封孔深度应不小于 8 m，且封孔段长度应不小于 3 m。

⑤ 孔口应使用不燃性材料封堵，封堵长度不小于 300 mm。

### 五、联孔技术要求

① 瓦斯抽采钻孔联孔材料应符合抗静电、阻燃、耐腐蚀的煤矿许用要求。

② 瓦斯抽采钻孔宜采用专用联孔装置进行联孔，特殊情况下可采用符合煤矿井下使用的其他管路进行联接。

③ 抽采钻孔可以单个或多个并入汇流管后接入分支管路，接入时应先向下通过放水器，再向上连入分支管路，连接处应安设阀门。钻孔孔口至分支管路的连接点前各装置连接顺序如下：

单孔连接(图 9-3)时：封孔管→连接胶管→阀门→放水器→流量、负压、浓度采样测定装置→分支管路。

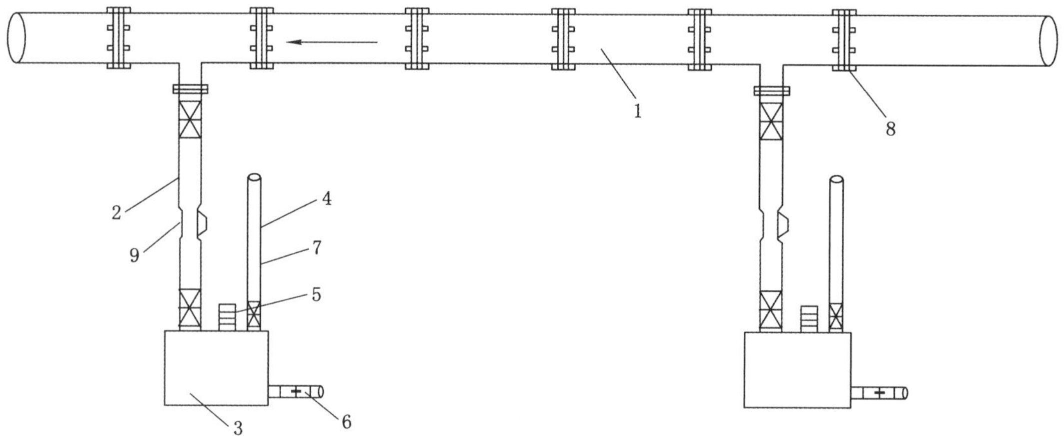


1—抽采管路；2—抽采支管；3—放水器；4—钻孔；
5—配气阀；6—放水阀门；7—蛇形管；8—主管三通；9—孔板流量计。

图 9-3 井下瓦斯抽采钻孔单孔联孔示意图

多孔汇流连接(图 9-4)时：封孔管→连接胶管→阀门→汇流管→放水器→流量、负压、浓度采样测定装置→分支管路。

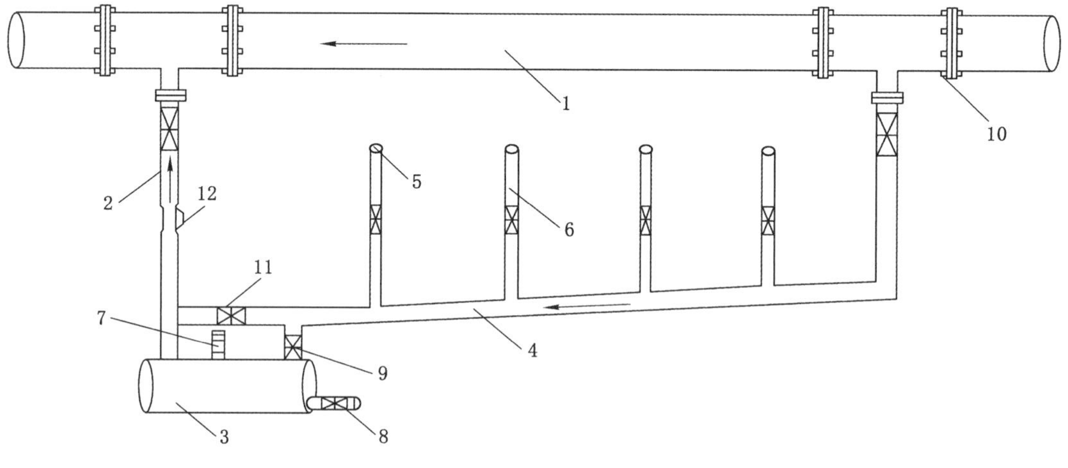


1—抽采管路；2—抽采支管；3—放水器；4—汇流管；5—钻孔；6—联孔管；
7—配气阀；8—放水阀门；9—常开阀门；10—主管三通；11—常闭阀门；12—孔板流量计。

图 9-4 多孔汇流组孔联接方式示意图

④ 安装有流量、负压、浓度采样测定装置的连接段宜水平放置。

⑤ 采用多个钻孔并入汇流管联接时，应根据百米钻孔自然流量计算确定汇流管直径，汇流管直径不应大于主管直径，汇流钻孔个数根据百米钻孔自然流量和汇流管直径计算确定。

⑥ 接入放水器及抽采系统管路的连接管保持竖直或水平，不得出现易积水的弯曲段。

⑦ 分支管路连接抽采钻孔的三通应设置在管路的正下方或朝向巷道中心一侧，不应设置在管路中心线上方。

⑧ 所有抽采钻孔孔口连接管路应排列整齐，管路气流方向应一致。

⑨ 联孔接抽后孔口应悬挂管理牌板(格式见附录 B)，并记录投入抽采的时间，定期测定相关数据。

# 附录A　突出煤层突出强度确定方法(类比法)

根据本矿已突出点突出强度，通过统计分析推断其他点的突出强度；或根据邻近矿井相同煤层突出地点的突出瓦斯量和煤量推断本矿同标高地点的突出强度。

主要类比参数：已突出点的突出吨当量 $Y(m^3/t)$，基岩厚度(或煤层赋存深度)$X_1$，煤层厚度 $X_2$，煤层变异系数 $X_3$，煤层瓦斯压力或含量 $X_4$，煤层坚固性系数 $X_5$。

建立类比数值模型：

$$Y=f(X_i)$$

通过已知突出点 $Y$ 和 $X$ 的统计规律判断新区的突出强度。

在无参照的情况下，突出煤层平巷掘进预测强度可选取 100 t，突出瓦斯吨当量可选取 30～50 $m^3/t$；岩巷过突出煤层预测强度可选取 500 t，突出瓦斯吨当量可选取 50～100 $m^3/t$。

# 附录B　钻孔管理牌板格式

| 钻孔管理牌板 | | | |
|---|---|---|---|
| 地点 | 钻孔编号 | 长度 | 直径 |
| | | | |
| 方位角 | 倾角 | 封孔深度 | 封孔段长度 |
| | | | |
| 施工时间 | 施工人 | 封孔时间 | 封孔人 |
| | | | |
| 规格尺寸为64 K白纸，采用蓝边透明塑封，字体为黑色宋体，字号为四号，填写时采用黑色碳素笔。牌板至少包含上述内容，也可根据矿井实际情况增加相应管理内容。 | | | |

# 参考文献

DIAMOND W P. Methane control for underground coal mines[R]. U. S. Department of the Interior, Bureau of Mines,1994:1-44.

DURUCAN S,AHSAN M,SHI J Q,et al. Two phase relative permeabilities for gas and water in selected European coals[J]. Fuel,2014,134:226-236.

ZHANG H,CHENG Y P,YUAN L,et al. Hydraulic Flushing in soft coal sublayer:gas extraction enhancement mechanism and field application[J]. Energy Science & Engineering,2019,7(5):1970-1993.

MOORE T A. Coalbed methane:a review[J]. International Journal of Coal Geology,2012,101:36-81.

SU X B,WANG Q,SONG J X,et al. Experimental study of water blocking damage on coal [J]. Journal of Petroleum Science and Engineering,2017,156:654-661.

VENTER J,STASSEN P. Drainage and utilization of firedamp[R]. U. S. Bureau of Mines Information Circular,1953.

XU H,TANG D Z,TANG S H,et al. A dynamic prediction model for gas-water effective permeability based on coalbed methane production data[J]. International Journal of Coal Geology,2014,121:44-52.

陈召英,王保玉,郝海金,等. 寺河区块煤层气井排采特征及抽采效果分析[J]. 煤炭科学技术,2017,45(7):100-105.

程远平,俞启香. 煤层群煤与瓦斯安全高效共采体系及应用[J]. 中国矿业大学学报,2003,32(5):471-475.

都海龙. 煤与煤层气共采技术在晋煤集团的应用研究[J]. 洁净煤技术,2007,13(6):32-34.

傅雪海,秦勇,王文峰,等. 沁水盆地中—南部水文地质控气特征[J]. 中国煤田地质,2001,13(1):31-34.

傅雪海,秦勇,张万红. 高煤级煤基质力学效应与煤储层渗透率耦合关系分析[J]. 高校地质学报,2003,9(3):373-377.

傅雪海,秦勇. 煤层气地质学[M]. 徐州:中国矿业大学出版社,2007.

郭红玉,苏现波. 煤层注水抑制瓦斯涌出机理研究[J]. 煤炭学报,2010,35(6):928-931.

郭勇义,吴世跃,王跃明,等. 煤粒瓦斯扩散及扩散系数测定方法的研究[J]. 山西矿业学院学报,1997(1):15-19.

郝世俊,段会军,莫海涛,等. 大直径高位定向长钻孔瓦斯抽采技术及实践[J]. 煤田地质与勘探,2020,48(6):243-248.

郝志远.软硬复合煤层钻孔高压水射流卸压增透机制及应用研究[D].徐州:中国矿业大学,2020.

贺天才,李海贵,张海军.晋城矿区厚煤层瓦斯抽采技术与实践[J].煤炭科学技术,2009,37(3):41-43.

贺天才,秦勇.煤层气勘探与开发利用技术[M].徐州:中国矿业大学出版社,2007.

贺天才,田永东.晋城矿区煤层气开发利用进展[C]//安全生产信息研究院能源安全研究所.第六届国际煤层气研讨会论文集,2006.

贺天才,王保玉,田永东.晋城矿区煤与煤层气共采研究进展及急需研究的基本问题[J].煤炭学报,2014,39(9):1779-1785.

贺天才.晋城寺河矿井煤层气抽采实践与展望[J].中国煤层气,2005,2(3):16-18.

姜小强,樊少武,程志恒,等.基于井上下联合抽采的三区联动瓦斯综合治理模式[J].煤炭科学技术,2018,46(6):107-113.

接铭训,葛晓丹,彭朝阳,等.中国煤层气勘探开发工程技术进展与发展方向[J].天然气工业,2011,31(12):63-65.

晋香兰.煤矿区煤与煤层气协调开发模式的探讨:以晋城矿区为例[J].中国煤炭地质,2012,24(9):16-19.

李国富,付军辉,李超,等.山西重点煤矿采动区煤层气地面抽采技术及应用[J].煤炭科学技术,2019,47(12):83-89.

李国富,何辉,刘刚,等.煤矿区煤层气三区联动立体抽采理论与模式[J].煤炭科学技术,2012,40(10):7-11.

李国富,李波,焦海滨,等.晋城矿区煤层气三区联动立体抽采模式[J].中国煤层气,2014,11(1):3-7.

李国庆,孟召平,王保玉.高煤阶煤层气扩散-渗流机理及初期排采强度数值模拟[J].煤炭学报,2014,39(9):1919-1926.

李日富,文光才.采动影响稳定区煤层气资源量分源叠加评估模型[J].煤炭科学技术,2015,43(10):116-121.

李日富,孙东玲,付军辉.煤矿采动区地面L型井抽采技术及现场试验[C]//中国煤炭学会.第十届全国煤炭工业生产一线青年技术创新文集,2016.

李日富.煤矿采动区地面L型顶板水平定向井抽采技术及试验[J].矿业安全与环保,2017,44(2):12-15.

李日富.煤矿采动稳定区煤层气资源量"间接扣减"评估方法及其应用[J].煤矿安全,2018,49(4):160-164.

林柏泉,张其智,沈春明,等.钻孔割缝网络化增透机制及其在底板穿层钻孔瓦斯抽采中的应用[J].煤炭学报,2012,37(9):1425-1430.

林柏泉.含瓦斯煤体渗透率的探讨[J].煤矿安全,1988,19(12):15-20.

刘见中,沈春明,雷毅,等.煤矿区煤层气与煤炭协调开发模式与评价方法[J].煤炭学报,2017,42(5):1221-1229.

刘彦青,赵灿,李国富,等.晋城矿区煤与煤层气协调开发模式优化决策方法[J].煤炭学报,2020,45(7):2575-2589.

孟召平，田永东，李国富．沁水盆地南部地应力场特征及其研究意义[J]．煤炭学报，2010，35(6)：975-981．

缪协兴，钱鸣高．中国煤炭资源绿色开采研究现状与展望[J]．采矿与安全工程学报，2009，26(1)：1-14．

钱鸣高，缪协兴，许家林．资源与环境协调(绿色)开采[J]．煤炭学报，2007，32(1)：1-7．

秦冰，郝建峰，梁冰，等．煤与瓦斯共采非线性约束多变量时空协同优化模型[J]．煤炭学报，2019，44(S2)：593-600．

秦勇，袁亮，胡千庭，等．我国煤层气勘探与开发技术现状及发展方向[J]．煤炭科学技术，2012，40(10)：1-6．

秦勇．中国煤层气地质研究进展与述评[J]．高校地质学报，2003，9(3)：339-358．

申凯．晋城矿区地面压裂与井下抽采时空衔接关系研究[J]．矿业安全与环保，2018，45(4)：22-26．

申鹏磊．沁水地区煤层气水平对接多分支井钻井工艺研究[J]．探矿工程(岩土钻掘工程)，2017，44(6)：65-68．

石智军，张群，王保玉，等．煤层气开发精确对接井钻进技术装备研发与应用[J]．煤炭科学技术，2016，44(5)：6-10．

孙东玲，付军辉，孙海涛，等．采动区瓦斯地面井破断防护研究及应用[J]．煤炭科学技术，2018，46(6)：17-23．

孙东玲，李日富．煤矿采动稳定区煤层气地面井抽采技术及应用[J]．煤炭科学技术，2016，44(5)：34-38．

孙培德．煤层瓦斯流动方程补正[J]．煤田地质与勘探，1993，21(5)：34-35．

田清长．高瓦斯矿井三区联动综合治理技术与应用[J]．煤矿现代化，2020(4)：67-69．

田永东，张遂安，张典坤，等．山西晋城采煤扰动区地面煤层气井抽采效果地质分析[J]．高校地质学报，2012，18(3)：563-567．

王保玉，白建平，郝春生，等．煤层气地面井压裂-井下长钻孔抽采技术效果分析[J]．煤炭科学技术，2015，43(2)：100-103．

王保玉．晋城矿区煤体结构及其对煤层气井产能的影响[D]．北京：中国矿业大学(北京)，2015．

王家臣．煤与瓦斯共采需解决的关键理论问题与研究现状[J]．煤炭工程，2011，43(1)：1-3．

王洋，白建平，赵小山．晋城矿区单一厚煤层开采条件下地面采动井抽采工艺及效果分析[J]．中国煤层气，2015，12(4)：23-27．

王振华．煤矿瓦斯三区联动立体抽采技术的研究和实践[J]．煤，2017，26(11)：42-43．

文光才，孙海涛．煤矿采动区地面井瓦斯抽采技术[J]．煤矿安全，2015，46(S1)：26-30．

武华太．煤矿区瓦斯三区联动立体抽采技术的研究和实践[J]．煤炭学报，2011，36(8)：1312-1316．

武杰，桑树勋，方良才，等．淮南矿区保护层开采卸压范围及瓦斯抽采地面井部署[J]．煤田地质与勘探，2010，38(3)：10-14．

肖晓春，潘一山．低渗煤储层气体滑脱效应试验研究[J]．岩石力学与工程学报，2008，27(S2)：3509-3515．

谢和平,周宏伟,薛东杰,等. 我国煤与瓦斯共采:理论、技术与工程[J]. 煤炭学报,2014,39(8):1391-1397.

许家林,钱鸣高. 地面钻井抽放上覆远距离卸压煤层气试验研究[J]. 中国矿业大学学报,2000,29(1):78-81.

许江,鲜学福,杜云贵,等. 含瓦斯煤的力学特性的实验分析[J]. 重庆大学学报(自然科学版),1993,16(5):42-47.

杨光辉,张茹. 晋城矿区的精细管理[J]. 现代工业经济和信息化,2012(13):32-34.

杨建超,李贵红,刘钰辉,等. 晋城地区煤层气井多层合采效果评价[J]. 煤田地质与勘探,2019,47(6):26-31.

杨其銮,王佑安. 煤屑瓦斯扩散理论及其应用[J]. 煤炭学报,1986,11(3):87-94.

杨兆彪,唐军,李国富,等. 山西省典型煤炭国家规划矿区煤层气储层物性对比[J]. 煤炭科学技术,2018,46(6):34-39.

俞启香,程远平,蒋承林,等. 高瓦斯特厚煤层煤与卸压瓦斯共采原理及实践[J]. 中国矿业大学学报,2004,33(2):127-131.

俞启香. 天府煤矿远距离解放层解放效果考察研究[G]. 煤矿瓦斯灾害防治理论研究与工程实践. 徐州:中国矿业大学出版社,2005.

袁亮,林柏泉,杨威. 我国煤矿水力化技术瓦斯治理研究进展及发展方向[J]. 煤炭科学技术,2015,43(1):45-49.

袁亮. 高瓦斯矿区复杂地质条件安全高效开采关键技术[J]. 煤炭学报,2006,31(2):174-178.

袁亮. 淮南矿区煤矿煤层气抽采技术[J]. 中国煤层气,2006,3(1):7-9.

袁亮. 瓦斯治理理念和煤与瓦斯共采技术[J]. 中国煤炭,2010,36(6):5-12.

袁亮. 卸压开采抽采瓦斯理论及煤与瓦斯共采技术体系[J]. 煤炭学报,2009,34(1):1-8.

袁亮. 松软低透煤层群瓦斯抽采理论与技术[M]. 北京:煤炭工业出版社,2004.

袁欣鹏,梁冰,孙维吉,等.. 煤层群覆岩裂隙带煤与瓦斯共采协同机制研究[J]. 中国矿业大学学报,2020,49(2):289-295.

张光波,刘春春,贾慧敏,等. 沁水盆地南部煤层气水平井工艺技术优化[J]. 中国煤层气,2019,16(3):20-23.

张江华,李国富,孟召平,等. 过采空区煤层气井地面抽采关键技术[J]. 煤炭学报,2020,45(7):2552-2561.

张俊威. 晋煤集团采煤采气一体化综合开发模式应用探讨[J]. 中国煤层气,2008,5(2):11-14.

张遂安. 采煤采气一体化理论与实践[J]. 中国煤层气,2006,3(4):14-16.

张遂安. 煤层气资源特点与开发模式[J]. 煤田地质与勘探,2007,35(4):27-30.

张铁岗. 矿井瓦斯综合治理技术[M]. 北京:煤炭工业出版社,2001.

张子敏. 瓦斯地质学[M]. 徐州:中国矿业大学出版社,2009.

赵小山,李国富,孙海涛,等. 寺河矿区地面采动区 L 型煤层气井抽采技术研究[J]. 能源技术与管理,2016,41(3):6-9.

赵小山,张昆,李江彪,等. 晋城矿区郑庄井田深部煤储层压裂效果研究[J]. 资源与产业,

2018,20(4):13-17.
周厚权.突出矿井煤层气开发与安全高效采煤一体化模式的研究与实践[J].矿业安全与环保,2014,41(1):31-35.
周世宁,林柏泉.煤层瓦斯赋存与流动理论[M].北京:煤炭工业出版社,1999.